21世纪高等院校信息安全系列规划教材

网络空间安全概论

甘早斌◎主编

刘云 李开 邹复好◎副主编

人民邮电出版社

北京

图书在版编目（CIP）数据

网络空间安全概论 / 甘早斌主编. — 北京：人民
邮电出版社，2022.6（2023.9重印）
21世纪高等院校信息安全系列规划教材
ISBN 978-7-115-58701-5

Ⅰ. ①网… Ⅱ. ①甘… Ⅲ. ①网络安全－高等学校－
教材 Ⅳ. ①TN915.08

中国版本图书馆CIP数据核字(2022)第027129号

内 容 提 要

本书共 10 章，主要包括网络空间安全概述、物理安全、系统安全、网络安全、数据安全、软件安全、社会工程、网络空间安全管理与教育、网络空间安全法律法规与标准、新环境安全等内容。

本书既可以作为计算机科学与技术、网络空间安全及其他电子信息类专业本科生及研究生的教材，也可作为研究网络及网络运行管理技术的科研人员、网络工程技术人员及网络运行管理维护人员的参考书。

◆ 主　　编　甘早斌
　　副主编　刘　云　李　开　邹复好
　　责任编辑　许金霞
　　责任印制　王　郁　陈　犇
◆ 人民邮电出版社出版发行　　北京市丰台区成寿寺路 11 号
　　邮编　100164　电子邮件　315@ptpress.com.cn
　　网址　https://www.ptpress.com.cn
　　固安县铭成印刷有限公司印刷
◆ 开本：787×1092　1/16
　　印张：16.5　　　　　　　　　2022 年 6 月第 1 版
　　字数：402 千字　　　　　　　2023 年 9 月河北第 2 次印刷

定价：59.80 元

读者服务热线：(010)81055256　印装质量热线：(010)81055316
反盗版热线：(010)81055315
广告经营许可证：京东市监广登字 20170147 号

前 言

网络空间已经成为人类社会全新的生存空间，其安全形势日益严峻，维护和保障网络空间安全已经成为事关国家安全和社会稳定的大事情。

2014 年 2 月，我国成立中央网络安全和信息化领导小组（现为中央网络安全和信息化委员会），统筹协调涉及经济、政治、文化、社会及军事等各个领域的网络安全和信息化重大问题，研究制定网络安全和信息化发展战略、宏观规划和重大政策，推动国家网络安全和信息化法治建设，不断增强安全保障能力。2015 年 6 月，经教育部批准，我国正式设立网络空间安全一级学科，以加强网络空间安全高层次人才培养。在 2019 年国家网络安全宣传周上，与会专家和业内人士表示，我国网络空间安全人才缺口大，仅依靠网络空间安全专业和信息安全专业的人才培养远远满足不了社会需求。

基于此，在计算机科学与技术专业人才培养方案中，增设网络空间安全方面的概论课程，这对培养具备网络空间安全知识的复合型计算机学科人才、改善我国网络空间安全专业人才极度匮乏的现状具有积极的促进作用。

目前，关于网络空间安全概论方面的教材较少，而且基本都是面向网络空间安全和信息安全专业的，比较宽泛，显然，不适合面向计算机科学与技术专业的本科生。另一方面，网络空间安全涉及多个学科，知识结构和体系宽广，应用场景复杂，同时相关知识更新速度快。因此，编者结合多年来在网络及应用安全方面的实际科研经验和教学经验，力求囊括网络空间安全的基础知识体系和技术脉络，融合计算机科学与技术专业特点，强化安全编程思维和安全意识的培养，组织编写了本书。

本书共有 10 章。第 1 章网络空间安全概述，主要介绍网络空间、网络空间主权与网络空间安全的基本概念和特点，分析信息安全、网络安全以及网络空间安全 3 个概念之间的差别，重点介绍网络空间安全技术体系。

第 2 章物理安全，在分析几个物理安全实例的基础上，讨论物理安全内涵和物理安全技术等级划分，剖析物理安全面临的威胁因素，并从环境安全、实体安全和介质安全 3 个方面讨论各自对应的安全保护策略和手段。

第 3 章系统安全，主要包括桌面操作系统、移动终端操作系统、虚拟化安全 3 个部分。针对桌面操作系统，分析操作系统的几个安全实例，介绍操作系统基本概念及操作系统安全评估标准。剖析操作系统面临的安全威胁及其存在的脆弱性和漏洞，讨论操作系统中常见的安全保护机制，介绍常见操作系统及其安全性。针对移动端操作系统，分析移动端安全实例及移动端面临的安全问题，讨论 Android 系统和 iOS 系统的安全问题。针对虚拟化技术，主要介绍虚拟化技术的基本概念和类型，分析虚拟化环境面临的安全威胁，并讨论虚拟化系统的安全保障。

第 4 章网络安全，首先分析近些年具有较大影响力的 3 个典型网络安全实例，阐述网络安全的基本概念、网络安全的目标；然后分析网络面临的安全威胁及网络攻击的发展趋势，重点讨论开放系统互联安全体系结构及常见的网络安全技术措施；最后介绍无线网络方面的安全问题。

第5章数据安全，讨论的重点是保护整个生命周期内的数据安全。在分析3个数据安全实例的基础上，讨论数据安全的含义及数据安全面临的威胁，然后从数据存储、数据备份、容灾备份、数据恢复、数据销毁等方面详细讨论应对数据安全的技术措施。

第6章软件安全，以软件生命周期为主线，通过4个软件安全的典型实例，分析因软件安全问题引发的危害，介绍软件及软件安全的基本概念，讨论软件质量与软件安全及软件安全相关概念之间的不同内涵。从软件的设计、编程语言、常见的程序安全实现问题、开发过程、软件部署、运行平台等方面，深入剖析软件漏洞产生的根源。同时，在介绍软件安全开发模型的基础上，分别从软件安全需求分析、安全设计、安全编码、安全测试及安全部署等方面讨论提高软件安全性的一些措施和手段。

第7章社会工程。人是网络空间安全防范较薄弱的环节，即社会工程是未来网络空间系统入侵与反入侵的重要对抗领域。因此，本书将社会工程作为独立的第7章，在介绍社会工程攻击的典型案例基础上，重点讨论社会工程的基本概念、攻击特点、攻击对象，分析社会工程的一些常见攻击方式以及防范策略。

第8章网络空间安全管理与教育，主要讨论安全管理和安全教育两个部分，旨在加强安全知识的普及，培养读者的安全意识。安全管理包括安全机构和人员管理、技术管理等。安全教育包括安全教育的内容、安全教育的方法以及针对未成年人的安全教育问题等。

第9章网络空间安全法律法规与标准，首先介绍法律的作用和意义及我国法律层次。然后讨论网络安全法及其法律体系。在安全标准部分，首先介绍标准及标准化的概念、作用以及标准的层次和类别，分析我国网络安全标准化工作情况。最后重点讨论网络安全等级保护的主要内容。

第10章新环境安全，主要介绍云计算、物联网和大数据方面的安全问题。云计算、物联网和大数据代表了信息技术领域最新的技术发展趋势，三者相互促进、相互影响，服务于社会生产和生活的各个方面，同时也带来一些新的安全问题，如针对海量用户中不活跃的用户会产生更大的攻击面、海量设备的身份认证问题、海量数据的安全性问题等，所以需要人们不断地深入探讨和研究。

本书是面向计算机科学与技术专业及其他电子信息类专业的网络空间安全类的教材，第3章、第4章、第6章是教学的重点，第5章是教学的核心，重点培养计算机科学与技术专业及其他电子信息类专业学生安全编程的思维，强化学生的数据安全意识。

本书由华中科技大学计算机学院甘早斌主编，华中科技大学网络中心刘云、华中科技大学计算机学院李开和邹复好参加了部分编写工作。华中科技大学计算机学院谭志虎副院长对教材的编写大纲和书稿进行了审阅，并提出了很多建设性的意见。

在编写过程中，编者参考了大量文献资料。这些资料有的来自国内外学术论文，有的来自其他著作，有的来自互联网。受篇幅所限，未能将所有参考文献一一列出。在此谨向有关作者表示衷心的感谢。

由于本书涵盖知识面较广且相关知识更新较快，编者学识有限，书中难免有理解不准确或表述不当之处，恳请广大读者不吝赐教，我们将不胜感激。

编者

2022 年 2 月

目　　录

第 1 章

网络空间安全概述

近年来，以互联网为基础的各种应用，已逐渐渗透到人们生活、工作的各个领域，正深刻改变着人们的日常生活和工作方式。人们在充分享受各种应用带来的便利的同时，所受到的安全威胁也越来越严重。

2010 年的伊朗"震网"病毒事件、2015 年的乌克兰电网攻击事件给全世界各国政府和人民都敲响了网络空间安全警钟。而云计算、移动互联网、物联网及大数据等新技术对信息的获取、处理、存储、应用方式的改变，也使得个人或企业敏感数据甚至国家机密更容易泄露，各种应用及系统安全问题面临前所未有的严峻挑战。

网络空间日益成为继陆、海、空、天之后的第五大主权领域空间，成为各国争夺的重要战略空间。网络空间安全已不仅是网络空间里的信息安全与攻防，而是扩展到了物理空间安全、人身安全，以至于社会安全、国家安全。目前，各国都在采取多种措施，以增强网络防御和对抗能力。网络空间安全已进入"大安全时代"。

本章首先介绍网络空间、网络空间主权与网络空间安全的基本概念和特点，分析网络空间安全的发展演变历程；然后讨论信息安全、网络安全以及网络空间安全 3 个概念之间的差别；最后阐述网络空间安全的特点和技术体系。

1.1 网络空间与网络空间安全

1.1.1 网络空间的起源

大家都知道，物质、能量、信息是构成现实世界的三大要素。信息交流自人类社会形成以来就存在，并随着科学技术的进步而不断变革方式。从古到今，人类共经历了以下 5 次"信息技术革命"。

1. 语言的产生

语言的产生可被视为历史上最伟大的"信息技术革命"。语言成为人类进行社会化信息活动的首要条件，成为人类进行思想交流和信息传播不可缺少的工具，提高了人类信息传播的质量、速度与效率。

2. 文字的创造

文字的创造使人类信息的传递突破了口语的直接传递方式，将人们的思维、语言、经验以及社会现象以文字形式记录下来，让信息传播交流能够超越时空界限，世代传承。

3. 造纸术和印刷术的发明

造纸术的发明和推广，对世界科学、文化的传播和发展产生了重大而深刻的影响，对社会的进步和发展起着重大的作用。印刷术为知识的广泛传播、交流创造了条件，是人类近代文明的先导。造纸术和印刷术的发明使书籍、报刊成为重要的信息储存和传播的媒体。这两项发明扩大了信息交流和传递的容量和范围，使人类文明得以迅速传播。

4. 电报、电话、广播、电视的发明和普及应用

"第四次信息技术革命"产生在电磁学理论基础上，以通信传播技术的发明为特征。广播和电视的发明把纸质媒体的发行问题变成了收听和收视率问题，也逐步形成了传统媒体信息传播"中央复杂，末端简单"的基本规律。

这些发明创造，使信息的传递手段发生了根本性的变革，加快了信息传输的速度，缩短了信息的时空范围，使得信息能够瞬间传遍全球。

5. 计算机应用的普及、计算机与现代通信技术的结合

"第五次信息技术革命"是指在电子计算机发明的基础上，实现计算机联网，再到计算机、互联网的普及应用。从此，人类交换信息不仅不受时间和空间的限制，彻底颠覆了"中央复杂，末端简单"的信息传播基本规律，还可利用互联网收集、加工、存储、处理、控制信息。计算机是人类智力的延伸，互联网是人类智慧的延伸。

互联网带来了信息技术前所未有的变革，从根本上改变了人类加工信息的手段，突破了人类大脑及感觉器官加工处理信息的局限性，极大地增强了人类加工、利用信息的能力。它可将原本散落在世界各个角落不同肤色、不同信仰的人连接起来，形成一个全新的人机信息互联互通的网络社会。网络逐渐成为人们生活和工作中不可或缺的一部分，网络无处不在。

"网络空间"（cyberspace）一词则由美国科幻作家威廉·吉布森 1982 年在小说《融化的铬合金》（*Burning Chrome*）中首先提出。随后，在他 1984 年发表的科幻小说《神经漫游者》（*Neuromancer*）中得到进一步推广和使用。他把网络空间称为一种"交感幻觉"，将它描述为可带来大量财富和权力信息的虚拟计算机网络。在他所谓的网络空间中，现实世界和网络世界相互交融，人们可以感知到一个由计算机创造但现实世界并不存在的虚拟世界，这个充满情感的虚拟世界影响着人类现实世界。

伴随互联网技术的快速发展及应用的不断普及和深入，网络空间已经作为一种新的空间形态，逐渐被人们接受和熟知，网络空间的概念也在不断丰富和演化，与之相关的网络安全（cyber security）、网络空间安全（cyberspace security）开始进入大家的视野，被越来越多的人所关注和重视。

1.1.2 网络空间及网络空间主权

1. 网络的内涵

为了探明网络空间安全问题，首先必须明确网络的内涵与外延以及网络空间的概念。一般认为，网络是由若干节点和连接这些节点的边构成，用来表示多个对象及其相互联系的互联系统。

现实生活中的信息网络，可以抽象地概括为：通过"连接边"（物理或虚拟链路）将各个孤立的"端节点"（信息的生产者和消费者）连接在一起形成一个互联的系统，借助各"交换节点"进行载荷的转发，以实现载荷在端节点之间的交换。其中"载荷"是网络中数据与信息的表达形式，如电磁信号、光信号、量子信号、网络数据等。由此，网络包含 4 个基本要素：端节点、连接边、交换节点、载荷。

以常见的收发电子邮件为例，当用户发送电子邮件时，端节点是指用户发送电子邮件时所使用的台式计算机、笔记本电脑、手机或者 iPad 等终端设备；连接边是指终端设备所连接的网络，可以是家中的 Wi-Fi，也可以是学生宿舍或者单位中的有线网络；交换节点就是电子邮件服务器和网络中各种用于完成电子邮件转发所需的网络设备；载荷就是电子邮件中的内容。

该定义反映出"网络"的含义很广泛，不仅互联网符合这一特征，电信网、物联网、传感网、工控网、广电网等各类电磁系统所构成的信息网络都符合"网络"的描述，因而对网络的讨论就不再限于互联网。

2. 网络空间的定义

网络空间本质上由"网络"（cyber）与"空间"（space）所构成。"网络"包含平台与数据两个要素，其中平台包括端节点、连接边及交换节点，数据是指载荷；"空间"包含角色与活动两个要素。因此，网络空间具有 4 个基本要素：虚拟角色（主体，即用户）、平台（载体，即基础设施）、数据（客体，即载荷）、活动（行为）。

由此可见，可以将网络空间理解为人类通过网络角色、依托信息通信技术系统来进行广义信号交互的人造活动空间。

其中，网络角色是指产生、传输广义信号的主体，反映的是人类的意志；信息通信技术系统包括互联网、电信网、无线网、移动网、广电网、物联网、传感网、工控网、卫星网、信息物理系统（Cyber Physical System，CPS）、在线社交网络、计算系统、通信系统、控制系统等光、电、磁或数字信息处理设施；广义信号是指基于光、电、声、磁等各类能够用于表达、存储、加工、传输的电磁信号，以及能够与电磁信号进行交互的量子信号、生物信号等，这些信号通过在信息通信技术系统中进行存储、处理、传输、展示而成为信息；活动是指用户以信息通信技术为手段，对广义信号进行操作用以表达人类意志的行为，操作包括产生信号、保存数据、修改状态、传输信息、展示内容等，可称为"信息通信技术活动"。

在该定义中，网络角色、信息通信技术系统、广义信号和活动，共同反映出"虚拟角色、领网、数据、活动规则"网络空间主权的 4 要素，也反映出虚拟角色的广义性、主体性与主动性，还反映出数据的广谱性、平台的广泛性和活动的目的性。

联合国在讨论网络空间问题的时候通常并不使用"cyberspace"这个词，而是突出使用信息通信技术（Information and Communication Technology，ICT）的表述方式。因此，从信息通信技术活动的视角出发，网络空间可以定义为：网络空间是构建在信息通信技术基础设施之上的人造空间，用以支撑人们在该空间中开展各类与信息通信技术相关的活动。其中，信息通信技术基础设施包括互联网、各种电信网（如广电网、物联网、传感网等）、各种计算机系统、各类关键工业设施中的嵌入式处理器和控制器。信息通信技术活动包括人们对信息的获取、传输、使用、展示等过程。

3. 网络空间主权

国家主权具有"444"特征。4 个基本要素：人口、领土、政权和主权；4 项基本权利：独立权、平等权、自卫权、管辖权；4 条基本原则：尊重主权、互不侵犯、互不干涉内政、主权平等。

2015 年 7 月 1 日起实施的《中华人民共和国国家安全法》明确了"网络空间主权"这一概念，这可以理解为国家主权在网络空间的体现、延伸和反映，其自然也继承了上述特征，即具有"444"特征。

（1）网络空间主权的 4 个基本要素

网络空间主权的 4 个基本要素包括"领网""虚拟角色""数据""活动规则"。"领网"，相当于领土；"虚拟角色"，相当于人口；"数据"，相当于资源；"活动规则"，相当于政权。

其中，信息通信技术系统所构成的平台所承载的网络空间就是"领网"，信息通信技术系统中的操作数据的主体就是"虚拟角色"，信息通信技术系统所承载的电磁信号形态就是"数据"，决定是否能够实施数据操作的条件就是"活动规则"。

（2）网络空间主权的 4 项基本权力

网络空间主权的基本权力是指网络空间独立权、网络空间平等权、网络空间自卫权与网络空间管辖权。

其中，网络空间独立权是主权的重要表现，它要求一国的互联网系统，无论是在资源上还是在应用技术上都不受制于别的其他任何国家或组织。

网络空间平等权是独立权的延伸，使得各国的网络之间能够以平等的方式实现互联互通，国家不因拥有网络资源的不平等而造成互联网地位的不平等。在互联网国际治理方面各国具有同等权利，国家不分大小，实行一国一票的方式。

网络空间自卫权也是独立权的延伸，国家有权保护本国网络空间不受外部侵犯，而且必须建立具有保护主权网络空间的军事能力。一是要通过建设"网络边防"来保卫"领网"，阻隔来自境外的攻击；二是要明确军队在保卫国家网络基础设施与重要信息系统方面的职责，以发挥军队的作用。

网络空间管辖权是国家对本国网络系统、数据及其运行的最高管理权。各国事实上已经在实行着网络空间管辖权。界定网络空间管辖权的范围需要先界定"领网"，"领网"就是"位于领土的、用于提供网络与信息服务的信息通信技术设施"。这也是目前各国对互联网管理的一个默认基础。由此，国家可以自主决定本国的网络管理机制，决定境内互联网运营主体的经营模式、经营内容、处罚措施等。

（3）网络空间主权的 4 条基本原则

网络空间主权的基本原则是指尊重网络空间主权、互不侵犯、互不干涉网络内政与网络空间主权平等。

其中，尊重网络空间主权，就是尊重网络独立权，不开展导致主权网络空间无法自主运行的活动；互不侵犯，就是不能对他国的网络空间实施网络攻击；互不干涉网络内政，就是对主权网络空间的管辖权不指手画脚；网络空间主权平等，就是主权国家之间具有平等共治网络空间的权力，而不是依靠"利益相关方"的模式导致某些国家失去参与网络共治的权力，而由另一些国家掌控全球的网络空间。

考虑到网络空间主权的"444"特征，网络空间主权的定义是：一个国家的网络空间主权建立在本国所管辖的信息通信技术系统之上（领网），其作用边界为由直接连向他国网络设备的本国网络设备端口集合所构成（疆界），用于保护虚拟角色对数据的各种操作（政权、用户、数据）。网络空间的构成平台、承载数据及活动受所属国家的司法与行政管辖（管辖权），各国可以在国际网络互联中平等参与治理（平等权），位于本国领土内的信息通信基础设施的运行不能被他国所干预（独立权），国家拥有保护本国网络空间不被侵犯的权力及军事能力（自卫权）。网络空间主权应该受到尊重（尊重主权），国家间互不侵犯网络空间（互不侵犯），互不干涉网络空间管理事务（不干涉他国内政），各国网络空间主权在国际网络空间治理活动中具有平等地位（主权平等）。

【知识拓展】

更多关于网络空间主权方面的研究内容，请扫描二维码阅读。

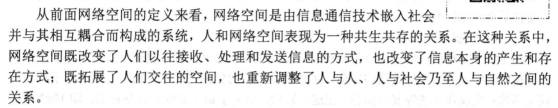

1.1.3 网络空间安全

从前面网络空间的定义来看，网络空间是由信息通信技术嵌入社会并与其相互耦合而构成的系统，人和网络空间表现为一种共生共存的关系。在这种关系中，网络空间既改变了人们以往接收、处理和发送信息的方式，也改变了信息本身的产生和存在方式；既拓展了人们交往的空间，也重新调整了人与人、人与社会乃至人与自然之间的关系。

由此可见，网络空间的形成和发展，已经深刻改变着人们的思维方式和行为习惯，已成为人类生存的信息环境，呈现出物理世界与网络虚拟空间不断融合、相互渗透的趋势，网络空间的安全性问题已逐步凸显出来。近些年来，各类安全事件不断发生，安全问题愈演愈烈，已危及国家网络空间主权问题，引起各国政府的高度关注。

什么是网络空间安全呢？网络空间安全就是"领网"的安全，它涉及在网络空间中的电子设备、电子信息系统、运行数据、系统应用中存在的安全问题，分别对应 4 个层面：设备、系统、数据、应用。这里面包括两个部分。

① 防止、保护包括互联网、各种电信网与通信系统、各种传播系统与广电网、各种计算机系统、各类关键工业设施中的嵌入式处理器和控制器等在内的信息通信技术系统及其所承载的数据免受攻击。

② 防止、应对运用或滥用这些信息通信技术系统而危及网络空间主权、波及政治安全、经济安全、文化安全、社会安全、国防安全等情况发生。

针对上述风险，需要采取法律、管理、技术、自律等综合手段来进行应对，确保信息通信技术系统及其所承载数据的机密性、可鉴别性、可用性、可控性得到保障。

1.2 网络空间安全的发展历程

从信息论角度来看，系统是载体，信息是内涵。网络空间是所有信息系统的集合，是人类生存的信息环境，人在其中与信息相互作用、相互影响。因此，网络空间安全的核心仍然是信息安全。

传统意义上的信息安全是指保持、维持信息的保密性、完整性和可用性，也可包括真实性、可核查性、抗抵赖性和可靠性等性质。但是，以数字化、网络化、智能化、互联化、泛在化为特征的网络社会，为信息安全带来了新技术、新环境、新形态，信息安全开始更多地体现在网络安全领域，反映在跨越时空的网络系统和网络空间之中，反映在全球化的互联互通之中。

因此，网络空间安全可以看作信息安全的高级发展阶段，在信息安全的基础上随着技术的逐步发展演变而来，大致经历了通信保密、计算机安全、网络安全、信息安全保障及网络空间安全 5 个阶段。

1. 通信保密阶段

早期的通信保密阶段始于 20 世纪 40 年代，当时的主要威胁是对通信内容的窃听。因此主要通过通信技术和密码技术来解决数据的安全传输问题。该阶段主要强调保证数据的机密性（confidentiality）、完整性（integrity）、可用性（availability）。机密性是指信息不泄露给未授权的访问者、实体和进程，或不被其利用。完整性是指信息在存储或传输过程中保持未经授权不能改变的特性，即对抗主动攻击，保持数据一致性，防止数据被非法用户修改和破坏。可用性是指信息可被授权者访问并按需求使用的特性，即保证合法用户对信息和资源的使用不会被不合理地拒绝。

2. 计算机安全阶段

20 世纪 70 年代，信息安全的发展从通信保密阶段转变到计算机安全阶段。该阶段强调计算机软硬件及其所存储数据的安全，主要威胁来自对信息的非法访问等，强调基于访问控制策略的安全操作系统等安全措施。在这一阶段，出现了最早的安全评估标准，即 1983 年美国国防部发布的《可信计算机系统评估准则》（*Trusted Computer System Evaluation Criteria*，*TCSEC*）。

3. 网络安全阶段

20 世纪 90 年代，通信和计算机技术的相互结合，促进了计算机网络的发展。随着网络的普遍使用，信息安全进入第三个阶段：网络安全阶段。该阶段的主要威胁来自网络入侵破坏等，主要采用防火墙、入侵检测、防病毒、漏洞扫描等工具来保证信息安全。在评估标准方面，英国、法国、德国、荷兰 4 个国家参考 TCSEC，于 1991 年制定了欧洲统一的安全评估标准《信息技术安全评估准则》（*Information Technology Security Evaluation Criteria*，*ITSEC*）。

4. 信息安全保障阶段

1994 年，美国联合安全委员会提交给时任美国国防部部长和中央情报局局长的"重新定义安全"报告，明确建议美国"应该使用风险管理作为安全决策的基础"。

1996 年，美国国防部第 5-3600.1 号令第一次提出信息安全保障的概念，信息安全由此进入以风险控制、风险管理为核心的信息安全保障阶段。

在这一阶段，信息安全从原有的强调技术措施，上升为技术和管理并重，认为安全不必要也不可能做到完美无缺、面面俱到，应在考虑安全成本的条件下，利用风险分析，使系统安全处于可控范围内。在测评标准方面，国际标准化组织（ISO）于 1996 年发布了最初的国际通用评估准则《信息技术安全性评估通用准则》（*Common Criteria*，*CC*）。

5. 网络空间安全阶段

2003 年美国发布了《网络空间安全国家战略》（*National Strategy to Secure Cyberspace*），2011 年美国又先后发布了《网络空间可信身份国家战略》（*National Strategy for Tursted Identities in Cyberspace*）、《网络空间国际战略》（*International Strategy for Cyberspace*）、《网络空间行动战略》（*Strategy for Operating in Cyberspace*）。由此，"网络空间安全"的概念开始出现，而陆、海、空、天、网五大空间概念也开始成为非传统安全领域的重要理念，标志着信息安全进入网络空间安全阶段。

在网络空间安全阶段，网络空间中的主体及其资产受到破坏者、罪犯、恐怖分子、敌对国家和其他恶意行为者的不断演变的威胁，网络武器、网络间谍、网络水军、网络犯罪、网络政治动员等相继产生。不仅如此，网络空间安全将安全的范围拓展至网络空间中所形成的一切安全问题，涉及网络政治、网络经济、网络文化、网络社会、网络外交、网络军事等诸多领域，使信息安全形成综合性、动态性和全球性的特点，凸显国家网络空间主权问题。

1.3 信息安全、网络安全与网络空间安全

1. 信息及信息安全

国际标准化组织在 ISO/IEC 27000:2018《信息技术-安全技术-信息安全管理系统-概览和词汇》(*Information technology-Security techniques-Information security management systems-Overview and vocabulary*)中将信息定义为一种对组织业务而言必不可少的资产,认为信息能以多种方式存储,如存储在电子或光学媒介的数据档案中,记录在纸上,以知识的形式留在雇员的脑中;信息还可以通过多种方式传输,如信使、电子或口头通信。这样,信息不仅包含传统物理信息的概念,也包含网络电子数据的概念。

美国国家安全委员会在 NISTIR 7298《关键信息安全术语表》(*Glossary of Key Information Security Tems*)中将信息定义为:任何介质或形式(包括文本、数字、图形、地图、说明或视听)的任何知识的交流和表示,如事实、数据或意见。将信息安全定义为:保护信息和信息系统不被未经授权地访问、使用、披露、中断、修改或破坏,以保障其保密性、完整性和可用性。

由此可见,传统的信息安全概念是指保护信息在其生命周期内的产生、传输、交换、处理和存储的各个环节中的机密性、完整性和可用性不被破坏。它既包括以现实物理形式呈现的信息安全,也包含以电子虚拟形式呈现的信息安全,也就是说信息安全包括线下和线上的信息安全。

2. 网络安全与网络空间安全

随着信息化时代的逐步深化,网络应用在社会各个领域中的占比愈来愈大,为信息安全带来了新技术、新环境和新形态。信息安全主要体现在现实物理社会的情况发生了变化,开始更多地体现在网络安全领域,反映在跨越时空的网络系统和网络空间之中,反映在全球信息化的互联互通之中。

以上这些新的变化特征都是传统信息安全概念的内涵无法涵盖的,因此,出现了"网络安全"和"网络空间安全"的概念,信息的可控性和不可否认性是信息安全的两个新特征。

网络安全是基于互联网的发展以及网络社会到来所面临的信息安全新挑战所提出的概念,它既包括线上信息安全,又包括基础技术设施方面的网络和信息系统的安全,通过确保可用性、机密性、完整性、可控性和不可抵赖性来保护信息和信息系统,包括利用综合保护、监测和反应能力来使信息得以恢复,以保障网络安全。

而网络空间安全则是基于对全球五大空间的新认知,网络空间与现实空间中的陆、海、空、天一起,共同形成人类自然与社会以及国家的空间领域,具有全球空间的性质,除了包含网络安全的所有内容之外,还涉及网络空间主权问题。

3. 三者的关系

信息安全与网络安全、信息安全与网络空间安全是交叉融合的关系,网络安全与网络空间安全存在包含关系,如图 1-1 所示。

首先,3 个概念对应的英文名称反映了 3 个不同的视角。信息安全的英文是 information security,网络安全的英文是 network security 或 cyber security,网络空间安全的英文是 cyberspace security。从三者的英文名称中可以看出,"信息安全"所反映的安全问题基于"信

息"，"网络安全"所反映的安全问题基于"网络"，"网络空间安全"所反映的安全问题基于"空间"，这正是三者的不同点。

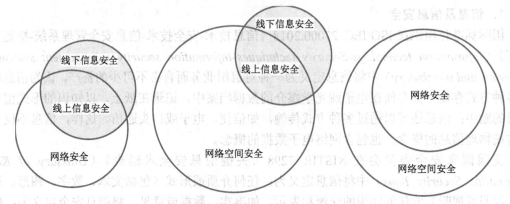

图1-1　信息安全、网络安全与网络空间安全之间的关系

其次，3个概念所涵盖的范围不同。信息安全可以指线下和线上的信息安全，也就是说，既可以指传统的信息系统安全和计算机安全中的信息安全，也可以指网络安全和网络空间安全中的信息安全，但无法完全替代网络安全与网络空间安全的内涵；网络安全是指保证网络系统的硬件、软件及系统中的数据资源得到完整、准确、连续运行与服务不受干扰破坏和非授权使用。显然，信息安全与网络安全存在交集，即网络安全包含线上信息安全，即网上信息的安全。

网络空间被视为一种能够影响现实世界的空间形态，属于国家主权的范畴，具有政治属性，与国家安全紧密相连，它将安全的范围拓展至网络空间中所形成的一切安全问题，包括政治安全、经济安全、文化安全、社会安全、国防安全。显然，网络安全是网络空间安全的子集，信息安全（特指线上）是网络安全和网络空间安全的核心。

1.4　网络空间安全的特点

由于网络空间安全是涉及全球各国、各行业、各层面，技术、产业、经济、法律、政治、军事、文化等相互交织的综合社会问题，网络空间安全较其他问题更为错综复杂，所以网络空间安全对国家安全会产生深刻影响。

美国、日本等国纷纷开启网络空间实战化布局，攻防对抗态势升级，这预示着国际网络空间格局正在发生重大变化。与此同时，伴随信息化与工业化融合水平不断提升，国民经济运转对信息系统依赖日渐加深，新技术应用转化为新兴产业支撑经济增长势头愈加迅猛，国内网络空间安全形势暗涌不断，网络空间安全威胁和风险仍在增加，并呈现出以下特点。

1. 网络攻击目标发生变化

网络攻击目标由以攻击个人、单机、网络等目标向攻击政府网站、关键基础设施、全球侵入发展。据有关数据统计，每年我国工业控制系统遭受来自境外的有效网络攻击达十余万次，此类针对关键基础设施重要目标的高强度精准网络攻击的频次、强度仍在持续增长。当前，我们的网络安全保障体系还不完善，面对国家级、有组织的高强度网络攻击，国家关键信息基础设施和重点保护对象的网络安全防控能力还有提升空间。

2. 网络安全风险由漏洞、后门向供应链、产业短板发展

我国改革开放后几十年的发展，取得了惊人的成就，但与发达国家相比，在经济、技术、科研、人才等诸多方面还存在着相当的差距。发达国家仍然是网络应用和产业的领先者、网络核心技术与资源的掌控者和网络经济强有力的竞争者。我们在诸多领域的关键产品、核心技术还要受到来自外方的技术封锁和技术壁垒，受制于人的局面依然会在相当长的时期内存在。

Windows XP 停止服务和近年来美国对中兴、华为的制裁等一系列事件，再一次验证了习近平总书记在网络安全和信息化工作座谈会上所指出的"互联网核心技术是我们最大的'命门'，核心技术受制于人是我们最大的隐患"。供应链的"命门"掌握在别人手里，我们就会不堪一击。现实对我们敲响了警钟，向我们展示了虽无硝烟但有生死的严酷斗争。

3. 网络安全焦点由物理打击破坏向数据掠夺和资源控制转变

信息时代"数据"成为类同水、电、油、核的又一重要国家战略资源，是社会生产、生活的基础要素之一。数字经济将推动全球的创新、繁荣和人类文明的进程。网络空间主权主要体现在对数据的掌控方面，数据安全直接关乎国家安全和社会经济发展。

信息和数据自然成为网络空间争夺、控制的焦点，各国适时加大了对数据流动的管控力度。西方先进发达国家早已意识到数据的重要战略意义，斥巨资投入大量人力物力，利用其核心技术、网络资源等优势，从全球源源不断地广泛搜取各类数据，大肆地进行数据掠夺和资源控制，力图谋取长远战略优势。

4. 网络攻击威胁由无组织的黑客行为向有组织的网军行动转变

2016 年 12 月 27 日，国家互联网信息办公室发布的《国家网络空间安全战略》指出，国际上争夺和控制网络空间战略资源、抢占规则制定权和战略制高点、谋求战略主动权的竞争日趋激烈。

根据资料反映，全球已有众多国家、地区和组织组建了以网络作战为目的的网军，大力发展网络攻击与威慑力量，研发了大量网络攻击武器，建立了完备的漏洞库、病毒库和网络靶场等网络作战平台和基础设施，而且频繁组织区域性大规模的网络攻防演习，其攻击力、破坏力和危害程度已完全不是昔日散兵游勇似的黑客能够比拟的。个别国家强化网络威慑战略，加剧网络空间军备竞赛，世界和平受到新的挑战。

可以说，我们面对的网络安全对手始终没有改变，当前我们所处的困境和劣势在短时间内也难以根本改变，网络安全所面临的风险和威胁是实现网络强国道路上不可回避的严峻挑战，我们必须始终保持强烈的忧患意识、风险意识，充分认识网络安全的复杂性、艰巨性和长期性。

1.5 网络空间安全技术体系

作为物理空间，天空、海洋、太空和陆地都是自然形成且唯一的，而网络空间则是人造的、可以不断复制的，其安全问题涉及众多的交叉知识领域。

美国计算机协会网络安全教育联合工作组在 ACM SIGCSE 2018 上正式发布网络空间安

全学科知识体系，它包括八大知识领域：数据安全、软件安全、组件安全、连接安全、系统安全、人员安全、组织安全和社会安全，如图1-2所示。

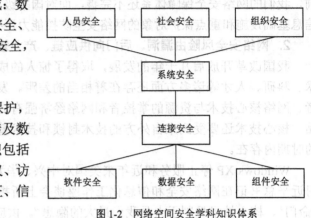

图1-2 网络空间安全学科知识体系

1. 数据安全

数据安全知识领域着眼于数据的保护，包括存储中和传输中的数据保护等，涉及数据保护赖以支撑的基础理论，关键知识包括密码学基本理论、端到端安全通信协议、访问控制、数字取证、数据完整性与认证、信息存储安全、密码分析、隐私保护等。

2. 软件安全

软件安全知识领域着眼于从软件的开发与使用的角度保证信息和系统的安全，关键知识包括基本设计原则，高可靠软件开发、部署和维护，静态与动态分析，恶意软件分析等。

3. 组件安全

组件安全知识领域着眼于集成到系统中的组件在设计、制造、采购、测试、分析与维护等方面的安全问题，关键知识包括系统组件的漏洞、组件生命周期、安全组件设计原则、供应链管理、安全测试、逆向工程等。

4. 连接安全

连接安全知识领域着眼于组件之间连接时的安全问题，包括组件的物理连接与逻辑连接的安全问题等，关键知识包括系统和体系结构的模型与标准、物理组件接口、软件组件接口、连接攻击、传输攻击等。

5. 系统安全

系统安全知识领域着眼于由组件通过连接而构成的系统的安全问题，强调不能仅从组件集合的视角看问题，还必须从系统整体的视角看问题，关键知识包括整体方法论、安全策略、身份认证、访问控制、安全系统设计、计算机网络防御、逆向工程、物联网系统安全、数字取证等。

6. 人员安全

人员安全知识领域着眼于用户的个人数据保护、个人隐私保护和安全威胁防范，也涉及用户的行为、知识和隐私对网络空间安全的影响，关键知识包括身份管理、社会工程、网络安全法律/政策/道德规范、意识与常识、社交行为的隐私与安全、个人数据相关的隐私与安全、人机交互与可用安全等。

7. 组织安全

组织安全知识领域着眼于各种组织的网络空间安全威胁防范和安全风险管理，以确保组织的业务顺利实施，组织可以是公共的或私人的、地方的、区域的或国际的。关键知识包括风险管理、任务保障、灾难恢复、业务连续性、安全评估、安全治理与策略、安全项目管理、安全运营管理、安全战略与规划等。

8. 社会安全

社会安全知识领域着眼于网络空间安全问题对整个社会所产生的广泛影响，关键知识包括网络犯罪、网络法律、网络伦理道德、网络政策、隐私权、知识产权、专业责任、社会责任、文化和国际考量等。

结合图 1-2 来看，系统安全处于关键位置。系统由人使用，人在组织中工作，组织构成社会，因此，需要在系统安全之上考虑人员安全、组织安全和社会安全。系统由组件连接起来而构成，软件是组件中的灵魂，软件安全、组件安全和连接安全是系统安全的重要支撑。密码学和密码分析学是网络空间安全的基础理论，而它们被当作数据安全知识领域的核心知识单元，这决定了数据安全在整个网络空间安全学科知识架构中的基础地位。

网络空间安全作为一门新兴交叉学科，涉及计算机、通信、数学、管理、法学、社会学等学科领域，知识结构和体系宽广，应用场景复杂，相关知识更新速度快。本书作为一本针对计算机科学与技术专业人才培养的网络空间安全概论教材，无法将所有的内容完整呈现。

因此，本书将从整个网络空间应用系统的角度出发，结合计算机科学与技术专业特点，重点讨论网络空间安全体系中的几个核心内容，包括物理安全技术、系统安全技术、网络安全技术、数据安全技术、软件安全技术、网络空间安全管理与教育、网络空间安全法律法规与标准。这些内容共同构成网络空间安全概论支撑体系，可以用图 1-3 加以描述。除此之外，本书还介绍社会工程相关知识以及近些年出现的一些新技术面临的安全问题。

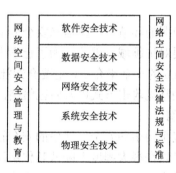

图 1-3 网络空间安全概论支撑体系

从图 1-3 可以看出，网络空间安全体系由安全技术、管理与教育、法律法规与标准三大支柱构成。安全技术是从技术的角度研究一些可靠的、安全的防范手段和措施。安全管理与教育、安全法律法规与标准都是解决人的因素，其中，安全管理与教育主要是通过制度规范人的行为，通过教育增强人的安全意识；安全法律法规与标准主要通过法律约束人的行为，通过技术规范（标准）指导人的工作。

1. 物理安全技术

物理安全技术包括环境安全、实体安全、介质安全。物理层的安全主要体现在通信线路的可靠性（线路备份、网管软件、传输介质），软硬件设备安全性（替换设备、拆卸设备、增加设备），设备的备份、防灾害、防干扰能力，设备的运行环境（温度、湿度、烟尘），不间断电源保障等。此外，物理安全技术还包括容灾技术、可信硬件技术、电子防护技术、干扰屏蔽技术等。

2. 系统安全技术

系统的安全问题来自网络内使用的操作系统的安全，主要表现在 3 个方面：一是操作系统本身的缺陷带来的不安全因素，主要包括身份认证、访问控制、系统漏洞等；二是对操作系统的安全配置问题；三是恶意代码对操作系统的威胁。除此之外，还涉及移动终端操作系统安全问题和虚拟化系统安全问题。

3. 网络安全技术

网络安全技术重点讨论网络本身的安全性问题，包括加密与解密、身份认证、VPN、防火墙、入侵检测、入侵防御、蜜罐与蜜网、恶意代码防范、计算机病毒防范等网络安全防范措施以及无线网络安全技术。

4. 数据安全技术

数据安全技术研究的主要目的是保证数据在其生命周期内的机密性、完整性、可用性、可靠性、不可否认性等。主要涉及数据备份、数据安全防护、数据安全存储、数据恢复、数据容灾、如何销毁数据等。

5. 软件安全技术

软件安全技术主要解决软件的安全问题。软件安全贯穿于软件的整个生命周期之内，除了与软件的安全需求、安全设计、安全编码、安全测试、安全部署等有关之外，还与编程的语言、运行的平台、软件的更新维护有关。

6. 社会工程

人是网络空间安全防范较薄弱的环节。一些信息安全专家预言，社会工程将会是未来网络空间系统入侵与反入侵的重要对抗领域。因此，为了让学生深入了解和掌握社会工程方面的知识，本书将社会工程作为独立的一章来介绍，主要介绍社会工程的基本概念、攻击特点、攻击对象，讨论社会工程的一些常见攻击方式以及防范策略。

7. 网络空间安全管理与教育

管理的制度化极大地影响整个网络的安全，严格的安全管理制度、明确的部门安全职责划分、合理的人员角色配置都可以在很大程度上降低其他层次的安全漏洞。

网络空间系统的功能目标是由人、技术、人的操作三者结合来实现的，其安全问题不仅仅依赖安全技术，更依赖人。因此，这就涉及安全管理与安全教育，包括安全技术和设备的管理、安全管理制度、部门与人员的组织规则、安全教育（即安全知识的普及及安全意识的培养）。

8. 网络空间安全法律法规与标准

安全法律法规与标准包括相关安全法律和安全标准。相关安全法律的作用主要是以法律条文的形式明确告知人们哪些行为是违法的，违法者将要受到怎样的制裁等，实现使人们知法和守法的目的。相关安全标准是实施网络空间安全的重要技术规范。

9. 新环境安全

云计算、大数据和物联网可代表 IT 领域最新的技术发展趋势，三者相互促进、相互影响，服务于社会生产和生活的各个领域，同时也带来一些新的安全问题，比如针对海量用户中不活跃的用户会产生更大的攻击面、海量设备的身份认证问题、海量数据的安全性问题等，需要人们不断地深入探讨和研究。

1.6 思考题

1. 什么是网络空间？如何理解网络空间的边界？什么是网络空间安全？
2. 如何理解网络空间主权的含义？它包括哪些特征？
3. 请从信息通信技术发展的脉络来分析网络空间安全的发展演变历程。
4. 如何理解信息安全、网络安全及网络空间安全的内涵及三者之间的关系？
5. 网络空间安全具有哪些特点？
6. 如何理解物理空间安全学科知识系统？
7. 网络空间安全技术体系包括哪几个方面？

第 2 章

物 理 安 全

依据前面网络空间的定义，网络空间是由人、机、物相互作用而形成的动态虚拟空间，包括有独立功能的计算机、通信线路和通信设备、各种软件以及部署这些软硬件设施的环境等几部分。显而易见，如果硬件实体和环境安全得不到保障，那么针对网络空间安全所采取的一切安全技术措施可能都无济于事。因此，物理安全是整个网络空间安全的前提和基础，在网络空间安全中占有重要地位。

2.1 物理安全实例分析

在实际应用环境中，各种不可预见的突发性情况往往会威胁到网络空间系统的安全。比如，地震、水灾、火灾等自然灾害造成整个系统毁坏；电源故障造成设备断电进而导致操作系统引导失败或数据库信息丢失；设备被盗、被毁或工作人员的操作失误造成数据丢失或信息泄露等。本节将通过介绍几个实际案例来说明物理实体安全的重要性。

1. 海底电缆受地震影响发生中断

2006 年 12 月 26 日 20 时 26 分和 34 分，在南海海域发生 7.2、6.7 级地震。受强烈地震影响，多条国际海底通信光缆发生中断，造成附近国家和地区的国际和地区性通信受到严重影响。

我国至美国、欧洲等方向的国际通信线路受此影响亦大量中断，国际互联网访问质量受到严重影响，国际话音和专线业务也受到一定影响。

2. 2011 年发生的两次雷击事件

2011 年 7 月 23 日发生在温州市的特别重大高铁事故，造成 40 人死亡、172 人受伤，中断行车 32 小时 35 分，造成直接经济损失 19 371.65 万元。除列控中心设备存在严重设计缺陷、上道使用审查把关不严的因素之外，很重要的原因就是雷击导致 LKD2-T1 型列控中心采集设备的保险管 F2 熔断，采集数据不再更新，错误地控制轨道电路发码及信号显示，使行车处于不安全状态。

同时，雷击还造成轨道电路与列控中心信号传输的 CAN 总线阻抗下降，使 5829AG 轨道电路发送器与列控中心的通信出现故障，造成 5829AG 轨道电路发码异常。这使得从永嘉站出发驶向温州南站的 D3115 次列车超速防护系统的自动制动功能启动，在 5829AG 区段内停车。同时，温州南站列控中心管辖的 5829 闭塞分区及后续两个闭塞分区防护信号错误地显示绿灯，向 D301 次列车发送无车占用码，导致 D301 次列车驶向 D3115 次列车并发生追尾。

2011 年 8 月 7 日，爱尔兰遭遇雷电袭击，导致都柏林的一个大型数据中心的电力供应中断。微软公司和亚马逊公司在欧洲的云计算网络出现大规模宕机。此次宕机事件后果非常严重，亚马逊 EC2 云服务平台和微软企业办公在线套件（BPOS）的多家网站被迫临时关闭。

3. 通信光缆被无意或有意挖断

2019 年 3 月 23 日 16 时左右，上海南汇网络光纤因施工被意外挖断，上海当地网络运营商光纤线路出现大面积故障，腾讯多个产品业务受到影响。

4. 硬盘故障导致数据丢失

2018 年 7 月 20 日，因腾讯云服务器硬盘故障，导致"前沿数控"公司的数据全部丢失，包括其长期推广导流积累起来的精准注册用户及内容数据，"前沿数控"因此向腾讯云索赔 1101 万元。

云存储系统扩容需要进行数据迁移。在数据迁移过程中，为了追求速度，技术人员违章操作，没有进行数据校验，将原有数据过早删除。又恰逢腾讯云用户"前沿数控"平台的一块操作系统云盘因受其所在物理硬盘固件版本 bug 导致的静默错误（写入数据和读取出来的不一致）影响，文件系统元数据损坏，导致数据无法恢复。

腾讯云监控到异常后，第一时间向用户告知故障状态，并立即组织文件系统专家并联合厂商技术专家尝试修复数据。虽经多方努力，最终仍有部分数据完整性校验失败。经过分析，该硬盘静默错误是在极小概率下被触发，腾讯云随即对固件版本有 bug 的硬盘全部进行下线处理。

5. 硬件被盗

印度 INDIATODAY 网站 2019 年 9 月 18 日报道称，正在柯钦造船厂建造的印度航空母舰"维克兰特"号上 4 台计算机的硬盘、内存及处理器等硬件设备不翼而飞。

2020 年 6 月，在对"维克兰特"号的电子设备进行初步测试且测试失败后，当局才获悉这起盗窃案的消息。当局最初的假设是线路问题导致测试失败，而事实上"维克兰特"号上的计算机硬件已经因为被盗窃而无法使用。

印度海军淡化了这一事件，称被盗的计算机硬件没有任何军事意义。但即使没有军事机密被窃取，这次盗窃事件也会让"维克兰特"号的完工时间进一步延迟。

2.2 物理安全概述

物理安全主要关注网络空间中硬件设备、环境资源的安全，它是网络空间系统安全战略的一个重要组成部分。物理安全技术旨在建立基于物理、技术和管理等多方面有效控制的物理安全机制，构筑安全的物理网络。

2.2.1 物理安全的理解

物理安全是指所有支持网络空间系统运行的物理硬件（包括场所、实体）的整体安全，并且应确保在信息进行加工处理、服务、决策支持的过程中，不致因设备、介质和环境条件受到人为和自然因素的危害，而引起信息丢失、泄露或破坏以及干扰网络服务的正常运行。它是网络空间系统安全、可靠、不间断运行的基本保证。

广义的物理安全则指由硬件、软件、操作人员、环境组成的人、机、物融合的网络空间物理系统的安全。因此，物理安全的主要内容包括环境安全、实体安全和物理安全管理。

1. 环境安全

环境安全是对系统所在环境及设施的安全保护。应具备消防报警、安全照明、不间断供电、温湿度控制系统和防盗报警等。

2. 实体安全

实体安全包括设备安全和介质安全。设备安全主要是指实体的防盗、防毁、防电磁信息的泄露、防止线路截获、抗电磁干扰及电源保护，以及各种硬件的安全。介质安全包括介质上的数据安全及介质本身的安全。

3. 物理安全管理

物理安全管理是指在网络空间系统中对需要人员介入的活动采取必要的管理控制措施，对系统中的软硬件生命周期全过程实施科学管理。物理安全管理是物理安全技术的重要组成部分，与整个网络空间安全管理紧密相关。物理安全管理将在第 8 章中详细讨论。

2.2.2　物理安全技术等级划分

依据网络空间的定义，网络空间是所有信息系统的集合，因此，信息系统物理安全技术的等级划分对网络空间物理安全技术的等级划分具有重要的指导意义和借鉴作用。

《信息安全技术　信息系统物理安全技术要求》（GB/T 21052—2007）将物理安全技术等级分为 5 个不同级别，并对信息系统安全提出物理安全技术方面的要求。每一个级别又分为设备物理安全、环境物理安全和系统物理安全。不同安全等级的物理安全平台为对应安全等级的信息系统提供应有的物理安全保护能力。随着物理安全等级的依次提高，信息系统物理安全的可信度逐渐增加，信息系统所面对的物理安全风险也逐渐减少。

1. 第一级物理安全技术要求

第一级物理安全平台为第一级用户自主保护级提供基本的物理安全保护。

在设备物理安全方面，为保证设备的基本运行，对设备提出了抗电强度、泄漏电流、绝缘电阻等要求，并要求对来自静电放电、电磁辐射、电快速瞬变脉冲群等的初级强度电磁干扰有基本的抗扰能力。

在环境物理安全方面，为保证信息系统支撑环境的基本运行，提出了对场地选择、防火、防雷电的基本要求。

在系统物理安全方面，为保证系统整体的基本运行，对灾备与恢复、设备管理提出了基本要求，系统应利用备份介质以降低灾难带来的安全威胁，对设备信息、软件信息等资源信息进行管理。

2. 第二级物理安全技术要求

第二级物理安全平台为第二级系统审计保护级提供适当的物理安全保护。

在设备物理安全方面，为支持设备的正常运行，本级在第一级的基础上，增加了设备对电源适应能力的要求，增加了对来自电磁辐射、浪涌（冲击）的电磁干扰具有基本的抗扰能力要求，以及对设备及部件产生的电磁辐射干扰具有基本的限制能力要求。

在环境物理安全方面，为保证信息系统支撑环境的正常运行，本级在第一级的基础上，增加了机房建设、记录介质、人员要求、机房综合布线、通信线路的适当要求，机房应具备一定的防火、防雷、防水、防盗防毁、防静电、电磁防护能力、温湿度控制能力、一定的应急供配电能力等。

在系统物理安全方面，为保证系统整体的正常运行，本级在第一级基础上，增加了设备备份、网络性能监测、设备运行状态监测、报警监测的要求，系统应对易受到损坏的计算机和网络设备有一定的备份，对网络环境进行监测以具备网络、设备告警的能力。

3. 第三级物理安全技术要求

第三级物理安全平台为第三级安全标记保护级提供较高程度的物理安全保护。

在设备物理安全方面，为支持设备的稳定运行，本级在第二级基础上，增加了对来自感应传导、电压变化产生的电磁干扰具有一定的抗扰能力要求，以及对设备及部件产生的电磁传导干扰具有一定的限制能力要求，并增加了设备防过热能力和温湿度、振动、冲激、碰撞适应性能力的要求。

在环境物理安全方面，为保证信息系统支撑环境的稳定运行，本级在第二级基础上，增加了出入口电子门禁、机房屏蔽、监控报警的要求，如机房应具备较强的防火、防雷、防水、防盗、防毁、防静电、电磁防护能力、温湿度控制能力、应急供配电能力；还提出了对安全防范中心的要求。

在系统物理安全方面，为保证系统整体的稳定运行，本级在第二级基础上，对灾难备份与恢复增加了灾难备份中心、网络设备备份的要求，对设备管理增加了网络拓扑、设备部件状态、故障定位、设备监控中心的要求，并对设备物理访问、网络边界保护、设备保护、资源利用提出了基本要求。

4. 第四级物理安全技术要求

第四级物理安全平台为第四级结构化保护级提供更高程度的物理安全保护。

在设备物理安全方面，为支持设备的可靠运行，本级在第三级基础上，增加了对来自工频磁场、脉冲磁场的电磁干扰具有一定的抗扰能力要求，并要求应对各种电磁干扰具有较强的抗扰能力，增加了设备对防爆裂的能力要求。

在环境物理安全方面，为保证信息系统支撑环境的可靠运行，本级在第三级基础上，要求机房应具备更强的防火、防雷、防水、防盗、防毁、防静电、电磁防护能力、温湿度控制能力、应急供配电能力，并建立完善的安全防范管理系统。

在系统物理安全方面，为促证系统整体的可靠运行，本级在第三级基础上，对灾难备份与恢复增加了异地灾难备份中心、网络路径备份的要求，对设备管理增加了性能分析、故障自动恢复以及建立多层次分级设备监控中心的要求，并对设备物理访问、网络边界保护、设备保护、资源利用提出了较高要求。

5. 第五级物理安全技术要求

第五级物理安全平台为第五级访问验证保护级提供最高程度的物理安全保护。

【知识拓展】

更多关于《信息安全技术　信息系统物理安全技术要求》的详细内容，请扫描二维码阅读。

知识拓展

2.3　物理安全面临的威胁

物理安全面临多种威胁，可能面临自然、环境或技术等非人为因素的威胁，也可能面临人为因素的威胁。根据威胁的动机，人为因素又可分为人为的物理威胁和人为的技术威胁两种。这些威胁通过破坏网络空间系统的机密性、完整性、可用性进而威胁网络空间系统的信息安全以及系统的正常运行。

2.3.1 自然灾害

自然灾害是人类依赖的自然界中所发生的异常现象，是人与自然矛盾的一种表现形式，具有自然和社会两重属性，是人类过去、现在、将来所面对的最严峻的挑战之一，对人类的生存环境会造成极大的破坏。

对于网络空间下的数据中心、各种硬件设备和工作人员来说，自然灾害是网络空间物理安全威胁的源头。常见的自然灾害主要包括龙卷风、台风、地震（海啸）、冰雹和暴风雪、雷电、洪水（泥石流）等。

1. 龙卷风

龙卷风是由空气对流运动造成的、强烈的、小范围的空气涡旋。龙卷风中心的风速可达100～200m/s，这对线路基础设施、房屋屋顶、室外设备和室外工作人员都可能会造成巨大的破坏或伤害，空气中飘落的残骸也可能会造成二次损害。在龙卷风经过的范围之外，也可能导致局部设施不可用或通信的暂时中断等。

2. 台风

台风是发生在热带或副热带洋面上的低压涡旋。按照其强度，分为 6 个等级：热带低压、热带风暴、强热带风暴、台风、强台风和超强台风。最低级的热带低压最大风速达 10.8～17.1m/s，最高级超强台风的最大风速超过 51.0m/s。台风引起的直接灾害通常由狂风、暴雨、风暴潮 3 个方面造成。台风带来的暴雨造成的洪涝灾害对公共基础设施和房屋的破坏、室外工作人员的人身伤害都不容小觑，其来势凶猛，破坏性极大。

3. 地震

地震是非常大的潜在破坏事件。位于震中附近的设施也许会遭受重大的损害，甚至是完全毁灭。地震也会对地震区域内的数据中心和其他的 IT 基础设施造成严重的和长期的破坏。同样，对硬件设备也会造成破坏，人身安全也会受到威胁。现场之外，在地震的震中附近，一些公共基础设施，比如公路和桥梁，可能会被地震摧毁或者破坏，阻断物资的运输，给伤员及财产的救援工作带来极大的不便。

受地震的影响，可能会产生海啸，进而引发更大范围内的破坏和更大的损失。例如，除了 2.1 节介绍的地震事件外，具有代表性的就是 2008 年的 5·12 汶川地震，其造成四川全省通信系统业务用房损毁面积约 116 万平方米，移动通信基站损毁约 2096 座，小灵通基站损毁约 1.2 万座，光缆损毁约 1.7 万皮长公里，交换机及接入设备损毁约 5548 台，传输设备损毁约 3623 台。

4. 冰雹和暴风雪

如果外部设备和建筑物没有设计成可以承受严重的冰雪积压，冰雹和暴风雪就能够导致 IT 基础设施损坏。在野外，可能会有更大范围内的通信基础设施损坏，而且公路变得危险或者无法通过。

5. 雷电

雷击的结果可能是毫无损坏，也可能是造成重大的灾害。损坏程度与雷电的接近程度以及接地的浪涌电压保护器的效力有关。在户外，雷电可能会造成电力中断，也有可能引发火灾。

6. 洪水

低海拔、常遭受洪水侵害的地区和那些位于严重洪涝地区的基础设施，更容易受到洪水的破坏。洪水造成的破坏是严重的，会造成长时间的影响，并且需要大量清理工作。

受洪水的影响，可能会引发泥石流，它比洪水更具有破坏力。

针对不同类型自然灾害的特点，开展风险评估，采取合适的预警和预防机制，可以有效防止由自然灾害造成的损失。当然，在数据中心的地理位置选择以及基础设施安装施工时也应该考虑当地的自然条件因素。

2.3.2 环境威胁

物理安全面临的环境威胁主要包括温度、湿度、火和烟、雨水、灰尘、腐蚀性物质、生物危害等。

1. 不合适的温度和湿度

IT 设备必须在一定的温度范围内工作。大多数 IT 设备被设计为可在 10～32℃之间运行。在这个范围之外，系统可以继续运行但是可能会产生不可预料的结果。如果 IT 设备周围环境温度升得过高，IT 设备又不能使自己充分冷却，那么内部的元器件就会加速老化、功能失效，也就是人们通常所说的元器件会被烧坏，严重时还可能会引起火灾。

相反，如果温度变得过低，当打开电源的时候，IT 设备不能承受热冲击，就会导致设备的主板或集成芯片破裂。表 2-1 为对计算机资源造成破坏的温度阈值。

表 2-1　　　　　　　　　　　对计算机资源造成破坏的温度阈值

组件或介质	开始造成破坏的周围环境的持续温度
软盘、磁带等	38℃
光学介质（光盘）	49℃
硬盘	66℃
计算机设备	79℃
高压输电线的热塑性绝缘物	125℃
纸制品	177℃

注：数据来自美国国家火灾保护协会。

另一个与温度有关的问题是设备的内部温度，它可能比室内的温度高出很多。计算机相关设备都有自己的散热和冷却机制，但它们可能依靠或者受到外部条件的影响，比如不正常的外部温度，电力或者热力供应中断，通风、空气调节服务的中断，以及排气口的阻塞等。因此，IT 设备内部的温度应该是关注的重点。

潮湿也可能对电气电子设备造成威胁。设备长期暴露在潮湿环境下将导致被腐蚀。冷凝也能影响设备的磁性和光学存储介质。冷凝还会导致短路，因此会造成电路板损坏。潮湿也会产生电流效应，它将导致电镀，就是指金属会从一个接头慢慢地移动到相邻的另一个接头，最后使两个接头连接在一起。

干燥也是应该关注的问题。在长期干燥的环境下，某些材料可能会发生形变，从而影响其性能。同样，静电也会引发问题。一个带电荷的人或者物体，能够通过放电来破坏电子设备。即使是 10V 以下的静电释放也能破坏部分敏感电子线路，如果达到数百伏的静电释放，那就会对各种电子线路产生很大的破坏。因为人体的静电释放能够达到几千伏，所以这是一个不容忽视的威胁。

一般来说，为了避免出现过度潮湿或者过度干燥的情况，相对湿度应该保持在40%～60%。

2. 火和烟

IT设备的最大物理威胁或许是火灾。它对人们的生命和财产安全都构成威胁。威胁不仅来自直接的火焰，还来自热、释放的毒气、灭火时用到的水以及烟。此外，火灾还会导致一些公共基础设施毁坏，尤其是电力设施。

火灾会导致温度随着时间而升高，所产生的危害程度也会越来越大。表2-2给出了在标准大气压下温度对不同物质的影响，这也就说明在火灾发生多长时间之后哪些损坏开始发生。

表2-2　　　　　　　　　　　　　　　温度对不同物质的影响

温度/℃	影响
200～290	木材燃烧
327.5	铅熔化
419.5	锌熔化
480	非绝缘钢铁趋于变形并露出内部结构
660.37	铝熔化
1220	铸铁熔化
1410	硬钢熔化
—	—

火灾产生的烟会蔓延产生次生灾害。烟聚集在没有密封的磁盘、光盘和磁带驱动器的磁头上，会导致磁盘和光盘上的数据无法读出、磁带驱动器无法正常工作。电气火灾能够产生辛辣的烟，这些烟可能对其他设备造成破坏。这些烟也有可能是有毒的或是可致癌的气体，这会对工作人员的身体健康造成危害。

3. 水的损害

很显然，靠近IT设备的水会对设备造成威胁。主要的威胁就是线路的短路。如果电路板的一条线路带有电压，另一条线路接地，那么水就会在这两条线路之间"搭起一座桥"，就会发生短路。因此，机房的墙面、楼顶的漏水以及部署在机房里和周边的水管系统漏水，都有可能使水进入计算机机房内部，都会给IT设备带来威胁。

4. 灰尘

灰尘非常普遍但容易被忽略。事实上，灰尘对电子设备的危害和影响很大。如果灰尘降落在电子设备的金属表面，由于灰尘具有吸湿性，很快就成为水珠的凝聚核心，从而加速金属的腐蚀，并随环境中湿度的增大而加重腐蚀。如果灰尘随空气进入电子设备的内部，会引起设备中的活动部分加速磨损，造成风扇轴承、开关、电位器或继电器的损坏，或产生接触不良等现象。例如，过多的灰尘可能阻塞CPU风扇，使风扇停转，造成CPU过热而烧毁的后果，还会影响各板卡之间的接触，还可能造成电路板的腐蚀。

盐分较重的灰尘，其吸潮性更强，落在设备表面将降低电子设备中元器件和材料的绝缘性能，容易引起电子设备短路或拉弧（如高压打火等）现象，严重时可能影响元器件的性能，造成电子设备不能正常工作，甚至烧坏元器件，损坏电子设备。

5. 腐蚀性物质

化学物质等具有腐蚀性物质的威胁正呈现增长的态势。既有来自有意攻击的威胁，也有来自偶然事故的威胁。那些具有破坏性的物质不应该在安装有 IT 设备的环境中出现，但是，意外或者有意的入侵都是有可能的。单位附近的有害物质的泄漏（比如说，一辆运送有害物质的汽车翻车了）能够通过通风系统或打开的窗口侵入，如辐射可以穿透围墙。此外，洪水也可能导致生物污染或者化学污染。

一般来说，这些危害主要是针对工作人员的，但同时，辐射和化学事故也能导致电子设备损坏。

6. 生物危害

自然界中存活有各种各样的生物，如霉菌、昆虫和啮齿类动物（如老鼠），这些都是物理安全面临的威胁。潮湿容易引起细菌生长和发霉，这对人员和设备都是有害的。还有某些啃木头和纸等的昆虫（如蟑螂）和老鼠，也是常见的威胁。实际生活中，老鼠咬断电缆绝缘材料引起短路、造成火灾的事例时有发生。

2.3.3 技术威胁

技术威胁主要是指 IT 设备的软硬件缺陷或故障带来的威胁以及与电源和电磁干扰有关的威胁。

1. 软硬件缺陷或故障

硬件设备故障、通信链路中断、软件缺陷（设计缺陷、配置缺陷）等技术性故障是物理安全面临的威胁。

2. 电力（电源）

电力对于一个网络及信息系统的运行是必需的。所有系统中的电气和电子设备都需要电力，而且大多数都要求不间断地、稳定地供电。电力使用问题可大致分为 3 类：电压过低、电压过高、噪声。

当网络空间中的 IT 设备获得的电压比正常工作的电压低时就会发生欠电压现象。欠电压顾名思义就是电压不够，也可以说电压低于额定电压一定幅度的现象。大多数计算机和网络设备都被设计为可以在低于正常电压 20% 的低压环境下工作，而不会发生关机和运行错误。在更低电压或停电的环境下持续几毫秒，将引起系统关闭。一般来说，不会发生设备的损坏，但会导致服务中断。

更严重的问题是过电压现象。供电公司的供电系统异常，或公司内部一些不当操作，或者受雷击影响都能引起电压浪涌，致使 IT 设备的供电电压大大超出额定值。其破坏程度与浪涌的强度、持续时间有关。一定强度的浪涌能够毁坏硅组件（包括处理器和存储器）、烧坏电源、中断供电，甚至引起火灾。

电源线同时也是噪声的传导器。在很多情况下，这些噪声可以使用电源的滤波电路来消除，但若和电子设备的内部信号相互影响，就可能引起逻辑错误。

3. 电磁干扰

沿着电源线产生的噪声不过是电磁干扰（Electromagnetic Interference，EMI）中的一种。电动机、风扇、大型设备甚至其他的计算机都能产生噪声，这种噪声能够在电源线附近的空间中传播，进而影响 IT 设备的正常工作。

另一种 EMI 来自附近的广播电台和微波天线。即使是低强度设备，比如说蜂窝电话，也会干扰敏感的电子设备。

2.3.4　人为的物理威胁

人为的物理威胁比环境威胁和技术威胁更加难以处理，并且比其他种类的物理威胁更加难以预测。更糟糕的情况是，人为的物理威胁被特别设计来攻破预防措施，并且寻找脆弱点来展开破坏性攻击，危害性更大。人为的物理威胁可以分成以下几类。

1. 非授权的物理访问

不是本单位职员的人不应该出现在本单位部署 IT 设施的建筑或综合建筑群里，除非在本单位已有授权的职员的陪同下进入。信息系统资产，例如服务器、主计算机、网络设备和存储网络，一般都放置在一个受限制的区域内，有权进入这个区域的工作人员人数有限。非授权的物理访问可能导致其他的威胁，比如盗窃、故意破坏或者误用。

2. 盗窃

这种威胁包括对设备的盗窃和对数据通过复制进行的盗窃，偷听和搭线窃听也属于盗窃。盗窃可能发生在非法访问的外部人员或者内部人员的身上。例如，2.1 节介绍的印度海军航母硬盘被盗事件。

3. 故意破坏

这种威胁包括反社会与反人类的一些犯罪分子、战争、恐怖袭击所造成的蓄意破坏，这些人为的破坏行为会给网络空间中的物理设备和数据造成毁灭性灾难。

4. 误用

这种威胁包括授权用户对资源的不适当的使用，同样也包括未授权的人对资源的使用。

此外，人为威胁也包括应该执行而没有执行相应的操作，或无意地执行错误的操作，这些都会对网络空间安全造成影响。

2.3.5　人为的技术威胁

人为的技术威胁主要是指故意采用一定的技术手段对物理安全产生的一些威胁。常见的人为技术威胁包括以下几类。

1. 硬件木马和其他与硬件协同的恶意代码

硬件木马通常是指在集成电路（IC）芯片中被植入的恶意电路，当其被某种方式激活后，会改变 IC 芯片的原有功能和规格，导致信息泄露或失去控制，带来非预期的后果，造成不可逆的重大危害。IC 芯片整个生命周期内的研发设计、生产制造、封装测试及应用都有可能被植入恶意电路，形成硬件木马。

2008 年，Samuel T. King 等研究人员设计和实现了一个恶意的硬件，该硬件可以使得非特权的软件访问特权的内存区域，从而为潜在的恶意损害提供了便利。

2. 硬件安全漏洞利用

硬件安全漏洞对网络信息系统安全的影响更具有持久性和破坏性。2018 年 1 月发现的"熔断"（meltdown）和"幽灵"（spectre）CPU 漏洞属于硬件安全漏洞。这些漏洞可被用于以侧信道方式获取指令预取、预执行对高速缓存存储器（cache）的影响等信息，通过 cache

与内存的关系，进而获取特定代码、数据在内存中的位置信息，从而利用其他漏洞对该内存进行读取或篡改，实现攻击的目的。

3. 基于软件漏洞攻击硬件实体

利用控制系统的软件漏洞，修改物理实体的配置参数，使得物理实体处于非正常运行状态，从而导致物理实体受到破坏。2010 年震网病毒就是一个攻击物理实体的真实案例。

4. 基于环境攻击计算机实体

利用计算机系统所依赖的外部环境缺陷，恶意破坏或改变计算机系统的外部环境，如电波、磁场、温度、空气湿度等，导致计算机系统运行出现问题。

5. 管理执行不到位

物理安全管理措施无法落实、不到位，造成物理安全管理不规范，或者管理混乱，从而破坏网络空间系统正常有序地运行。

2.4 环境安全

从物理安全面临的 5 个方面威胁分析来看，环境威胁是其中的主要威胁之一。环境安全实际上与我国国家标准《数据中心设计规范》（GB 50174—2017）中定义的数据中心、灾备数据中心的安全紧密相关。

数据中心是为集中放置的电子信息设备提供运行环境的建筑场所，可以是一栋或几栋建筑物，也可以是一栋建筑物的一部分，包括主机房、辅助区、支持区和行政管理区等。

灾备数据中心是用于灾难发生时，接替生产系统运行，进行数据处理和支持关键业务功能继续运作的场所，包括限制区、普通区和专用区。

安全可靠的数据中心和灾备数据中心是网络空间中各种实体（硬件设备）及系统正常运转基本的安全需求，是一切信息化的基础，是环境安全的保障。

本节将从数据中心安全、场所人员安全和其他安全 3 个方面加以详细讨论。

2.4.1 数据中心安全

为了应对网络空间中物理安全面临的自然威胁、环境威胁、技术威胁和人为因素的威胁，确保电子信息系统安全、稳定、可靠地运行，做到技术先进、经济合理、安全适用、节能环保，国家标准《数据中心设计规范》从数据中心安全等级与性能要求、选址及设备布置、环境要求、建筑与结构、空气调节、电气、电磁屏蔽、网络与布线系统、智能化系统、给水排水、消防与安全等方面制定了详细的设计规范（见附录）。为节省篇幅，下面重点介绍数据中心的安全等级划分、选址、设备布置、环境要求 4 个方面的内容。

1. 数据中心的安全等级划分

为了对网络空间信息系统提供足够的保护，又不浪费资源，根据数据中心的安全需求，国家标准《数据中心设计规范》将数据中心的安全等级划分为 A、B、C 这 3 个等级。设计时应根据数据中心的使用性质、数据丢失或网络中断在经济或社会上造成的损失或影响程度确定所属级别。

① A 级为最高级别，主要针对涉及国计民生的数据中心。其电子信息系统运行中断将造成重大的经济损失或公共场所秩序严重混乱。像国家气象台，国家级信息中心、计算中心，

重要的军事指挥部门，大中城市的机场、广播电台、电视台、应急指挥中心，银行总行等属A级数据中心。

② B级为中间级别，其电子信息系统运行中断将造成较大的经济损失或公共场所秩序混乱。科研院所、高等院校、三级医院、大中城市的气象台、信息中心、疾病预防与控制中心、电力调度中心、交通（铁路、公路、水运）指挥调度中心、国际会议中心、国际体育比赛场馆、省部级以上政府办公楼等属B级数据中心。

③ C级属于最低级别。不属于A级或B级的数据中心应为C级，对数据中心的安全有基本的要求，有基本的数据中心安全措施。

此外，在同城或异地建立的灾备数据中心，设计时宜与主数据中心等级相同。数据中心基础设施各组成部分宜按照相同等级的技术要求进行设计，也可按照不同等级的技术要求进行设计。当各组成部分按不同等级进行设计时，数据中心的等级应按照其中最低等级部分确定。

在性能要求方面，A级数据中心的基础设施宜按容错系统配置，在电子信息系统运行期间，基础设施应在一次意外事故后或单系统设备维护或检修时仍能保证电子信息系统正常运行。同时满足下列要求时，电子信息设备的供电可采用不间断电源系统和市电电源系统相结合的供电方式：

① 设备或线路维护时，应保证电子信息设备正常运行；

② 市电直接供电的电源质量应满足电子信息设备正常运行的要求；

③ 市电接入处的功率因数应符合当地供电部门的要求；

④ 柴油发电机系统应能够承受容性负载的影响；

⑤ 向公用电网注入的谐波电流分量（方均根值）允许值应符合现行国家标准《电能质量公用电网谐波》（GB/T 14549—93）的有关规定。

当两个或两个以上地处不同区域的数据中心同时建设，互为备份，且数据实时传输、业务满足连续性要求时，数据中心的基础设施可按容错系统配置，也可按冗余系统配置。

B级数据中心的基础设施应按冗余要求配置，在电子信息系统运行期间，基础设施在冗余能力范围内，不得因设备故障而导致电子信息系统运行中断。

C级数据中心的基础设施应按基本需求配置，在基础设施正常运行情况下，应保证电子信息系统运行不中断。

2. 选址

机房物理位置的选址问题是机房设计的首要问题，是决定机房运行可靠性、控制成本、是否绿色的关键一环。从安全可靠方面考虑，机房的选址应满足以下几点：

① 电力供给应充足可靠，通信应快速畅通，交通应便捷；

② 采用水蒸发冷却方式制冷的数据中心，水源应充足；

③ 自然环境应清洁，环境温度应有利于节约能源；

④ 应远离产生粉尘、油烟、有害气体以及生产或贮存具有腐蚀性、易燃、易爆物品的场所；

⑤ 应远离水灾、地震、山体滑坡、雷击严重等自然灾害隐患区域；

⑥ 应远离强震动源和强噪声源，如机场、高速公路、铁路等；

⑦ 应避开强电磁场干扰，如电信信号设施、变电站等；

⑧ A 级数据中心不宜建在公共停车库的正上方；

⑨ 大中型数据中心不宜建在住宅小区和商业区内。

3. 设备布置

设置在建筑物内局部区域的数据中心，在确定主机房的位置时，应对设备运输、管线敷设、雷电感应、结构荷载等进行综合分析和经济比较。

① 设备运输：主要考虑为机房服务的冷冻、空调、不间断电源系统等大型设备的运输，运输线路应尽量短。

② 管线敷设：机房有大量的电力电缆及通信电缆，从节约资源、经济角度出发，敷设线路应尽量短。

③ 雷电感应：为减少雷击造成的电磁感应侵害，主机房宜选择在建筑物低层中心部位，并尽量远离作为防雷引下线的结构柱子。

④ 结构荷载：由于主机房的活荷载标准值远远大于建筑的其他区域，因此从经济角度考虑，宜选择在建筑物低层部位。

⑤ 抗震：地震时，建筑高层的摆幅远大于建筑低层，从这一角度分析，也不适合选择高层部位。

⑥ 机房尽量避免设在建筑物用水楼层的下方。

⑦ 机房选在建筑物的背阴面，以减少太阳光的辐射所产生的影响。

数据中心内的各类设备应根据工艺设计进行布置，应满足系统运行、运行管理、人员操作和安全、设备和物料运输、设备散热、安装和维护的要求。

容错系统中相互备用的设备应布置在不同的物理隔间内，相互备用的管线宜沿不同路径敷设。

当机柜（架）内的设备为前进风（后出风）冷却方式，且机柜自身结构未采用封闭冷风通道或封闭热风通道方式时，机柜（架）的布置宜采用面对面、背对背方式。

4. 环境要求

（1）温度、露点温度及空气粒子浓度

主机房和辅助区内的温度、露点温度和相对湿度应满足电子信息设备的使用要求。

主机房的空气粒子浓度，在静态或动态条件下测试，每立方米空气中粒径大于或等于 $0.5\mu m$ 的悬浮粒子数应少于 17600000 粒。

数据中心装修后的室内空气质量应符合现行国家标准《室内空气质量标准》（GB/T 18883—2002）的有关规定。

（2）噪声、电磁干扰、震动及静电

总控中心内，在长期固定工作位置测量的噪声值应小于 60dB（A）。

主机房和辅助区内的无线电骚扰环境场强在 80MHz～1000MHz 和 1400MHz～2000MHz 频段范围内不应大于 130dB（$\mu V/m$），工频磁场场强不应大于 30A/m。

在电子信息设备停机条件下，主机房地板表面垂直及水平向的震动加速度不应大于 $500mm/s^2$。

主机房和辅助区内绝缘体的静电电压绝对值不应大于 1kV。

2.4.2　场所人员安全

场所人员安全通常是指针对处于物理场所中的人员无意或蓄意破坏而采取的安全措施和对策。在防备黑客进入组织内部网络盗窃敏感信息时，不要忘了非授权的内部人员（如心怀不满的员工）或外部人员（如伪装成勤杂工、快递员、"外卖小哥"或小商小贩等身份的盗窃分子）的威胁。这些人员可能不具备 IT 知识，可是他们通过盗窃、破坏对组织信息设施所造成的损失，有时甚至超过技术高超的职业黑客。

从前面 2.1 节的物理安全实例分析来看，硬件被盗、通信设施遭到人为破坏经常发生，因此要对场所人员安全采取一定的措施。

1．界定安全区域和物理安全边界

防止未经授权的访问，预防对组织信息基础设施和业务信息的干扰和破坏。应当把关键的和敏感的业务信息处理设备部署在安全区域，使之受到可靠的安全保护，并有适当的安全屏障和接入控制。应当对它们从物理实体上加以保护，以防未经授权的访问并免于干扰和破坏。

安全区域是需要组织保护的业务场所和包含被保护信息处理设施的物理区域，如系统机房、重要的办公室，也可能是维护工作区域。安全区域的物理保护是通过诸如围墙、控制台、门锁等能够阻挡人员进入的关卡实现的，这种关卡即物理安全边界。

对于信息处理设施可能受到的非法物理访问、盗窃、破坏和泄密的威胁，应根据风险评估的结果，通过建立安全区域、严格控制进入人员等措施对重要的信息系统基础设施进行全面的物理保护。

2．实施物理进出控制

安全区域应设置适当的进出控制，以确保只有经授权的人员可以进出。物理进出控制措施主要有：安全区域的来访者应接受监督或办理出入手续；对敏感信息及信息处理设施的访问应进行控制，应仅限经授权的人访问；通过身份鉴别技术进行控制；要求所有职员佩戴某种可视标志；对安全区域的访问权应定期评审并更新；在控制物理进出时，可以使用安防设备，如视频监控系统、人脸门禁系统等。

除此之外，应对所有人一视同仁，包括物理安全负责人、机房维护人员、资产管理员等，针对设备、介质、通信线缆、机房设施、介质的使用操控，都应有记录清单及使用记录，针对运行和报警记录、监控记录，都应该备案存档。

2.4.3　其他安全

其他方面的环境安全措施主要包括防水防潮、防鼠虫害、防雷击、防火、防静电、温湿度控制、电力供应、电磁干扰与电磁泄漏防护等。防火、温湿度控制、电力供应问题在数据中心安全部分已有描述。此处重点介绍防水防潮、防鼠虫害、防雷击、防静电、电磁干扰与电磁泄漏防护等。

1．防水防潮

通常，当空气的相对湿度低于 40% 时，被认为是干燥的；当空气的相对湿度高于 80% 时，则被认为是潮湿的。过高或过低的相对湿度对计算机的可靠性和安全性均有不利影响。

洁净度主要与空气中的灰尘量和有害气体量有关，它也是影响计算机可靠性和安全性的一个重要因素。计算机中的金属部分，如集成电路引脚、适配器以及各种电缆连接器、插头、接头等都会因受到腐蚀作用而损坏，包括化学物质的直接腐蚀或氧化、空气腐蚀或氧化、电解液腐蚀等。

有暖气设备的计算机机房，沿机房地面周围应设排水沟，应注意对暖气管道定期检查和维修。位于用水设备下层的计算机机房，应在吊顶上设防水层，并设漏水检查装置。

2. 防鼠虫害

鼠虫害也是造成设备故障的因素之一。窜入机房内的鼠虫会咬坏电缆，严重的会引起短路。因此，在易受鼠害的场所，机房内的电缆和电线上应涂敷驱鼠药剂，或者在计算机机房内设置捕鼠或驱鼠装置。

3. 防雷击

随着微电子元器件的集成化、小型化、高速化的水平不断提高，各种电子信息设备的耐过压、耐过流和抗雷电电脉冲的能力大大减弱。计算机网络设备由大量的大规模的集成电路组成，在 $1mm^2$ 芯片上集成了数百万个元器件，它们的最大击穿电压仅为几十伏，或者几伏，最大允许工作电流为几微安。虽然采取了许多控制措施，但对抗雷电电脉冲生成的过电流技术却比较薄弱，严重地威胁到计算机网络系统的正常工作和安全运行。因此，其遭受感应雷击的概率比遭受直击雷袭击的概率高得多。据资料显示，感应雷击对微电子设备，特别是监控设备、通信设备和电子计算机网络系统的危害非常大，微电子设备遭受雷击损坏，80%以上由感应雷击引起。

还有一部分计算机机房拥有微波天线（如证券交易所、卫星接收站、移动通信），而微波天线一般安置在机房所在屋顶或高处。这样便于收发微波信号，但往往因易受人们忽略而没有设置防雷击措施，有些只是简单地接地，易受雷击的危害。在同样的雷电电磁环境下，计算机机房遭雷击受损概率也比建筑物和一般的机电设备高得多。因此，国际电工委员会将雷电灾害称为"信息时代的公害"。

由此可见，计算机机房防雷问题实际上就是机房外部防雷与机房内众多电子信息设备如何防雷的问题，而做好电子信息系统的防雷工作是计算机防雷的关键。

雷电防范的主要措施是根据电气及微电子设备的不同功能及不同受保护程序和所属保护层来确定防护要点做分类保护。常见的防范措施主要包括如下几个方面。

① 接闪：让闪电能量按照人们设计的通道释放到大地中去。

② 接地：让已经纳入防雷系统的闪电能量释放入大地。

③ 分流：一切从室外来的导线与接地线之间并联一种适当的避雷器，将闪电电流分流入地。

④ 屏蔽：屏蔽就是用金属网、箔、壳、管等导体把需要保护的对象包围起来，阻隔闪电的脉冲电磁场从空间入侵。

根据《信息安全技术　网络安全等级保护基本要求》（GB/T 22239—2019），对防雷击的要求内容包括机房建筑应设置避雷装置、应设置防雷保安器防止感应雷及机房应设置交流电源地线等。

4. 防静电

计算机机房的防静电措施属于机房安全防护范畴的一部分。由于种种原因而产生的静电是发生最频繁、最难消除的危害之一。静电不仅会使计算机运行出现随机故障、误动作或运算错误，而且还会导致某些元器件，如 CMOS、MOS 电路，双极性电路等的击穿和毁坏。此外，还会影响操作人员和维护人员的正常工作和身心健康。

静电引起的问题不仅使硬件人员很难查出，有时还会使软件人员误认为是软件故障，从而造成工作混乱。此外，静电通过人体对计算机或其他设备放电时（即所谓的打火），当能量达到一定程度，也会给人以触电的感觉，造成操作系统维护人员产生精神负担，影响工作效率。

如何防止静电的危害，不仅涉及计算机的设计，而且与计算机机房的结构和环境条件有很大的关系。通常采取的防静电措施如下。

① 建设机房时，在机房地面铺设防静电地板。

② 工作人员在工作时穿戴防静电衣服和防静电鞋、防静电帽。尤其是当工作人员在拆装和检修机器时，应在手腕上戴防静电手环。

③ 保持机房内相应的温度和湿度。

④ 半导体元器件应盛放在防静电塑料盛器或防静电塑料袋中，这种防静电盛器有良好导电性能，能有效防止静电的产生。当然，有条件的应盛放在金属盛器内或用金属箔包装。

⑤ 使用离子风枪、离子头、离子棒等设施，在一定范围内防止静电产生。

5. 电磁干扰与电磁泄漏防护

由于电磁现象而引起的设备、传输通道或系统性能的下降称为电磁干扰。电磁干扰按传播途径分为传导干扰和辐射干扰，按干扰源的性质分为自然干扰和人为干扰，按干扰实施者的主观意向分为有意干扰和无意干扰。

电磁泄漏则是信息技术设备在运行过程中，由于无意电磁发射而造成的信息失密问题。它是通过辐射和传导两种途径向外传播的。辐射泄漏是杂散电磁能量以电磁波形式透过设备外壳、外壳上的各种孔缝、连接电缆等辐射出去；传导泄漏是杂散电磁能量通过各种线路（包括电源线、信号线等）传导出去。

一般来讲，普通计算机显示终端辐射的带信息电磁波可以在几百米甚至上千米外被接收和复现；普通打印机、传真机、电话机等信息处理和传输设备的泄露信息，也可以在一定距离内通过特定手段截获和还原。

电磁干扰关注电磁发射对敏感设备的影响，实质是电磁能量从干扰源向敏感设备的传输；而电磁泄漏侧重于电磁发射中的信息相关成分，实质是泄漏源的信息以电磁发射形式传递给窃收设备。

常用的电磁防护措施有屏蔽、滤波、合理的接地与良好的搭接、隔离和合理的布局、选用低泄漏设备和使用干扰器等。

屏蔽，就是一种用屏蔽材料将泄漏源包封起来的手段。屏蔽既可防止屏蔽体内的泄漏源产生的电磁波泄漏到外部空间去，又可以使外来电磁波终止于屏蔽体。因此，屏蔽既可达到防止信息外泄的目的，同时又可兼具防止外来强电磁辐射的功能，如防止电子战中的"电磁炸弹"对设备造成硬杀伤。屏蔽是抑制辐射泄漏十分有效的手段，但造价较高。

滤波是抑制传导泄漏的主要手段之一。电源线或信号线上加装合适的滤波器可以阻断传导泄漏的通路，从而大大抑制传导泄漏。

接地和搭接也是抑制传导泄漏的有效手段。良好的接地和搭接，可以给杂散电磁能量一个通向大地的低阻回路，从而在一定程度上分流掉可能经电源线和信号线传输出去的杂散电磁能量。将这一手段和屏蔽、滤波等技术配合使用，对抑制电子设备的电磁泄漏可起到事半功倍的效果。

隔离和合理布局均为降低电磁泄漏的有效手段。隔离是将信息系统中需要重点防护的设备从系统中分离出来，加以特别防护，并切断其与系统中其他设备间电磁泄漏通路。合理布局是指以减少电磁泄漏为原则合理地放置信息系统中的有关设备。合理布局也包括尽量拉大涉密设备与非安全区域（公共场所）的距离。

选用低泄漏设备也是降低电磁泄漏的有效手段之一，目前可选用的低泄漏设备分完全包容型和红黑分离型两种。

干扰器是一种能辐射出电磁噪声的电子仪器。它通过增加电磁噪声降低辐射泄露信息的总体信噪比，增大辐射信息被截获后破解还原的难度，从而达到"掩盖"真实信息的目的。这是一种成本相对低廉的防护手段。但防护的可靠性也相对较差，因为设备辐射出的信息量并未减少。从原理上讲，运用合适的信息处理手段，仍有可能还原出有用信息，只是还原的难度相对增大。另外，使用干扰器还会增加周围环境的电磁污染，对其他电磁兼容性较差的电子信息设备的正常工作构成一定的威胁。当然，在没有其他有效防护手段的前提下，作为应急措施仍可使用干扰器。

2.5 实体安全

实体安全的目标是防止计算机、服务器、交换机、路由器、打印机、通信设施等物理硬件设备的被盗、被毁、电磁泄漏、受到电磁干扰等，避免资产的流失，保护设备免受损坏或破环，从而保障业务的正常运行。

防电磁泄漏、抗电磁干扰在 2.4 节已经介绍过，本节重点讨论设备的防盗防毁、设备维护、设备处置及重复利用、设备转移方面的安全控制。

2.5.1 防盗防毁

当网络空间系统中的实体被盗、被毁时，除了实体本身丢失或毁损带来的损失外，更多的损失则是失去了有价值的程序和数据,因此防盗防毁是网络空间安全防护的一个重要内容。应妥善安置及保护设备，以降低来自未经授权的访问及环境威胁所造成的风险。设备的安置与保护可以考虑以下原则。

① 设备的布置应有利于减少对工作区的不必要的访问。

② 敏感数据的信息处理与存储设施应当妥善放置，降低在使用期间对其缺乏监督的可能。

③ 要求特别保护的项目应与其他设备进行隔离。

④ 采取措施，尽量降低盗窃、火灾等环境威胁所产生的潜在的风险。

⑤ 考虑实施"禁止在信息处理设施附近进食、饮水和吸烟"等。

2.5.2　设备维护

设备应进行正确维护，以确保其持续的可用性及完整性。设备维护不当会引起设备故障，从而造成信息不可用，甚至造成信息不完整。因此，组织应按照设备维护手册的要求或有关维护规程对设备进行适当的维护，确保设备处于良好的工作状态，即保持设备持续的可用性和完整性。比如，按照供应商推荐的保养时间间隔和规范进行设备保养；只有经授权的维护人员才能维修和保养设备；维修人员应具备一定的维修技术能力；应当把所有可疑故障和实际发生的事故记录下来；当将设备送外进行保养时，应采取适当的控制，防止敏感信息的泄露等。

2.5.3　设备的处置及重复利用

设备在报废或再利用前，应当清除存储在设备中的信息。信息设备到期报废或被淘汰需处置时，或设备改为它用时，处理不当会造成敏感信息的泄露。设备的处置及重复利用可以采用的合理措施有以下两个。

① 在设备处置或征得利用之前，组织应采取适当的方法将设备内存储的敏感数据及许可的软件清除。

② 应在风险评估的基础上履行审批手续，以决定对设备内装有敏感数据的存储设备的处置方法——消磁、物理销毁、报废或重新利用等。

对于硬盘驱动器上存储的数据来说，仅仅重新格式化或运行驱动器的"清除"命令是远远不够的，需要使用专用的磁盘擦除软件进行磁盘清理。包含加密数据的驱动器在进行删除操作之前，应该对数据进行处理，增加被恢复的难度。在极端的情况下，存储设备可能需要进行物理的销毁，防止机密数据被泄露给下一个获得该设备的人。

要制定明确的设备淘汰处理程序，确保进行处理的时候不会出现错误和疏忽导致的问题。最好根据不同的处理措施对设备进行分类，没有完全淘汰的放在一个地方，完全处理的设备放在其他的地方，这样就可以防止在处理过程中出现判断失误和决策误差。

无论是谁对淘汰设备进行处理，在完成整个处理过程后都要签字确认，如果整个过程是多人共同处理，就要确认各个人分别需要承担的责任。这样的话，在问题出现的时候，就可以确认是在谁的处理下，就可以找出到底发生了什么情况，是多么严重的错误造成的。时间和完成日期也要进行记录，记录的数据应该详细一些，包括设备已经处理的具体组成部分、它们的处理地点，以及当时的折旧价值和重置费用。

不能拖延对安全设备进行处理的时间。确保优先进行处理，防止由于个人的失误导致设备被忽略几个星期、几个月甚至几年，直到被人找到机会获得里面保存的机密数据，给安全带来威胁。并且在不必要的情况下，也不要运行系统，这样的系统在网络中运行，没有任何的实际用途，仅仅会给恶意软件和网络攻击者带来机会。

对于需要进行安全处理的设备进行明确的管理，并对"监管链"进行跟踪，确保设备不会在没有经过有效的安全处理时就到了他人的手上。

2.5.4　设备转移

未经授权，不得将设备、信息或软件带离工作场所。在未经授权的情况下，不应让设备、信息或软件离开办公场地；应识别有权允许资产移动，离开办公场地的雇员、合同方和第三方用户；应设置设备移动的时间限制，并在返还时执行一致性检查。必要时可以删除设备中的记录，当设备返回时，再恢复记录。

2.6 介质安全

介质安全包括存储介质本身的安全以及存储在介质上的数据安全。对介质本身的安全保护是指防盗、防毁、防霉等；对存储在介质上的数据安全保护是指防止记录的信息不被非法窃取、篡改、破坏或使用，将在第 5 章讨论。本节重点讨论对介质本身的安全保护问题。

2.6.1 介质的分类

为了对那些必须保护的记录提供足够的保护，而对那些不重要的记录不提供过保护，需要对介质进行分类管理。按介质存储信息的重要性和机密程度，可以将计算机系统的记录分为以下 4 类。

① 一类记录——关键性记录。这类记录对设备的功能来说是最重要的、不可替换的，是发生火灾或其他灾害后立即需要，但又不能再复制的那些记录。如关键性程序、主记录、设备分配图表及加密算法和密钥等机密等级很高的记录。

② 二类记录——重要记录。这类记录对设备的功能来说很重要，可以在不影响系统主要功能的情况下进行复制，但比较困难或昂贵，如某些程序、存储及输入、输出数据等均属于此类。

③ 三类记录——有用记录。这类记录的丢失可能引起极大不便，但可以很快复制，已留有副本的程序就属于此类。

④ 四类记录——不重要记录。这类记录在系统调试和维护中很少应用。

各类记录应加以明显的分类标志，可以在封装上以鲜艳的颜色编码表示，也可以作磁记录标志。

2.6.2 介质的防护要求

全部一类记录都应该复制，其复制品应分散存放在安全地方。二类记录也应有类似的复制品和存放办法。记录媒体存放的库房或文件柜应具有以下条件：存放一类、二类记录的保护设备（如金属文件柜）应具有防火、防高温、防水、防震、防电磁场的性能；三类记录应存放在密闭的金属文件箱或柜中。这些保护设备应存放在库房内。暗锁应隔一段时间就改变密码，密码应符合选取原则，密码不要写在纸上。

存放机密材料的办公室应设专人值班，注意检查开、关门情况，并察看机密材料是否放入安全箱或柜内，办公室的门、窗是否关好。在工作人员吃饭或休息时，室内应有人看管。

记录介质存放条件应符合表 2-3 的要求。

表 2-3 介质存放条件

存储介质 存放条件	纸质介质	光盘	磁带		磁盘	
			已记录	未记录	已记录	未记录
温度（℃）	5～50	−20～50	<32	5～50	4～50	
相对湿度（%）	40～70	10～95	20～80		8～80	
磁场强度（A/m）	—	—	<3200	<4000	—	

2.6.3 介质的管理

为保证介质的存放安全和使用安全，介质的存放和管理应有相应的制度和措施。

① 对应用系统使用、产生的介质或数据按其重要性进行分类，对存放有重要数据的介质，应备份必要份数，并分别存放在不同的安全地方（防火、防高温、防震、防磁、防静电及防盗），建立严格的保密保管制度。

② 保留在机房内的重要数据（介质），应为系统有效运行所必需的最少数量，除此之外，不应保留在机房内。

③ 根据数据的保密规定和用途，确定使用人员的存取权限、存取方式和审批手续。

④ 重要数据（介质）库，应设专人负责登记保管，未经批准，不得随意挪用重要数据（介质）。

⑤ 在使用重要数据（介质）期间，应严格按国家保密规定控制转借或复制，需要使用或复制的须经批准。

⑥ 对所有重要数据（介质）应定期检查，要考虑介质的安全保存期限，及时更新、复制。损坏、废弃或过时的重要数据（介质）应由专人负责消磁处理，秘密级以上的重要数据（介质）在过保密期或废弃不用时，要及时销毁。

⑦ 机密数据处理作业结束时，应及时清除存储器、联机磁带、磁盘及其他介质上有关作业的程序和数据。

⑧ 机密级及以上秘密信息存储设备（介质）不得并入互联网。重要数据不得外泄，重要数据的输入及修改应由专人来完成。重要数据的打印输出及外存介质应存放在安全的地方，打印出的废纸应及时销毁。

2.6.4 磁介质信息的可靠消除

目前，计算机常用的存储介质是磁介质，丢失、废弃的磁盘也是导致泄密的一个主要原因。所有磁介质都存在剩磁效应的问题，保存在磁介质中的信息会使磁介质不同程度地永久性磁化，所以磁介质上记载的信息在一定程度上是很难清除的，即使采用格式化等措施后，使用高灵敏度的磁头和放大器也可以将已清除信息（覆盖）的磁盘上的原有信息提取出来。

1. 软盘涉密信息的消除

由于软盘价格低廉，没有金属的外保护层，因此可以采用物理粉碎的办法进行涉密信息的消除，即在对软盘格式化后，采用专用的粉碎设备，将软盘粉碎为小于一定尺寸的颗粒，使得窃取者无法还原软盘曾经存储的涉密信息。另外，还可采用强磁场消磁法，即让软盘处在强磁场中一段时间，也能够有效地消除其上的残余信息。

2. 硬盘涉密信息的消除

硬盘从结构上具有一定的特殊性。为了进行高速的存储和读取数据，用来实际存储数据的硬盘的盘片被放置在一个金属的保护壳内，称为温彻斯特式硬盘。盘片主要由基底、衬底层、磁性层、覆盖层和润滑层 5 部分构成。

硬盘即使采取低级格式化的方式也不能完全消除曾经存储过的信息，可以采用以下几种方式进行信息的彻底消除。

（1）物理粉碎

废弃硬盘的信息消除可以采用物理粉碎的方式，然而由于其结构的特殊性，拆除其金属外壳较为困难，对其盘片的粉碎也很困难。因此，物理粉碎的方法因缺少专用设备，在实际中难以采用，实际应用中一般只见于一些大型企业应用大型冲压机将其彻底毁坏。

（2）强磁场或有源磁场消除

根据磁介质存储信息的基本原理，在磁介质中，每个存储单元存储一个"位"的信息，该信息是由磁矩在空间的取向表示的，也就是说硬盘中的磁矩是按信息在空间以一定的方式有规则地排列的。因而要消除信息，必须破坏磁介质中磁矩的这种规则的空间排列方式，但由于硬盘外面的壳体，这种方式也并不方便和可靠。

（3）热消磁

磁记录材料为铁磁性材料，而铁磁性材料的一个重要参量为居里温度（Tc），在 Tc 以下，材料呈铁磁性，而在 Tc 以上，材料呈顺磁性。不同铁磁性材料的 Tc 不同，Tc 通常为几百摄氏度。如果把磁记录材料加温至 Tc 以上后再降温，那么在室温下磁记录材料将处于热退磁态，在它上面曾经记录过的所有信息都会被消除。试验表明，当把计算机硬盘加热到超过其磁性材料居里温度点 20℃以上的情况下，就可完全消除硬盘上的数据信息，显然其操作起来也不方便。

（4）销毁机

现在已经出现一种根据硬盘内部数字信号处理器（Digital Signal Processor，DSP）作用机理，采用覆盖、重排和打乱的方式，将盘片上面的数据彻底消除干净的小型设备，非常方便可靠。

其实，一般用户采用彻底覆盖的方式，就可以将数据清除得相当干净，尤其是覆盖 5 次以上时，要想将这些数据重新恢复，将是极为困难的。

2.6.5 移动存储介质安全

移动存储介质（包括 U 盘、移动硬盘、软盘、光盘、存储卡）具有体积小、容量大的特点，作为信息交换的一种便捷介质，如今已经得到广泛应用。但是，现有移动存储介质在设计上缺乏安全防护措施，使用相对比较随意，且缺乏监管手段，可能加剧信息交换的风险，其存在的主要风险如下。

① 计算机终端对移动存储介质的接入缺乏管控手段，可以随意复制数据，对敏感信息缺乏安全控制，容易造成敏感信息泄露。

② 移动存储介质内外网交叉混用情况时有发生，这不但为外网木马病毒向内网进行传播提供了途径，而且影响到内网计算机的正常运行。一些摆渡木马，更能通过移动存储介质把搜集的信息传递到外网计算机，造成敏感信息的泄露。

③ 现有的移动存储介质对用户数据不具有任何安全防护能力，一旦设备丢失，存储数据的安全将受到极大威胁。

④ 对移动存储介质的使用情况缺乏监管手段，未对其使用情况进行操作审计，在发生信息泄露事件后，无可追查依据。

对移动存储介质的管理仍应坚持"预防为主"的方针，以人为本。充分利用技术和管理两种手段，达到有效防范信息失密的目的。

1. 加强"人防"，构筑人员安全关

一是加强保密知识和职业道德教育，提高全员综合素质，使全员在心目中树立"哪些是可以做的、哪些是不应该做的、哪些是需要防范的"的理念，从思想上筑起一道信息安全风险防范的"防火墙"；二是开展安全知识培训，提高安全防范能力，对操作人员可以用网上攻击案例教育，使他们充分了解计算机网络存在的安全隐患，提高人员的安全保密意识和自我防范能力。

2. 突出"技防"，把好技术安全关

① 加密，即存储在移动介质上的信息都是经过加密处理的，必须通过解密程序或密码才能打开，这样可解决数据的存储问题，实现信息的保密。

② 授权，即只允许授权过的移动介质在内部计算机上使用，未授权的移动介质在内部计算机上不可以使用，这样可解决载体的身份问题，实现访问控制。

③ 监控，即对企图使用未授权移动介质的行为进行监控，对使用过程中的读、写、复制等进行监控，这样可解决介质的使用问题，实现安全审计。

3. 注重"管理"，健全信息管理关

① 加强内部管理。防范内部风险主要通过进一步完善计算机保密制度、细化各个操作环节的管理规范和责任追究、明确界定涉密信息范围、切实落实各项具体措施、使计算机安全保密工作有章可循、逐步实现计算机信息安全保密工作的规范化管理来进行。

首先，工作人员在使用移动存储介质期间要做好防盗、防损坏等保护工作。移动存储介质管理应当责任到人，未经同意不得将移动存储介质转借他人使用。尽量减少移动存储介质共用机会。

其次，定期对移动存储介质进行防病毒、信息备份工作。同时，移动存储介质严禁存储涉密的任何文件、数据。

最后，工作人员不得将移动存储介质外借他人或送给服务对象，确实需要的，将其格式化后，只复制指定内容附送。

② 加强对移动存储介质管理的监督检查，主要是要形成一种机制，树立管理权威。全面掌握移动存储介质的使用管理情况，定期对移动存储介质进行信息安全检查，如果发现违规情况应进行通报批评，起到警示作用。对涉密移动存储介质应严格管理，专人专用，专人管理，严禁在指定场所以外的地方使用。

③ 加强对外来技术服务的管理，防范信息泄密，确保信息与网络的安全。应当进一步规范外来技术服务工作，保证外来技术服务达到内部网与信息系统安全管理要求，堵住外来技术人员通过随身携带的移动设备在内部网上传播计算机病毒的途径，防范外来人员通过技术服务方式窃取信息及重要业务数据。

2.7 思考题

1. 请列举身边发生的一些物理安全事例,分析其原因,并给出相应的规避策略。
2. 如何理解物理安全的含义?物理安全包括哪些内容?
3. 物理安全面临哪些威胁?如何分别加以防范或减缓这些威胁?
4. 什么是环境安全?它包含哪些内容?
5. 什么是介质安全?介质安全面临哪些威胁?如何加以防范?
6. 试分析移动存储介质面临的安全威胁及相应的防范措施。
7. 查阅相关资料,试分析比较不同类型的移动存储介质安全性。

第 3 章

系统安全

前面讨论了网络空间中的物理硬件安全问题，而网络空间系统中的众多 IT 硬件设备（包括计算机、服务器、网络交换机、路由器、智能终端等）正常运转的基础是操作系统（Operating System，OS）。可以说操作系统是 IT 硬件设备的灵魂，操作系统的安全性从根本上影响网络空间系统的安全。因此，本章将首先分析操作系统涉及的一些安全问题，然后针对 Linux 操作系统、Windows 操作系统、移动终端操作系统和虚拟化系统分别加以讨论。

3.1 操作系统安全典型实例分析

针对基础类软件的攻击在近年来正在不断增多，影响了越来越多的个人及企业用户。

1. WannaCry 勒索病毒事件

WannaCry 勒索病毒是传统的勒索软件与蠕虫病毒的结合体，同时拥有蠕虫的扩散传播和勒索软件的加密文件功能，通过 Windows 系统的 SMB 协议漏洞，针对 Windows 系统终端的 445 端口进行远程漏洞攻击，攻击成功后携带勒索软件功能的蠕虫会对计算机文件进行加密，并扫描网络内其他计算机进行传播。

自 2017 年 5 月 12 日晚开始，WannaCry 勒索病毒席卷全球。至少有 150 个国家和地区受到网络攻击，受入侵计算机超过 20 万。

WannaCry 勒索病毒事件最初在英国曝光，12 日晚英国全国共 16 家医院同时遭到网络攻击。所有被攻击的计算机都被锁定桌面，并显示：“你的电脑已经被锁，文件已经全部被加密，除非你支付价值 300 美元的比特币，否则你的文件将会被永久删除。”

在英国遭受这些攻击的同时，全球多地发出告警，一场针对全球的网络攻击瞬时展开。我国多个行业的网络同样受到该病毒攻击，其中教育行业中的校园网受损尤为严重。

2. 震网病毒

震网（Stuxnet）病毒是专门定向攻击现实世界中工业基础设施的蠕虫，比如核电站、水坝、国家电网、工业控制等，被称为“世界史上首个超级网络破坏性武器”。

2010 年 6 月，震网病毒首次被发现，其利用 Windows 操作系统中至少 4 个漏洞（其中，3 个为零日漏洞），通过一套完整的入侵和传播流程，突破工业专用局域网的物理限制，利用西门子 SIMATIC WinCC（Windows Cortrol Center）系统的两个漏洞开展破坏性攻击。

震网病毒的 60% 感染发生在伊朗，所以被怀疑是由美国和以色列联合研发的计算机蠕虫，目的在于破坏伊朗的核武器计划。

3. 震荡波病毒

震荡波病毒是一个利用 Windows 操作系统的本地安全授权服务缓冲区溢出漏洞（MS04-011）进行传播的蠕虫，也有人称之为“杀手”蠕虫。由于该蠕虫在传播过程中会发起大量的扫描，因此对个人用户使用和网络运行都会造成很大的冲击。该蠕虫在 Windows 2000、Windows XP 上发作，并且可以在安装 Windows 95/Windows 98/Windows Me 操作系统的计算机上运行，而使这些计算机成为传播源。

该病毒感染系统后，会使计算机产生下列现象：系统资源被大量占用，有时会弹出 RPC 服务终止的对话框，并且系统反复重启，不能收发电子邮件、不能正常复制文件、无法正常浏览网页，复制、粘贴等操作受到严重影响，DNS 和 IIS 服务遭到非法拒绝等。

2004 年 4 月 13 日，微软发布了严重等级安全公告 MS04-011；5 月 1 日，震荡波病毒爆发，短短的 10 天内，全球就有约 1800 万台计算机感染震荡波病毒及其变种，给相关单位和个人的业务造成了严重影响；德国警方 5 月 8 日称，德国下萨克森州一名 18 岁高中生供认自己编写了震荡波病毒程序并在互联网上散播。警方以从事计算机"破坏活动"的罪名对他展开调查，随后在他的计算机中发现震荡波病毒的源代码。

3.2 操作系统概述

本节将对操作系统的基本概念和操作系统的安全评估标准进行介绍。

3.2.1 操作系统的基本概念

1. 计算机系统的组成

网络空间系统中的各种智能硬件设备，包括台式计算机、笔记本电脑、服务器、网络交换机、路由器、智能终端等，都可以看成计算机，都是由物理硬件、操作系统、系统支撑和服务软件以及用户应用软件共同构成的复杂系统，如图 3-1 所示。

其中，底层是物理硬件；在它上面是操作系统，包含拥有特权操作系统内核的内核代码、应用程序接口（Application Programming Interface，API）和服务；操作系统之上是系统支撑和服务软件、用户应用软件。显然，一系列复杂的硬件是计算机系统

图 3-1　计算机系统组成层次结构

的基础，多样的应用软件则为用户提供各种不同的应用服务，而操作系统则是整个计算机系统的"灵魂"。

2. ROM BIOS

在物理硬件的只读存储器（Read-Only Memory，ROM）中，通常固化有一个基本输入输出系统（Basic Input/Output System，BIOS），它包括基本输入输出的程序、开机后自检程序和系统自启动程序等。作为连接软件和硬件设备之间的枢纽，它主要为计算机提供底层的、直接的硬件设置和控制功能。

而操作系统则是借助于 BIOS 对下层的计算机软硬件资源进行访问、控制和管理，是直接运行在"裸机"上的基本的系统软件，任何其他软件（如系统支撑和服务软件、用户应用软件）都必须在操作系统的支持下才能运行。

3. 操作系统

具体来讲，操作系统是一组管理与控制计算机软硬件资源，为用户提供便捷计算服务的计算机程序的集合。它是工作在计算机硬件之上的第一层软件，是对硬件功能的扩充。操作系统需要处理诸如管理与配置内存、决定系统资源供需的优先次序、控制输入与输出设备、操作网络与管理文件系统等基本事务，在计算机系统中具有极其重要的地位，不仅为硬件与各种应用软件系统提供接口，而且为用户和计算机之间提供一个"交流和沟通"的操作界面。

可以说，操作系统就是计算机系统的内核与基石，因此，操作系统的安全性显得至关重要，应该予以重视。

3.2.2 操作系统的安全评估标准

1983 年，美国国家计算机安全中心（National Computer Security Center，NCSC）发布了《可信计算机系统评估准则》（Trusted Computer System Evaluation Criteria，TCSEC）。这个准则在 1985 年 12 月被确定为美国国防部计算机安全评估标准，通常称为橘皮书。该标准一直被视为评估计算机操作系统安全性的一项重要标准。TCSEC 按处理信息的等级和应采用的响应措施，将计算机安全从低到高分为 D、C、B、A 这 4 类，有 D 级、C1 级、C2 级、B1 级、B2 级、B3 级、A1 级、超 A1 级，包括 27 条评估准则。其中，后面的高级别安全功能需求必须包含前面的低级别的安全功能需求。

一个系统是否达到设计要求，并实现安全功能，主要是通过对该系统的安全相关部分进行测试来确定。在 TCSEC 中，自始至终都把一个系统的安全相关部分称为可信计算基（Trusted Computing Base，TCB）。TCB 可以是一个安全核、前端安全过滤器或整个可信计算机系统，它是可信计算机系统的核心。

1. D 类

本类只包含一级，即最小保护级 D 级，不能满足较高评估要求的系统均属该级，这种系统不能在多用户环境中处理敏感信息。该级的计算机系统除了物理上的安全设施外没有任何安全措施，任何人只要启动系统就可以访问系统的资源和数据，如 DOS、低版本的 Windows 和 DBASE 均是这一类。

2. C 类

C 类各级都能提供自主保护，具有一定的保护能力，采取的措施主要是自主访问控制和审计跟踪。一般只适用于具有一定等级的多用户环境。该类分为两个级别。

① C1 级：自主型安全保护级，具有自主访问控制机制、用户登录时需要进行身份鉴别。

② C2 级：可控访问保护级，具有审计和验证机制（对可信计算基进行建立和维护操作，防止外部人员修改）。常见 C2 级操作系统有 UNIX、XENIX、Novel 13.x 或更高版本、Windows NT 等。

3. B 类

B 类所有级别具有强制性保护功能。主要要求是 TCB 应维护完整的安全标记，并在此基础上执行一系列强制访问控制规则。B 类分为 3 个级别。

① B1 级：即标记安全保护级，引入强制访问控制机制，能够对主体和客体的安全标记进行管理。Trusted ORACLE 7 已通过 B1 级的测试。

② B2 级：即结构化保护级，具有形式化的安全模型，着重强调实际评价的手段，能够

对隐通道进行限制，可以审计使用隐蔽存储信道的标识事件。

③ B3 级：即安全区域保护级，具有硬件支持的安全域分离措施，从而保证安全域中软件和硬件的完整性，提供可信通道以及对时间隐通道的限制。

4．A 类

A 类具有验证设计功能，包含严格的设计、控制和验证过程。A 类系统的设计必须经过数学层面的验证，必须进行隐蔽通道和可信任分布的分析，并且要求它具有系统形式化技术解决隐蔽通道问题等。A 类分为两个级别。

① A1 级：即验证设计级，要求对安全模型进行形式化的证明，对隐通道进行形式化的分析，有可靠的发行安装过程。

② 超 A1 级：超 A1 级系统涉及的范围包括系统体系结构、安全测试、形式化规约与验证、可信设计环境。

参照美国 TCSEC 和《可信网络解释》（*Trusted Network Interpretation*），我国于 1999 年 9 月 13 日发布了《计算机信息系统 安全保护等级划分准则》（GB 17859—1999）。

该准则的发布为我国制定计算机信息系统安全法规和配套标准的执法部门的监督检查提供了依据，为安全产品的研制提供了技术支持，为安全系统的建设和管理提供了技术指导，是我国计算机信息系统安全保护等级工作的基础。本标准规定了计算机系统安全保护能力的 5 个等级。

第一级：用户自主保护级（对应 TCSEC 的 C1 级）。

本级的计算机信息系统可信计算基通过隔离用户与数据，使用户具备自主安全保护的能力。它具有多种形式的控制能力，对用户实施访问控制，即为用户提供可行的手段，保护用户和用户组信息，避免其他用户对数据进行非法读写与破坏。

第二级：系统审计保护级（对应 TCSEC 的 C2 级）。

与用户自主保护级相比，本级的计算机信息系统可信计算基可实施粒度更细的自主访问控制，它通过登录规程、审计安全性相关事件和隔离资源，使用户对自己的行为负责。

第三级：安全标记保护级（对应 TCSEC 的 B1 级）。

本级的计算机信息系统可信计算基具有系统审计保护级所有功能。此外，还提供有关安全策略模型、数据标记以及主体对客体强制访问控制的非形式化描述；具有准确的标记输出信息的能力；可消除通过测试发现的任何错误。

第四级：结构化保护级（对应 TCSEC 的 B2 级）。

本级的计算机信息系统可信计算基建立于明确定义的形式化安全策略模型之上，它要求将第三级系统中的自主和强制访问控制扩展到所有主体与客体。此外，还要考虑隐蔽通道。本级的计算机信息系统可信计算基必须结构化为关键保护元素和非关键保护元素。计算机信息系统可信计算基的接口也必须明确定义，使其设计与实现能经受更充分的测试和更完整的复审。它可加强鉴别机制；支持系统管理员和操作员的职能；提供可信设施管理；增强配置管理控制。系统具有相当的抗渗透能力。

第五级：访问验证保护级（对应 TCSEC 的 B3 级）。

本级的计算机信息系统可信计算机满足访问监控器需求。访问监控器仲裁主体对客体的全部访问。访问监控器本身是抗篡改的，必须足够小，能够分析和测试。为了满足访问监控器需求，计算机信息系统可信计算基在构造时，要排除那些对实施安全策略来说并非必要的代码；在设计和实现时，从系统工程角度将其复杂性降低到最低程度。支持安全管理员职能；扩充审计机制，当发生与安全相关的事件时发出信号；提供系统恢复机制。系统具有很强的抗渗透能力。

现在应用最广泛的 Windows 系列操作系统在安全性方面存在很多漏洞。有人批评 Windows 的体系结构有弱点，这可能是它容易遭受病毒袭击的原因之一。已发现在 Windows 95 和 Windows 98 操作系统中都存在着"后门"，尽管微软已发布了可以禁止这些"后门"的补丁，但仍难以消除人们的顾虑。由于 Windows 操作系统不提供源码，像一个"黑盒子"，因此对它的安全性难以进行估量和增强。

总体上来看，当前主流操作系统的安全性远远不够，如 UNIX 系统、Windows NT 内核的操作系统都只能达到 C2 级，安全性均有待提高。因此，各种形式的安全增强操作系统在普通操作系统的基础上增强了其安全性，使得系统的安全性能够满足系统实际应用的需要。例如，国内的安胜安全操作系统（SecLinux）3.0，作为基于核心的安全增强操作系统，达到 GB 17859 的第三级标准。国外研究的安全操作系统包括美国国家安全局的增强安全性的 Linux（SELinux）和宾夕法尼亚大学开发的 EROS（Extremely Reliable Operating System，EROS，意即"极端可靠的操作系统"）。

【知识拓展】

更多关于《计算机信息系统 安全保护等级划分准则》的详细内容，请扫描二维码阅读。

3.3 操作系统安全

实质上，操作系统是一个资源管理系统，管理计算机系统的各种资源，用户通过它获得对资源的访问权限。操作系统安全性的主要目标是标识系统中的用户，对用户身份进行认证，对用户的操作进行控制，防止恶意用户对计算机资源进行窃取、篡改、破坏等，防止正当用户操作不当而危害系统安全，从而既保证系统运行的安全性，又保证系统自身的安全性。

没有操作系统提供的安全性，计算机系统的安全性是没有基础的。因此，操作系统安全是网络空间系统的整体安全性的基础和关键。

3.3.1 操作系统的安全威胁

随着外界环境复杂程度的增加和与外界交互程度的提高，计算机操作系统遭受着越来越多的安全威胁。这些威胁大多数是通过利用操作系统和应用服务程序的弱点、漏洞或缺陷来实现的。

1. 按照形成安全威胁的途径划分

按照形成安全威胁的途径来分，操作系统的安全威胁可以分为如下 6 类。

① 不合理的授权机制。为完成某项任务，只需分配给用户必要的权限，称为最小特权原则。如果分配了不必要的权限，这些额外权限可能被用来进行一些不希望的操作，对系统造成危害，即授权机制违反最小特权原则。有时授权机制还要符合责任分离原则，将安全相关的权限分散到数个用户，避免集中在一个人手中，造成权力的滥用。

② 不恰当的代码执行。如在 C 语言实现的系统中普遍存在的缓冲区溢出问题，以及移动代码的安全性问题等。

③ 不恰当的主体控制。如对动态创建、删除、挂起、恢复主体的行为控制不够恰当。

④ 不安全的进程间通信。进程间通信（Inter Process Communication，IPC）的安全对于基于消息传递的微内核系统十分重要，因为微内核系统中有很多系统服务都是以进程的形式提供的。这些系统进程需要处理大量外部正当的或恶意的请求。对于共享内存的 IPC，还存在数据存储的安全问题。

⑤ 网络协议的安全漏洞。在目前网络大规模普及的情况下，很多攻击性的安全威胁都是通过网络在线入侵造成的。

⑥ 服务的不当配置。对于一个已经实现的安全操作系统来说，多大程度上能够发挥其安全设施的作用，还取决于系统的安全配置。

2. 按照安全威胁的行为方式划分

按照安全威胁的行为方式划分，操作系统的安全威胁通常可以分为以下 4 种。

① 切断。系统的资源被破坏或变得不可用、不能用。这是对可用性的威胁，如破坏硬盘、切断通信线路或使文件管理失效。

② 截取。未经授权的用户、程序或计算机系统获得对某个资源的访问权限。这是对机密性的威胁，如在网络中窃取数据及非法复制文件和程序。

③ 篡改。未经授权的用户不仅获得对某个资源的访问，而且可以对其进行篡改。这是对完整性的攻击，如修改数据文件中的值，修改网络中正在传送的消息内容。

④ 伪造。未经授权的用户将伪造的对象插入系统中。这是对合法性的威胁，如非法用户把伪造的消息加到网络中或向当前文件加入记录。

3. 按照安全威胁的表现形式划分

按照安全威胁的表现形式来分，操作系统面临的安全威胁有以下 5 种。

① 计算机病毒。计算机病毒指的是能够破坏数据或影响计算机使用，能够自我复制的一组计算机指令或程序代码。其具有隐蔽性、传染性、潜伏性和破坏性等特点。病毒的种类多种多样，它们利用操作系统的各种漏洞或正常服务，进行各种形式的不良行为。典型的病毒生命周期分如下几个阶段：潜伏阶段，传播阶段，触发阶段，执行阶段。

② 逻辑炸弹。逻辑炸弹是加在现有应用程序上的程序。一般逻辑炸弹都被添加在被感染应用程序的起始处，每当该应用程序运行时就会运行逻辑炸弹。它通常要检查各种条件，看是否满足运行逻辑炸弹的条件。如果逻辑炸弹没有取得控制权就将控制权归还给应用程序，逻辑炸弹仍然安静地等待。当设定的爆炸条件被满足后，逻辑炸弹的其余代码就会被执行。逻辑炸弹不能复制自身，不能感染其他应用程序，但这些攻击已经使它成为一种极具破坏性的恶意代码类型。逻辑炸弹具有多种触发方式。

③ 特洛伊木马。特洛伊木马指的是表面上执行合法功能，实际上却完成用户未曾料到的非法功能的计算机程序。攻击者开发这种程序用来欺骗合法用户，利用合法用户的权限进行非法活动。

④ 后门。后门指的是嵌在操作系统中的一段非法代码，渗透者可以利用这段代码侵入操作系统。后门由专门的命令激活，一般不容易被发现。通常后门设置在操作系统内部，而不在应用程序中，后门很像操作系统里可供渗透的缺陷。安装后门就是为了渗透。对于操作系

统中的后门或提供后门的机制，彻底防止的办法是不使用该操作系统，而采用自主开发的操作系统。

⑤ 隐蔽通道。隐蔽通道可定义为系统中不受安全策略控制的、违反安全策略的、非公开的信息泄露路径。按信息传递的方式和方法区分，隐蔽通道分为隐蔽存储通道和隐蔽定时通道。隐蔽存储通道在系统中通过两个进程利用不受安全策略控制的存储单元传递信息。隐蔽定时通道在系统中通过两个进程利用一个不受安全策略控制的广义存储单元传递信息。判别一个隐蔽通道是否是隐蔽定时通道，关键是看它有没有实时时钟、间隔定时器或其他计时装置，不需要时钟或定时器的隐蔽通道是隐蔽存储通道。

以上几种威胁不一定是独立存在的，常常被结合起来使用。例如在利用系统漏洞入侵系统后可以放置计算机病毒、特洛伊木马，或在特洛伊木马中使用后门程序，或通过计算机病毒造成拒绝服务。这就要求我们不能分立对付这些威胁，而应该寻找这些威胁形成的途径，在系统中加以控制，通过切断这个途径，来增强操作系统的安全性。

3.3.2 操作系统的脆弱性和漏洞

1. 操作系统的脆弱性

无论是哪种操作系统，都是由人开发及控制的。所以安全漏洞的存在是不可避免的，而且也不可避免地会遭到破坏和干扰。操作系统的脆弱性主要来自以下两方面。

（1）操作系统的远程调用和系统漏洞

操作系统要支持网络通信与远程控制，必然要提供远程过程调用（Remote Procedure Call，RPC），即操作系统可以接收来自远程的合法调用和操作。黑客正是通过远程调用来非法入侵系统和破坏正常的网络结构的。黑客攻破防火墙或者窃取、破译密码之后，畅通无阻地向远程主机上写入数据和调用系统过程，即可遥控该主机。

（2）进程管理体系存在问题

进程管理是操作系统的核心功能。计算机的工作最终要落实到进程的执行与管理上。这时，黑客可能利用两种方式来进行破坏和攻击。

① 网络上的文件传输是在操作系统的支持下完成的，同时操作系统也支持网上加载程序。这就会给黑客大开方便之门。黑客会把间谍软件通过某种方法传输给远程服务器或客户机，并进一步植入操作系统之中，进而达到控制主计算机的目的。

② 黑客将人们感兴趣的网站和免费的资源甚至流媒体文件放在互联网上，用户将其下载到本地计算机上并执行时，间谍软件就被安装到用户的系统中，使黑客获取该用户在系统中的权限。

2. 操作系统的漏洞

操作系统漏洞是指计算机操作系统本身所存在的问题或技术缺陷，操作系统产品提供商通常会定期对已知漏洞发布补丁程序提供修复服务。操作系统漏洞是计算机重要漏洞之一，解决操作系统漏洞能很好提高网络空间安全性能。

操作系统的常见漏洞主要有以下几种。

（1）空口令、弱口令或默认口令

为了方便记忆，很多计算机用户将系统口令设置为空口令、复杂度很低的弱口令或产品生产商所设置的默认口令，如用"123456"、自己的姓名、生日、"admin"等作为系统口令。

这种空口令、弱口令或默认口令可以被黑客很轻易地破解。访问口令是操作系统访问控制的关键环节,将口令设置为空口令、弱口令或默认口令相当于直接向黑客敞开操作系统的大门,将严重威胁操作系统安全。因此,应尽可能避免采用空口令、弱口令或默认口令。

(2)默认共享密钥

预共享密钥是用于验证 L2TP/IPSec 连接的 Unicode 字符串。用户可以配置"路由和远程访问"来验证支持预共享密钥的 VPN 连接。许多操作系统都支持使用预共享密钥。如果操作系统中配置了默认的或过于简单的预共享密钥,那么当操作系统连接到网络时将会带来严重的安全隐患。

(3)系统组件漏洞

软件开发过程中不可避免地会产生一些安全漏洞,对操作系统这个复杂的软件系统来说更是如此。操作系统中的系统组件,尤其是一些关键系统组件中存在的安全漏洞往往是黑客的重点攻击目标。因此,操作系统用户应当时时关注操作系统厂商发布的安全补丁,及时对操作系统漏洞以系统更新的方式进行修复。

(4)应用程序漏洞

操作系统中运行的应用程序中也经常存在安全漏洞。应用程序漏洞除了会给用户数据与业务带来安全隐患外,也会对运行它的操作系统带来严重的安全威胁。例如 3.1 节介绍的震荡波病毒就是利用 Windows 操作系统的本地安全授权服务缓冲区溢出漏洞(MS04-011)发起攻击。

3.3.3 操作系统中常见的安全保护机制

操作系统的安全保护机制就是指在操作系统中利用某种技术、某些软件来实施一个或多个安全服务的过程。主要包括标识与鉴别机制、访问控制机制、最小特权管理机制、可信通路机制、硬件保护机制(存储保护、运行保护机制)、安全审计机制等。

1. 标识与鉴别机制

这部分的作用主要是控制外界对系统的访问。所谓标识指的是系统分配、提供的唯一用户 ID,标识应当具有唯一性,不能被伪造,可以是系统为用户分配的唯一用户名、登录 ID、身份证号或智能卡等。

鉴别则是系统要验证用户的身份,就是对用户所声明的身份标识的有效性进行校验和测试的过程。一般多使用口令来实现,而口令鉴别技术是较简单和普遍的身份识别技术。

口令具有共享秘密的属性,是相互约定的代码,只有用户和系统知道。例如,用户把他的用户名和口令传送给服务器,服务器操作系统鉴别该用户。口令有时由用户选择,有时由系统分配。利用口令进行身份鉴别的过程如下:用户将口令传送给计算机;计算机完成口令单向函数值的计算;计算机把单向函数值和存储的值进行比较。

需要特别说明的是,一旦系统验证了用户身份,就要开始赋予用户唯一标识用户 ID、组 ID,还要检查用户申请的安全级、计算特权集、审计屏蔽码;赋予用户进程安全级、特权集标识和审计屏蔽码。系统负责检查用户的安全级在其定义时规定的安全级之内,否则系统拒绝用户的本次登录。

具体来讲,在操作系统设计和实际应用过程中,应考虑采用以下一些身份鉴别方法。

① 操作系统应对登录操作系统的用户进行身份标识和鉴别。例如,至少要将用户划分为

管理员组和普通用户组。

② 操作系统管理员组的用户身份标识应具有不易被猜测和冒用的特点。例如，将 Linux 默认的 root 改为 admin。

③ 操作系统口令应有复杂度要求。例如，大写字母类、小写字母类、数字类、符号类混合，每类最少 1 个，并每 90 天更换一次。

④ 操作系统应启用登录失败处理功能。例如，当连续输入密码错误 5 次后，暂停登录 10 分钟。

⑤ 当对服务器操作系统进行远程管理时，应使用加密隧道方式。例如，使用 SSH 连接 Linux 服务器，防止鉴别信息在网络传输过程中被窃听。

⑥ 应为操作系统的不同用户分配不同的用户名，确保用户名具有唯一性。例如，管理员 1 的用户名是 adm1-XXX，普通用户 1 的用户名是 usr1-XXX。

2. 访问控制机制

访问控制是操作系统安全机制的主要内容，它需要针对指定的资源进行说明：谁可以进行访问？怎么去访问（读、写、执行、删除、追加等）？访问控制主要针对登录系统的用户及进程，控制外界系统访问的技术是标识与鉴别。

访问控制机制包括用户识别代码、口令、登录控制、资源授权（例如用户配置文件、资源配置文件和控制列表）、授权核查、日志和审计。

（1）访问控制策略

访问控制涉及 3 个基本概念，即主体、客体和授权访问。在计算机系统中，访问控制包括以下 3 个任务：授权，即确定可给予哪些主体存取客体的权力；确定存取权限（读、写、执行、删除、追加等存取方式的组合）；实施存取权限。

访问控制策略是用于规定如何做出访问决定的策略，涵盖对象、主体和操作，通过对访问者的控制达到保护重要资源的目的。对象包括终端、文本和文件，系统用户和程序被定义为主体。操作是主体和客体的交互。

（2）访问控制类型

访问控制主要有两类：自主访问控制和强制访问控制。

① 自主访问控制。

自主访问控制是较常用的一类访问控制机制，是用来决定一个用户是否有权访问一些特定客体的一种访问约束机制，又称为任意访问控制，包括身份型访问控制和用户指定型访问控制。

"自主"主要体现在客体（被访问的对象）的所有者有权指定其他主体对该客体的访问权限，这里的所有者也可以是专门具有授予权限的主体，将权限的子集授予其他主体。基于访问控制矩阵，一般有基于行和列的访问控制机制，但是由于基于行的访问控制机制实现较为困难，因此现在实际中使用的是基于列的访问控制机制，即基于客体的访问控制机制，常见的就是访问控制列表（Access Control List，ACL）。每个客体维护一张自己的 ACL。

主体 1 只具有读和执行权限（rx），主体 2 只有读的权限（r），主体 3 只有执行权限（x），依此类推。后期由于主体数目可能有很多，造成 ACL 很大，因此又引入 Group 的概念，针对一个 Group 进行 ACL 记录。

为了实现完备的自主访问控制机制，系统要将访问控制矩阵相应的信息以某种形式保存在系统中。目前在操作系统中实现的自主访问控制机制是基于矩阵的行或列来表达访问控制信息。

② 强制访问控制。

强制访问控制（Mandatory Access Control）是一种不允许主体干涉的访问控制类型。它是基于安全标识和信息分级等信息敏感性的访问控制。

"强制"体现在每个进程、文件、IPC 客体都被系统管理员或操作系统赋予不可改变的安全属性，这些安全属性不再能由用户自己进行修改，实际中常常将两者结合起来使用。用户使用自主访问控制防止其他用户非法访问自己的文件。强制访问控制则作为更有力的安全保护方式，使用户不能通过意外事件和有意识的操作逃避安全控制。

强制访问控制和自主访问控制是两种不同类型的访问控制机制，自主访问控制较弱，而强制访问控制又太强，会给用户带来许多不便。因此，实际应用中，往往将自主访问控制和强制访问控制结合在一起使用。自主访问控制作为基础的、常用的控制手段，强制访问控制作为增强的、更加严格的控制手段。强制访问控制常用于将系统中的信息分密级和类进行管理，适用于政府部门、军事和金融等领域。

具体来讲，在操作系统设计和实际应用过程中，应考虑应用以下一些访问控制方法。

① 应启用操作系统访问控制功能，依据安全策略控制用户对资源的访问。例如，仅授予 user1 用户可完成工作的最小目录访问权限。

② 应根据操作系统管理用户的角色分配权限，实现管理用户的权限分离，仅授予管理用户所需的最小权限。例如，对于 Linux 来说，root 是管理员账号，日常工作要使用普通账号而不是用 root 账号。

③ 应实现操作系统特权用户的权限分离。例如，谁可以使用 su 命令，谁可以使用 sudo 命令。

④ 应及时删除操作系统上多余的、过期的账户，避免共享账户的存在。例如，Linux 要删除全部多余账号，如 games 账号等。

3. 最小特权管理机制

最小特权原则是系统安全中基本的原则之一。最小特权（Least Privilege），指的是"在完成某种操作时所赋予系统中每个主体（用户或进程）必不可少的特权"。

最小特权原则应限定系统中每个主体所必需的最小特权，确保可能的事故、错误、网络部件的篡改等原因造成的损失最小。最小特权管理的思想是系统不应该给用户/管理员超过执行任务所需特权以外的特权，一般可以通过设置管理员角色分割权限，或者使用 POSIX 权能机制来实现。

权能是一种用于实现恰当特权的能力令牌。POSIX 权能与传统的权能机制类似，但是它可为系统提供更为便利的权能管理和控制：一是提供为系统进程指派一个权能去调用或执行受限系统服务的便捷方法；二是提供一种使进程只能调用其特定任务必须权能的限制方法，支持最小特权安全策略的实现。因此 POSIX 权能机制可提供一种比超级用户模式更细粒度的授权控制。每个进程的特权动态管理，通过进程和程序文件权能状态（许可集、可继承集、有效权能集）共同决定子进程的权能。

最小特权在安全操作系统中占据非常重要的地位。主流多用户操作系统中，超级用户一般具有所有特权，普通用户不具有任何特权。最小特权原则有效地限制、分割了用户对数据资料进行访问时的权限，降低了非法用户或非法操作可能给系统及数据带来的损失，对于系统安全具有至关重要的作用。

当然，最小特权原则只是系统安全的原则之一，如果要使系统达到相当高的安全性，还需要其他原则的配合。

4. 可信通路机制

可信通路（Trusted Path，TP），也称为可信路径，是指用户能跳过应用层而直接同可信计算基通信的一种机制。

构建可信通路的简单方法是为每个用户提供两台终端，一台用于完成日常的普通工作，另一台实现与安全内核的硬连接及专职执行安全敏感操作。显然，此方法的最大缺陷是成本较高，同时还会引入诸如如何确保"安全终端"的安全可靠及如何实现"安全终端"和"普通终端"的协调工作等新问题。

更为现实的方法是要求用户在执行敏感操作前，使用一般的通用终端和向安全内核发送所谓的"安全注意符"（即不可信软件无法拦截、覆盖或伪造的特定信号）来触发和构建用户与安全内核间的可信通路。

5. 硬件保护机制

计算机硬件安全保护机制的目标是保证其自身的可靠性和为系统提供基本的安全机制。这些基本的安全机制包括运行保护机制、存储保护机制等。

（1）运行保护机制

存储器中的用户数据需要被保护，运行中的用户数据也需要被保护，避免其他用户进程的干扰和破坏。操作系统为保护自身运行的安全，通常采用保护环机制，安全操作系统很重要的一点是进行分层设计，而运行域正是一种基于保护环的层次等级式结构。

为了实现并发进程的安全，通常操作系统的设计者在进程的唯一标识——进程控制块中进行相应的设置，用它来控制和管理进程。其中进程的隔离是基本的运行保护机制。

（2）存储保护机制

存储器是操作系统管理的重要资源之一，也是被攻击的主要目标。存储保护就是保护用户在存储器中的数据完整性，简单来说就是数据没有损坏，没有被非法访问。存储保护与存储器管理是紧密相联的，存储保护是负责保证系统各个任务之间互不干扰，存储器管理则是为了更有效地利用存储空间。

目前常用的存储器保护机制主要有以下几种。

① 所有系统范围内内核态组件使用的数据结构和内存缓冲池只能在内核态下访问，用户态线程不能访问这些页面。如果它们试图这样做，系统会产生错误信息，随后内存管理器线程报告访问冲突。

② 每个进程有一个独立、私有的地址空间，禁止其他进程的线程访问。唯一例外是，该进程和其他进程共享页面，或另一进程具有对进程对象的虚拟内存读写权限。

③ 除了提供虚拟到物理地址转换的隐含保护外，处理器还提供一些硬件内存保护措施（如读/写、只读等）。这种保护的细节根据处理器不同而不同。例如，在进程的地址空间中代码页被标记为只读，可以防止被用户线程修改。

④ 共享内存区域对象具有标准的访问控制列表，当进程试图打开它们时会检查访问控制列表，这样对共享内存的访问也限制在具有适当权限的进程之中。

6. 安全审计机制

操作系统的安全审计是指对系统中有关安全的活动进行记录、检查和审核。审计是一种事后分析法，一般通过对日志的分析来完成。审计是对访问控制的必要补充，是访问控制的一个重要内容，它的主要目的就是检测和阻止非法用户对计算机系统的入侵，并显示合法用户的误操作。

在安全操作系统中，安全审计的作用主要体现在根据审计信息追查执行事件的当事人，明确事故责任；对审计信息的分析，可以发现系统设计或配置管理存在的不足，有利于改进系统安全性。把审计功能与报警功能结合起来，可以实现安全管理员对系统状态的实时监控。

在操作系统设计和实际应用过程中，安全审计机制应考虑以下几个方面。

① 审计范围应覆盖服务器和重要客户端上的每个用户。

② 操作系统审计内容应包括重要用户行为、系统资源的异常使用和重要系统命令的使用等系统内重要的安全相关事件。例如，对于 Linux 操作系统，应记录 root 用户对某个目录执行# rm -rf /xxx 命令的时间。

③ 操作系统审计记录应包括事件的日期、时间、类型、主体标识、客体标识和结果等。例如，要记录"谁、在什么时间、访问什么系统、执行什么操作、什么时间退出系统的"。

④ 应能够根据操作系统审计记录数据进行分析，并生成审计报表。例如，生成 PDF 文件。

⑤ 应保护操作系统的审计进程，避免受到未预期的中断。例如，保护 Linux 的 audit daemon 进程。

⑥ 应保护操作系统审计记录，避免受到未预期的删除、修改或覆盖等。例如，保护 Linux 操作系统的审计配置文件和审计日志，共有 3 个文件，即/etc/sysconfig/auditd、/etc/audit/auditd.conf、/var/log/audit/audit.log。

7. 其他安全保护机制

除此之外，在操作系统设计和实际应用过程中，操作系统安全还应从入侵防范和资源控制方面加以管理和控制。

在操作系统设计和实际应用过程中，入侵防范应考虑以下几个方面。

① 操作系统应能够检测到对重要服务器进行入侵的行为，能够记录入侵的源 IP 地址、攻击的类型、攻击的目的、攻击的时间，并在发生严重入侵事件时提供报警，这项功能通常需要额外的安全软硬件来实现。

② 操作系统应能够对重要程序的完整性进行检测，并具有在检测到完整性受到破坏后恢复的措施，这项功能通常需要额外的安全软硬件来实现。

③ 操作系统应遵循最小安装的原则，仅安装需要的组件和应用程序，并通过设置升级服务器等方式保持系统补丁及时得到更新。例如，服务器操作系统上，不应安装操作系统自带的游戏。

在操作系统设计和实际应用过程中，资源控制应考虑以下几个方面。

① 应通过设定终端接入方式、网络地址范围等条件限制终端登录。例如，设置可以访问服务器 SSH 的 IP 地址。

② 根据安全策略设置登录终端的操作超时锁定。例如，设置 300s 内用户无操作就断开终端。

③ 对重要服务器进行监视，包括监视服务器的 CPU、硬盘、内存、网络等资源的使用

情况。例如，在 Linux 操作系统中，可以使用 top 命令进行监控。

④ 限制单个用户对系统资源的最大或最小使用限度。例如，Linux 操作系统可以限制用户只能访问特定目录。

3.4 常用的操作系统及其安全性

从实际应用情况来看，整个网络系统平台参差不齐，服务器大多数使用 Linux 和 UNIX，也有少数用户使用 Windows 系列；个人桌面端大多数使用 Windows 系列操作系统，也有少数用户使用 macOS 和 Linux。因此，目前的网络系统平台往往是 Linux、UNIX 和 Windows 操作系统共存形成异构网络。本节以 Windows 和 Linux 两种操作系统为例，对其安全性进行简单说明。

3.4.1 Windows 操作系统安全

Windows 操作系统是目前应用得非常多的操作系统。经过 30 多年的发展，Windows 操作系统演化出了一整套独特的安全机制。其安全性以 Windows 安全子系统为基础，辅以 NTFS、Windows 服务与补丁包机制、Windows 系统日志等，形成了完整的安全保障体系。

1. Windows 安全子系统

Windows 安全子系统位于 Windiows 操作系统的核心层，是 Windows 系统安全的基础。Windows 安全子系统由系统登录控制流程（Winlogon）、安全账号管理器（Security Account Manager，SAM）、本地安全认证（Local Security Authority，LSN）和安全引用监控器（Security Reference Monitor，SRM）等模块构成，控制着 Windows 操作系统用户账号、系统登录流程，以及系统内对象（如文件、内存、外设等）的访问权限。

（1）系统登录控制流程

该模块主要负责接受用户的本地登录请求或远程用户的网络远程登录请求，从而使用户和 Windows 操作系统建立联系。

（2）安全账号管理器

SAM 维护账号的安全性管理数据库，即 SAM 数据库。该数据库内包含所有用户和组的账号信息。用户登录时，系统将用户信息通过 Winlogon 进程传输到 SAM，将用户信息与系统内的安全账号管理数据进行比较。如果两者匹配，则系统允许用户进行访问。然后，Winlogon 进程允许用户登录并为用户调用用户环境并创建相关的进程。否则，拒绝该用户登录。

（3）本地安全认证

LSA 是 Windows 安全子系统的核心组件。它负责通过确认数据库中的数据信息来处理用户的登录请求，从而使所有正常的本地和远程的用户登录生效，并确定登录用户的安全访问权限。

（4）安全引用监控器

SRM 以内核模式（Kernel Mode）运行，负责检查 Windows 操作系统的存取合法性，以保护资源不被非法存取和修改。

2. NTFS

NTFS（New Technology File System）自 Windows NT 版本开始被微软作为 Windows 操作

系统的默认文件系统。该文件系统不但可提高文件系统的性能，更通过引入访问权限管理机制和文件访问日志记录机制大幅提高文件系统的安全性。NTFS 可以对文件系统中的对象设置非常精细的访问权限。其主要特点包括如下几个方面。

① NTFS 采用更小的簇，可以更有效率地管理磁盘空间，可以支持的分区（如果采用动态磁盘则称为卷）大小可以达到 2TB。而 Windows 2000 中的 FAT32 支持的分区大小只可达到 32GB。

② NTFS 是一个可恢复的文件系统，支持对分区、文件夹和文件的压缩及加密。

③ 在 NTFS 分区上，可以为共享资源、文件夹及文件设置访问许可权限。

④ 在 NTFS 下可以进行磁盘配额管理。

⑤ NTFS 中的访问权限是累积的。NTFS 的文件权限超越文件夹的权限。NTFS 文件系统中的拒绝权限超越其他权限。此外，NTFS 权限还具有继承性。

3. Windows 服务包和补丁包机制

微软会不定期发布对已经发现的 Windows 问题和漏洞进行修补的程序，这些被称为服务包或补丁包的程序为终端用户完善系统安全、运用并管理好服务包，进而为保障系统安全提供重要手段。没有绝对安全的系统与应用软件，操作系统服务提供商应及时发现、解决系统安全问题，防微杜渐。

扫描和利用系统漏洞攻击是黑客常用的攻击手段。而解决系统漏洞最有效的方法就是安装补丁包。因此，及时安装系统补丁包非常重要。微软有 4 种系统漏洞解决方案：Windows Update、SUS（Software Update Services）、WSUS（Windows Server Update Services）和 SMS（Systems Management Server）。

Windows Update 是 Windows 操作系统自带的一种自动更新工具，专用于为 Windows 操作系统软件和基于 Windows 的硬件提供程序更新，以解决已知的问题并可帮助修补已知的安全漏洞。Windows Update 通常集成于各版本的 Windows 操作系统中，当 Windows Update 服务被启动后，Windows Update 组件将定期自动扫描计算机操作系统版本，并从微软的官方更新服务器上自动下载、安装软硬件更新程序；或通知计算机管理员有适用的软件和硬件更新程序，并由管理员手动下载与安装。

SUS 是微软为客户提供的快速部署最新的重要更新和安全更新的免费软件。SUS 由服务器组件和客户端组件组成。服务器组件负责软件更新服务，称为 SUS 服务器，安装在公司内网的 Windows 服务器上。服务器提供通过基于 Web 的工具管理和分发更新的管理功能。客户端组件就是微软的自动更新服务（Automatic Update），负责接收从服务器中产品更新的信息。

WSUS 是微软新的系统补丁发放服务器，它是 SUS 1.0 的升级版本。WSUS 除了可以给 Windows 操作系统提供升级补丁外，还可以给微软的 Office、SQL Server 等软件提供补丁升级服务。该服务器和 SUS 一样，依然是免费组件。WSUS 新增了改良的管理员控制处理、减少网络带宽影响和使用、发布剩余报告信息功能、对最终用户的优化、增加管理员管理等功能。

SMS 是一个管理基于 Windows 桌面和服务器系统变动和配置的解决方案，其主要功能包括软硬件清单、软件计量、软件分发以及远程排错等。与 WSUS 相比，SMS 能够提供更加高级的管理员管理特性，如硬件清单、软件清单、兼容性检查、软件计量、网络搜寻以及报告生成等。SMS 包含对安装和重启的控制、一张各个组成部分的清单以确保一致性，以及一个可定制的界面。

4. Windows 系统日志

日志文件（log）记录着 Windows 操作系统及其各种服务运行的每个细节，对增强 Windows 操作系统的稳定和安全性，起着非常重要的作用。

在实际应用中，Windows 操作系统用户可通过以下手段和方法进行操作和配置来提升 Windows 操作系统的安全性。

① 正确设置和管理系统用户账户，包括停止使用 Guest 账户、尽可能少添加用户账户、为每个账户设置一个复杂的密码（如包含大小写字母、数字、特殊字符等）、正确地设置每个账户的权限、给系统默认的管理员账户（Administrator）改名、尽量少用系统管理员账户登录系统等。

② 正确应用安全管理系统对外的网络服务功能。例如：关闭不需要的服务，只保留必需的服务等；关闭不用的端口，只开放必要的端口与协议，如关闭或修改 TCP 的 80、25、21、23、3389 等常用端口，若确实需要对外提供相应服务，则可以修改服务对应的端口号。

③ 启用 Windows 操作系统日志功能，并对日志文件进行保护，如修改日志文件的存放目录并对日志文件设置严格的访问权限等。

3.4.2 Linux 操作系统安全

Linux 是完全免费使用和自由传播的、符合 POSIX 标准的类 UNIX 操作系统，遵循通用公共许可证（GPL），源代码公开、自由修改、自由发布，是能在各类硬件平台上运行的多用户、多任务的操作系统。

Linux 在服务器、嵌入式等领域应用广泛并取得了很好的成绩。在桌面系统方面，也逐渐受到人们的欢迎，Linux 操作系统的安全问题也逐渐受到人们的重视。用户可以根据自己的环境定制 Linux 系统、提供补丁、检查源代码中的安全漏洞，也可以对 Linux 系统增加一些简单的防范措施来增强系统的安全性。

1. Linux 操作系统的安全机制

Linux 操作系统的安全机制主要有以下几种。

（1）插件式鉴别模块（Pluggable Authentication Modules，PAM）机制

为安全起见，计算机系统只有经过授权的合法用户才能访问，在这里如何正确鉴别用户的真实身份是一个关键的问题。所谓用户鉴别，就是用户向系统以一种安全的方式提交自己的身份证明，然后由系统确认用户的身份是否属实的过程。换句话说，用户鉴别是系统的门户，每个用户进入系统都必须经过鉴别这一道关。

最初，Linux 系统的用户鉴别过程就像 UNIX 系统的一样：系统管理员为用户建立一个账号并为其指定一个口令，用户用此指定的口令登录后重新设置自己的口令，这样用户就具有一个只有他自己知道的秘密口令。

一般情况下，用户的口令经过加密处理后存放于/etc/passwd 文件中。用户登录时，登录服务程序提示用户输入其用户名和口令，然后将口令加密并与/etc/passwd 文件中对应账号的加密口令进行比较，如果口令相匹配，说明用户的身份属实并允许此用户访问系统。

后来，还采用了许多其他的鉴别用户的方法，如用于网络环境的 Kerberos 及基于智能卡

的鉴别系统等。但是这些鉴别方案有一个通病：实现鉴别功能的代码通常作为应用程序的一部分而一起编译。这样会存在一个问题，如果发现所用算法存在某些缺陷或想采用另一种鉴别方法时，用户不得不重写（修改或替换）然后重新编译原程序。很明显，这种鉴别方案缺乏灵活性。

鉴于以上原因，人们开始寻找一种更佳的替代方案：一方面，将鉴别功能从应用中独立出来，单独进行模块化设计、实现和维护；另一方面，为这些鉴别模块建立标准 API，以便各应用程序能方便地使用它们提供的各种功能；同时，鉴别机制对其上层用户（包括应用程序和最终用户）是透明的。直到 1995 年，SUN 的研究人员才提出一种满足以上需求的方案——PAM 机制，并首次在其操作系统 Solaris 2.3 上部分实现。后来，Linux 开发人员专门为 Linux 操作系统实现了 Linux PAM 机制。

PAM 机制是一种使用灵活、功能强大的用户鉴别机制，采用模块化设计和插件功能，在应用程序中插入新的鉴别模块，而不必对应用程序进行修改，从而使应用程序的定制、维护和升级变得更加轻松。应用程序通过 PAM API 可以方便地使用 PAM 提供的各种鉴别功能。

（2）加密文件系统

加密文件系统将加密服务引入文件系统，从而提高计算机系统安全性。作为一种有效的数据加密存储技术，加密文件系统可以有效防止非法攻击者窃取用户的机密数据。另外，在多个用户共享一个系统的情况下，加密文件系统可以很好地保护用户的私有数据。

（3）防火墙

Linux 防火墙可以提供访问控制、审计、抗攻击、身份验证等功能，正确设置防火墙可以大大提高系统安全性。

2. Linux 操作系统安全防范及设置

（1）Linux 引导程序安全设置

在 Linux 操作系统装载前，必须由一个引导装载程序（bootloader）中的特定指令告诉它去引导系统，Linux 操作系统默认选择 GRUB 作为引导装载程序。

GRUB 密码保护功能要求在开机时、进入系统之前，需要输入密码验证，防止未授权用户登录系统。另外，未授权用户没有权限更改 GRUB 的启动功能，进入单用户模式和 GRUB 命令行界面。密码放在/boot/grub/grub.conf 配置文件中，为防止通过 grub.conf 配置文件查看密码，可以使用 MDS 进行加密和校验，通过 grub-md5-crypt 命令对明文密码进行加密。

GRUB 的密码是系统安全措施的一部分，如果没有 GRUB 密码，任何人都不能登入 Linux 系统中。这样能更安全地保护系统。

（2）防止使用组合键重启系统

默认情况下，用户可以使用 Ctrl+Alt+Del 组合键重启系统。为防止非法用户重启系统，应修改/etc/inittab 配置文件，在 ca::ctrlaltdel:/sbin/shutdomn -t3 -r now 这行前加#，使该行不生效。

（3）安全登录、注销

平时使用 Linux 操作系统时切记使用普通用户登录系统，尽可能地避免直接使用超级用户 root 登录系统。因为 root 是系统最高权限的拥有者，如果使用不当，会对系统安全造成威胁。在普通用户登录模式下，可以使用 sudo 作为超级用户执行某些命令，但必须通过 sudo 的配置文件/etc/sudoers 进行授权。

通过在/etc/profile 文件中加入 TMOUT=200，可以使登录的用户在离开系统 200s 后自动注销，从而防止安全隐患。

（4）用户账号安全管理

Linux 操作系统在安装后会内置很多账号，如果没有使用某些服务，有些账号是用不到的。对于这些用不到的账号，若允许用户登录，可能会给系统带来潜在的威胁。

对于安全性较高的 Linux 操作系统，系统安装结束之后，可以禁用系统默认的且不需要的账号，甚至删除。对一个系统而言，账号越多，系统越不安全。可以通过/etc/passwd 文件设置用户的 Shell 访问权。

有些用户设置的口令非常简单，这也会对系统构成威胁。用户口令是 Linux 安全的基本起点，网络上很多系统入侵都是从截获口令开始的，所以口令安全至关重要。系统管理员可以强制用户定期修改口令，并强制用户使用一定长度的口令，以增强系统的安全性。通过修改/etc/login.defs 文件中相关项目，可以增强口令安全。还可以使所有用户的口令单独存放在/etc/shadow 文件中，从而更好地保证口令安全。

（5）文件的安全

在 Linux 操作系统中，文件和目录都具有访问控制权限，这些访问控制权限决定谁能访问和如何访问文件和目录，可以通过建立访问权限来限制用户访问文件和目录的范围。

（6）资源使用的限制

限制用户对 Linux 操作系统资源的使用，可以避免拒绝服务类的攻击。编辑/etc/security/limits.conf 文件对登录到系统中的用户进行设置，能更好地控制系统中的用户对进程、core 文件和内存的使用。

（7）清除历史记录

Linux 默认会保存曾经使用过的命令，这样会为攻击者提供方便。通过将/etc/profile 文件中的"histsize"行的值修改为较小的值或改为 0，从而较少保存或禁止保存使用过的历史命令。

（8）系统服务的访问控制

hosts.allow 和 hots.deny 文件是 tcpd 服务器的主配置文件，tcpd 服务器可以控制外部 IP 地址对本机服务的访问，修改 hosts.allow 和 hots.deny 文件就可以设置许可或拒绝哪些 IP 地址、主机、用户的访问。

（9）系统日志安全

Linux 操作系统中的日志子系统对系统安全来说非常重要。它会记录系统每天发生的各种各样的事情，包括哪些用户曾经或者正在使用系统。可以通过日志来检查错误发生的原因，更重要的是在系统受到黑客攻击后，日志可以记录黑客留下的痕迹。通过查看这些痕迹，系统管理员可以发现黑客攻击的某些手段以及特点，从而能够进行处理工作，为抵御下一次攻击做好准备。此外，通过限制对日志文件的访问、禁止一般权限的用户去查看和修改日志文件，可以提高系统安全性。

Linux 操作系统日志是由一个名为 syslog 的服务管理的。syslog 日志服务管理的日志文件主要如下。

① /var/log/boot.log：记录系统在引导过程中发生的事件，就是 Linux 操作系统开机自检过程显示的信息。

② /var/log/last.log：记录最后一次用户成功登录的时间、登录 IP 地址等信息。

③ /var/log/messages：记录 Linux 操作系统常见的系统和服务错误信息。

④ /var/log/secure：Linux 操作系统安全日志，记录用户和工作组变坏情况、用户登录认证情况。

⑤ /var/log/btmp：记录 Linux 登录失败的用户、时间以及远程 IP 地址。

⑥ /var/log/sys.log：只记录警告信息，常常是系统出问题的信息，可使用 lastlog 命令查看。

⑦ /var/log/wtmp：该日志文件永久记录每个用户登录、注销及系统的启动、停机的事件，可使用 last 命令查看；

⑧ /var/run/utmp：该日志文件记录有关当前登录的每个用户的信息。

（10）关闭不必要的服务

关闭不使用的服务，以减少系统的受攻击面，防止不必要的服务漏洞对系统安全产生的影响。

（11）病毒防范

Linux 系统也存在被病毒等恶意程序攻击的可能，采取合理的安全防护措施与保障机制，可以降低恶意软件攻击的影响。

（12）防火墙

安装好 Linux 操作系统后，连接到网络上就会面临网络中的各种威胁，可以使用 Linux 操作系统提供的内置防火墙来减少对系统的威胁，提高系统的安全性。Linux 防火墙是包过滤防火墙，它在网络层中检查数据流中的数据包，依据系统内设置的过滤规则有选择地让数据包通过。过滤规则通常称为访问控制列表，只有满足过滤规则的数据包才会被转发到相应的目的地，其余数据包则从数据包流中删除。

（13）使用安全工具开展安全性检测

Linux 操作系统的安全防护离不开各种安全工具的使用，如协议分析工具 Ethereal、网络监测工具 tcpdump、网络端口扫描工具 Nmap 等。通过使用安全工具检测，可以发现不正确的安全管理配置或由恶意攻击导致的安全错误。

（14）备份重要文件

很多木马、蠕虫和后门会替换重要文件来隐藏自己，应将重要和常用的命令及重要数据进行备份，防止计算机病毒，保护数据安全。

（15）升级

确保系统内核和应用都及时更新最新的安全补丁是被广泛接受的维护系统安全的重要方法。所以，为了加强系统安全，需要对系统内核、系统软件与常用应用软件进行更新，尤其在出现重大安全漏洞事故时，要对相关的系统或者应用进行及时更新。Kernel 是计算机系统中的核心，用于加载操作系统的其他部分并实现操作系统的基本功能。它的安全性对操作系统整体安全体系的影响至关重要。

（16）Rootkit 安全防范

Rootkit 是可以获得系统 root 访问权限的一类工具。实际上，Rootkit 是攻击者用来隐藏自己踪迹和保留 root 访问权限的工具，主要的表现形式就是修改正常的程序来实现自己的目的。

要防范 Rootkit，可以采用以下措施，以最大限度减小攻击者安装 Rootkit 的可能性。

首先，不要在网络上使用明文传输密码，并尽量使用一次性密码。这样，即使系统已经被安装了 Rootkit，攻击者也无法通过网络监听获得更多用户名和密码，从而避免入侵的蔓延。

其次，对系统文件可以采取一些方法加以处理。例如：将放置系统程序的文件系统设定为只读，并将重要的文件设为只读方式；不启用内核模块的功能或编译整体内核程序，整体内核不允许安装模块；重要的程序使用静态链接的方式，避免链接到被篡改过的文件；使用 MD5 或 PGP 等严密的算法确认文件的正确性。

此外，还可以使用一些工具软件来进行 Rootkit 的防范，如使用 Tripwire 或 AIDE 等检测工具能够及时地发现攻击者的入侵，它们能够很好地进行系统完整性的检查。

3.5 移动终端操作系统安全

随着移动互联网的飞速发展，作为操作系统的一种，移动终端操作系统也得到了广泛的应用。目前市面上的移动终端操作系统较多，占市场份额较大的移动终端操作系统平台有两个，即安卓（Android）系统和 iOS。

本节在分析移动终端面临的安全问题的基础上，重点讨论安卓操作系统和 iOS 的安全问题。

3.5.1 移动终端安全实例分析

移动终端（或叫移动通信终端）是指可以在移动中使用的计算机设备。广义地讲，移动终端包括手机、笔记本电脑、POS 机，甚至包括车载电脑。但是，大部分情况下是指手机。

随着移动终端性能的提升，在移动终端上存储、处理、传输的数据量剧增，移动终端已成为不法分子实施信息窃取行为的重要途径之一，它所面临的安全威胁除了来自硬件、软件、网络连接等各个层面外，主要来自操作系统。

操作系统作为移动终端上各种软硬件资源的管理者，面临着日益严重的安全威胁。

① 2015 年 7 月，意大利知名监控软件厂商 Hacking Team 遭遇数据泄露，其中著名的间谍软件 Android RCS 通过远程监控系统，利用 3 个通用的提权漏洞，对 Android 2.0 到 Android 4.3 版本的系统实施提权攻击，非法获取 root 权限，进而实现远程监控。

② 2016 年 8 月，苹果手机被曝出 iOS 三叉戟漏洞。攻击者通过短信发送给手机两个超链接，在用户点击超链接后即可远程控制手机，并且窃取手机上的短信、邮件、通话记录、电话录音、存储的密码等隐私数据，还能监听并窃取 WhatsApp、微信等社交软件的聊天信息。该超链接利用了苹果手机 iOS 中的 3 个零日漏洞，这 3 个漏洞也是在安全圈名声大噪的"三叉戟漏洞"。

③ 2017 年 4 月，360 安全报告显示：99.1%的 Android 设备受到中危级别漏洞的危害，99.9%的 Android 设备存在高危漏洞，87.7%的 Android 设备受到严重级别的漏洞影响。

当前，手机的软硬件漏洞已从以上层应用为主，扩展到以操作系统内核为主，全面覆盖固件、硬件甚至无线协议层面。手机漏洞由纯粹的应用漏洞发展到后台服务端漏洞，由代码缺陷漏洞发展到设计缺陷、认证授权等逻辑漏洞，由提权控制漏洞发展到隐私泄露漏洞等，造成的危害成倍增加。

3.5.2 移动终端面临的安全问题

相对传统桌面终端，移动终端有其诸多自有特性，即移动终端的便携性和其具有多种无线接口和关联业务（例如社交软件关联金融支付功能），使其更有可能被黑客攻击。并且由于移动终端能更直接地接触使用者的敏感数据，如个人信息、短信、运动信息、地理位置等，其安全风险更高。

便携性导致移动终端很容易丢失，只要移动终端被第三者拿到，无论有多少安全机制，最终都可能被第三者攻克并取得使用权限。而多种无线接口和关联业务增加了移动终端的安全威胁，相关安全问题也是移动终端所特有的。具体来说，移动终端中存在的安全问题可以归纳为以下几个方面。

1. 敏感信息存储在本地，泄露风险较大

根据移动应用的业务需求，往往会将用户的敏感信息存储在移动终端的本地文件系统中，这些信息包括账号、密码、通讯录、短信息、照片、视频、电子邮件以及银行卡卡号等隐私数据。由于这类信息的敏感性，其遭受攻击的诱惑性更大，给用户隐私的保护带来了严峻挑战。如果这些信息并没有在本地得到妥善、安全的保管，则很容易发生敏感信息的泄露。

2. 受限资源下的数据传输安全性难以保障

由于受到移动终端的软硬件资源限制，移动终端的数据通信无法采用复杂可靠的加密算法，因此，移动终端的数据通信会面临严重的信息泄露风险，且常规的加密数据传输方式在面对攻击者特定的攻击手段时也会力不从心。在移动应用仅使用未加密的 HTTP 进行数据传输的情况下，可以直接使用 Wireshark 等工具对其数据包进行抓取分析。

3. 应用安全问题

移动互联网带动了具有移动特色的创新型移动应用的快速发展，这类移动应用一般都具有很强的信息安全敏感度，拥有如用户位置、通讯录及交易密码等用户隐私信息。

例如，导航应用几乎是每个智能移动终端用户必用的服务，但是用户在使用这类服务发布的一些位置数据也可能会泄露其位置隐私。通过大数据技术来分析对用户看似毫无用处的位置轨迹数据，就可能会泄露这些轨迹中含有的敏感位置信息，而依据这类敏感位置可能会推断出用户的家庭住址、工作单位，甚至行为习惯、健康状况等更敏感的信息。如果这些信息被不法分子得到，有可能会危及用户的财产和人身安全。

移动支付类应用中除了存在着如钓鱼、连接中断导致交易失败、用户交易欺诈等安全威胁之外，还面临一些特殊安全风险，如短信交互风险。在移动支付类业务中，很多用户的关键信息是通过短信方式传递的，而这些信息很可能在空中传递时被窃听盗取，从而导致用户金融信息以及交易信息的外泄。

此外，移动应用还面临着 SQL 注入、分布式拒绝服务攻击、恶意商业广告传播、业务盗用、业务冒名使用等威胁。在内容安全方面，还面临着非法信息、有害信息和垃圾信息的大量传播，严重污染信息环境，并且会干扰和妨碍人们对信息的利用。

我国移动应用安全的监管工作刚起步不久，还缺乏相应的支撑技术手段及适用政策和标准。因此，对移动应用安全的监管尚处于亟待改善的状态。

4. 恶意软件

移动恶意代码是一种具有破坏性的恶意移动智能终端程序，一般利用短信、彩信、电子邮件和浏览网站等方式在移动通信网内传播。它可能伪装成用户熟知的应用，或者与其他应用捆绑在一起诱导用户安装。在用户运行之后会有未经允许执行监听用户的数据、偷跑流量等恶意行为。

除此之外，移动应用的发布推广渠道中存在着安全审核环节薄弱的问题，使其难以阻挡

恶意应用的发布和推广。

5. 系统安全问题

操作系统是移动智能终端的灵魂，智能终端存在的系列安全问题追根溯源都与操作系统有着千丝万缕的联系。相关厂商通过掌控操作系统，可以轻而易举地收集用户数据，控制和更改智能终端中的软件，甚至遥控所有联网的智能终端。移动智能终端操作系统目前存在的主要安全威胁包括操作系统漏洞、操作系统 API 滥用和操作系统后门 3 类。

首先是操作系统漏洞。各种操作系统不可避免地存在大量已知或未知的系统安全漏洞，攻击者可利用这些安全漏洞对终端用户发起远程攻击，如破坏用户终端功能、恶意吸费、窃取终端信息等，甚至可以将用户终端组成僵尸网络攻击移动互联网。

其次是操作系统 API 滥用。智能终端操作系统采用开放式架构向开发者提供使用终端物理资源的 API 和开发工具包，使第三方应用程序能够方便调用终端底层功能的同时，也为各种恶意代码滥用操作系统 API 进行系统破坏、隐私窃取等违法操作提供了条件。例如，一些敏感的 API（如相机、位置等）被开发者恶意利用，就会带来隐私窃取、远程控制等安全问题。

最后是操作系统后门，即操作系统中未公开的通道。系统设计者或其他人可以利用这些通道进入系统而不被用户发觉，如监测或收集用户敏感信息、控制系统运行状态等。某些知名科技公司均承认其操作系统中设有隐藏后门应急程序，虽然其都宣称是出于用户安全考虑，但是无法确定其会使用后门进行何种操作，这对用户终端数据安全甚至国家安全都会造成潜在的威胁。

3.5.3 Android 系统及其安全

1. Android 系统架构

Android 是一个基于 Linux 内核并使用 Java 语言编写应用的开源的移动终端操作系统，主要用于便携设备，如手机、平板电脑等。Android 系统采用四层软件叠层的架构，如图 3-2 所示，从下往上分别为：Linux 内核（Linux kernel）层、系统运行库（libraries and Android runtime）层、应用程序框架（application framework）层、应用程序（applications）层。

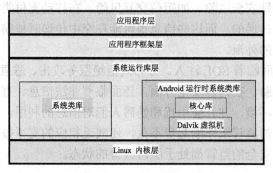

图 3-2　Android 系统架构

（1）Linux 内核层

以 Linux 2.6 内核为基础，采用 C 语言开发，提供包括内存管理、进程管理、网络管理、安全设置和硬件驱动等在内的基本功能。

（2）系统运行库层

位于 Linux 内核层之上的系统运行库层是应用程序框架的支撑，为 Android 操作系统中的各个组件提供服务。系统运行库层由系统类库和 Android 运行时系统类库构成。

系统类库大部分由 C/C++编写，所提供的功能通过 Android 应用程序框架为开发者所使用。主要的系统类库包括 C 标准库、安全套接字协议、2D 图像引擎、数据库引擎、浏览器内核等；Android 运行时系统类库包含核心库和 Dalvik 虚拟机两部分。

（3）应用程序框架层

应用程序框架层提供开发 Android 应用程序所需的一系列类库，使开发人员可以进行快速的应用程序开发，方便重用组件，也可以通过继承实现个性化的扩展。其基本类库包括丰富而又可扩展的视图系统、内容提供器、资源管理器、窗口管理器、包管理器、位置管理器、电话管理器、通知管理器、活动管理器以及 XMPP 服务等，由 Java 语言开发。

（4）应用程序层

应用程序层中包括各类与用户直接交互的应用程序或由 Java 语言编写的运行于后台的服务程序。例如，智能手机上实现的常见基本功能程序，诸如 SMS、电话拨号、图片浏览器、日历、游戏、地图、Web 浏览器等程序以及开发人员开发的其他应用程序。

在 Android 系统中 Dalvik 虚拟机非常重要，它允许 Android 系统为每一个应用程序分配一个进程，更确切地说，Android 中每一个应用程序都运行在一个单独的 Dalvik 虚拟机中，每一个单独的 Dalvik 虚拟机都运行在单独的进程中。如果一个应用程序崩溃，不会影响设备上运行的其他应用程序。这样意味着，任何应用程序都不依赖于另一个。

此外，Android 整个操作系统都工作在内核空间，也就意味着设备驱动程序和内核扩展程序（不是所有的）能够完全访问硬件设备，并且运行在内核空间的程序能够抢占运行在用户空间的程序。例如文件系统运行在用户空间中，而显示驱动运行在内核空间，显示驱动进程能够抢占文件系统进程。

2．Android 系统安全机制分析

Android 系统在采用 Linux 2.6 版本的内核安全机制的基础上，使用谷歌公司专门为移动设备设计的增强安全机制，例如用户标识符（UID）、组别标识符（GID）、权限许可机制和签名机制，并使用类型安全的 Java 编程语言及其类库来增强系统的安全性。

（1）Android 系统的 UID 与 GID

Android 系统是一个权限分离的系统，建立在 Linux 操作系统已有的权限管理机制的基础上，并对 Linux 操作系统的相关权限管理机制进行了扩展。具体来说，Android 为每一个应用分配不同的 UID 和 GID，使得不同应用之间的访问和私有数据达到相互隔离的目的。

在 Android 系统中，每安装一个应用程序，系统就会为它分配一个独特的 UID。在 Linux 操作系统中，所有用户也都有 UID，其中，除了 root 用户对所有文件都有读写和执行的权限之外（其 UID 等于 0），每个用户对于每个文件都有不同的权限，分别为 r（可读）、w（可写）和 x（可执行）。Android 系统中的每个应用程序都会被分配给一个属于自己的用户标识，每个应用程序都有自己的 UID，只有携带着该 UID，才能存取其所涵盖的有关资料。

GID 也在 Android 系统的权限管理中发挥重要的作用。GID 是一组整数的集合，由框架在应用安装过程中生成，与应用申请的具体权限相关。应用每申请一个权限，GID 就会加入一个对应的整数，因此可以将 GID 理解为一个应用申请的所有权限的集合。对于普通应用来说，其 GID 等于 UID。

Android 中每个应用都在不同的进程中运行，每个进程都有不同的 UID 和权限。Android 系统使用沙箱的概念来实现应用之间的分离和权限限制，系统为每个应用创建一个沙箱，以防止它影响其他应用（或者其他应用影响它）。

（2）Android 系统的权限管理机制

权限许可（permission）是为保障 Android 系统的安全而设定的安全标识，同时也是程序实现某些特殊操作的基础。Android 系统提供的权限管理机制主要是用来对应用可以执行的某些具体操作进行权限细分和访问控制。

Android 中的权限主要包含 3 个方面的信息：权限的名称、权限组以及保护级别。其中，权限组是指把权限按照功能分成的不同集合，例如在 COST_MONEY 权限组中包含 android.permission.SEND_SMS、android.permission.CALL_PHONE 等和费用相关的权限，而每个权限通过保护级别（protection level）来标识。Android 定义了 4 个保护级别：normal、dangerous、signature、signature or system，不同的保护级别代表程序要使用此权限时的认证方式。比如，normal 的权限只要申请了就可以使用；dangerous 的权限在安装时需要用户确认才可以使用；signature 和 signature or system 的权限则需要使用者的应用和系统使用同一个数字证书。

Android 的权限许可机制强制限制应用执行某些操作。目前，Android 拥有大约 100 个内置的权限要求来限制应用的相关操作，包括拨打电话（CALL_PHONE）、照相（CAMERA）、使用网络（INTERNET）、发送短信（SEND_SMS）等。任何 Android 的应用能够申请除默认权限以外的额外权限，当然在安装过程中需要用户确认应用所申请的额外权限。

一个基本的 Android 程序如果没有与其相关联的权限，意味着它不能做任何影响用户体验或设备中数据的有害操作，用户的"敏感"数据也就不会被某些未经授权的程序所损害。更进一步，不同的程序运行在不同的沙箱中，这样就算运行了恶意代码，也仅能破坏其所在的沙箱，对系统及用户并不能造成很大的影响。

（3）Android 系统的签名机制

Android 系统的另一个安全措施是其签名机制。Android 中系统和应用都是需要签名的，签名的主要作用是限制对应用的修改，使其仅来自同一来源。Android 系统的签名机制分两个阶段：包（package）扫描阶段和权限创建阶段。

包扫描阶段需要进行完整性和证书的验证。普通包的签名和证书必须先经过验证，即需要对 manifest 下的文件进行完整性检查，完整性检查包括压缩包（JAR 包）中的所有文件。如果是系统包，则需要使用 AndroidMenifest.xml 文件提取签名和验证信息。

权限创建阶段主要对包进行权限创建。如果该包来自系统应用，则信任它，而且使用新的签名信息去替换旧的信息。如果该包与其他包共享一个 UID，并且共享 UID 在对应的共享用户（sharedUser）中保存的签名与之不一致，那么签名验证失败。

Android 系统在安装应用程序时，对一个包的签名验证的主要逻辑是在 JarVerifier.java 文件的 verifyCertificate() 函数中实现的。其主要的思路是通过提取证书和签名信息，获取签名算法等信息，然后按照之前对 APK 签名的方法进行计算，最后比较得到的签名和摘要信息与 APK 中保存的内容是否匹配。

如果是已安装的程序进行升级，Android 系统则需要检查新旧程序的签名证书是否一致，如果不一致则会安装失败；而对于申请权限的保护级别为 signature 或者 signature or system 的，Android 系统则会检查权限申请者和权限声明者的证书是否是一致的。

3. Android 系统安全的不足

Android 属于开源操作系统，依赖于开源的 Linux 内核，安全控制主要依赖生产厂商，其系统安全主要存在 3 点不足。

① 系统缺乏集中的应用发布、审核和管理中心，对应用商的威慑力不足。

当前，Android 应用可通过应用商店、软件下载网站、ROM 下载论坛等多种渠道发布，缺乏统一有效的监管。就国内而言，除中国移动 MM 商城等少数几家厂商有大规模专业的测试团队负责应用上传检测外，大多应用提供商在安全性检测方面投入非常有限。据统计，论坛上下载的 Android ROM 约有 30%捆绑恶意软件，其中一部分被破解的智能终端运行在超级用户权限下，更容易被恶意软件利用。

② 系统要求用户对安全负主要责任，Android 对应用的数据文件进行 Linux 操作层次的权限保护，仅赋予应用用户 ID 访问权限，用户在安装应用时对系统资源进行授权，但授权无法收回。

③ 应用间组件设计以可重用为主要目标，系统要求组件自觉遵循安全防范，跨应用组件勾结的恶意行为难以根除。

系统主要包括 Activity、Service、ContentProvider 和 Broadcast Receivers 这 4 种组件，组件间有独立的生命周期调度过程，其他应用之间可以通过 Intent、ContentProvider 或 IPC Binder 的方式唤起组件运行。系统要求组件必须进行完善的安全设置，防止被恶意唤起调用，而此过程对于用户而言是无法控制的，因此不可避免存在跨应用的组件勾结，类似的恶意行为难以根除。

3.5.4　iOS 及其安全

1. iOS 架构

iOS 是基于 UNIX 内核的移动操作系统。iOS 为应用程序开发提供了许多可使用的框架，并构成 iOS 的层次架构，分为 4 层，从下到上依次为：核心操作系统层（core OS layer）、核心服务层（core services layer）、媒体层（media layer）、可触摸层（cocoa touch layer），如图 3-3 所示。低层次框架提供 iOS 的基本服务和技术，高层次框架建立在低层次框架之上，用来提供更加复杂的服务和技术，较高级的框架向较低级的结构提供面向对象的抽象。

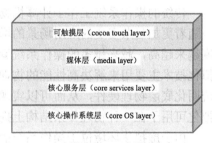

图 3-3　iOS 架构

（1）核心操作系统层

核心操作系统层是位于 iOS 架构最下面的一层，它包括内存管理、文件系统、电源管理以及一些其他的操作系统任务。它可以直接和硬件设备进行交互。App 开发者不需要与这一层打交道。

（2）核心服务层

可以通过核心服务层来访问 iOS 的一些服务。

（3）媒体层

通过媒体层可以在应用程序中使用各种媒体文件，进行音频与视频的录制、图形的绘制，以及制作基础的动画效果。

（4）可触摸层

可触摸层为应用程序的开发提供各种有用的框架，并且大部分与用户界面有关，本质上来说它负责用户在 iOS 设备上的触摸交互操作。

2. iOS 安全机制

iOS 依托封闭式系统环境确保用户安全，具体安全机制主要体现在以下 5 个方面。

① 硬件启动和系统引导。系统在硬件启动过程中加载经过签名的官方引导程序、操作系统内核和固件，并在启动的只读存储器中保存厂家的公钥，用以对引导程序、操作系统内核、基带芯片固件进行签名验证。

② 操作系统升级。系统使用公钥验证升级包并禁止降级，这可有效避免黑客利用旧版已公布的漏洞获取超级管理员权限。

③ 应用程序安装。第三方应用程序需要先通过多重测试、审核、认证才能上线。

④ 应用环境安全。每个应用都被限制在沙箱中，包括不可见系统的其他目录和整个文件系统，而且系统禁止应用间私下传递数据；此外，系统对后台处理进程类型限制，只允许有限的几类进程实现后台处理且必须通过审核。

⑤ 运行安全。应用程序使用地址空间布局随机化（Address Space Layout Randomization，ASLR）技术，对堆、栈、共享库映射等线性区进行随机化布局。除了内置各种安全特性以外，iOS 还提供外部安全框架，包括管理证书、公钥/私钥和信任策略等接口。其架构支持产生加密安全的伪随机数和保存在密钥链的证书密钥，以确保用户敏感数据的高安全性。

3.6 虚拟化安全

传统的操作系统工作于计算机物理硬件系统之上，并对复杂的计算机硬件系统进行管理。但随着更加复杂多变的应用场景的增多，尤其是云计算的发展，使得虚拟化技术的被依赖程度越来越高，越来越多的操作系统运行于虚拟化的硬件环境之中。在实际的生产环境中，虚拟化技术主要用来解决高性能的物理硬件产能过剩和老的、旧的硬件产能过低的重组、重用，透明化底层物理硬件，从而可以实现计算机物理硬件资源的最大化利用。另一个好处是，虚拟化可用于在一种物理体系结构上提供多种操作系统类型。

由于虚拟化环境位于操作系统的下层，也就是说在操作系统内核及其安全服务之下又新增了一层虚拟环境和管理程序，因此在虚拟化系统中产生了许多额外的安全考虑，虚拟化系统的安全问题也将对操作系统的安全性带来严重威胁。

3.6.1 虚拟化技术概述

通俗来说，虚拟化就是把物理资源转变为逻辑上可以管理的资源，以打破物理结构之间的壁垒，比如进程的虚拟地址空间，就是把物理内存虚拟成多个内存空间；CPU 的虚拟化技术可以单 CPU 模拟多 CPU 并行，允许一个平台同时运行多个操作系统，并且应用程序都可以在相互独立的空间内运行而互不影响，从而显著提高计算机的工作效率。相对于进程虚拟化和 CPU 虚拟化，虚拟机是另一个层面的虚拟化，它所抽象的是整个物理机，包括 CPU、内存和输入/输出（I/O）设备。

未来，所有的资源都透明地运行在各种各样的物理平台上，资源的管理都将按逻辑方式进行，完全实现资源的自动化分配，而虚拟化技术就是实现它的理想工具。最终让用户在应用中感觉不到物理设备的差异、物理距离的远近以及物理数量的多少，按照自己正常习惯操作，进行需要的信息资源调用和交互。

计算机虚拟化技术（computer virtualization technology）是一种资源管理技术，它将计算机的各种物理资源，如 CPU、存储器、网络等，通过抽象和重新定义，实现 IT 资源的动态分配、灵活调度、跨域共享，提高 IT 资源利用率，使 IT 资源能够真正成为社会基础设施，服务于各行各业中灵活多变的应用需求。

虚拟化技术可以支持让多个虚拟的计算机在同一物理设备上运行，能打破计算机硬件体系实体结构间不可切割的障碍，用户可以通过更加灵活、高效的方式来应用这些资源。这些资源的虚拟部分不受现有资源的架设方式、地域或物理状态的限制，可以使整个 IT 基础架构更为灵活。每个虚拟机都包含一个操作系统，被称为客机操作系统（guest OS），而物理主机里的操作系统，则被称为主机操作系统（host OS）。

计算机虚拟化技术的主要特点表现在以下 3 个方面。

① 可在一台物理机上运行多个操作系统，可在虚拟机之间分配系统资源，有效地利用闲置资源，确保企业应用程序发挥出较高的可用性和性能。

② 可将虚拟机的完整状态保存到文件中，移动和复制虚拟机就像移动和复制文件一样轻松。也可将任意虚拟机调配或迁移到任意物理服务器上，以降低部署成本，提高部署效率和灾难恢复能力，确保应用系统业务的连续性。

③ 物理硬件由虚拟机管理器全权管理。程序（包括操作系统）在被虚拟出来的执行环境中执行，不能直接访问物理硬件，彼此完全隔离，可在硬件级别进行故障和安全隔离，以提高程序的可用性和安全性。

3.6.2　虚拟化技术的分类

虚拟化技术按照应用目的和实现的技术方式不同，可以分为不同的虚拟化系统。

1. 按照应用目的分类

（1）操作系统虚拟化

操作系统虚拟化，也被称作容器化，是在操作系统层面增加虚拟服务器功能，它允许存在多个相互隔离的用户空间实例。这些用户空间实例也被称作为容器。普通的进程可以看到计算机的所有资源，而容器中的进程只能看到分配给该容器的资源，如图 3-4 所示。

通俗来讲，操作系统虚拟化将操作系统所管理的计算机资源，包括进程、文件、设备、网络等分组，然后交给不同的容器使用。容器中运行的进程只能看到分配给该容器的资源。从而达到隔离与虚拟化的目的。

实现操作系统虚拟化需要用到命名空间（namespace）及控制组（cgroups）技术。

（2）应用程序虚拟化

应用程序虚拟化是一种对应用程序进行管理的新方式，能打破应用程序、操作系统和托管操作系统的硬件之间的联系。应用程序虚拟化运用虚拟软件包来放置应用程序和数据，而不需要传统的安装流程。实质上是将应用程序抽象出来，解除对操作系统和硬件的依赖性。每个抽象出的应用程序在单独的虚拟化环境中运行，以避免与其他应用程序的干扰。应用程序虚拟化是软件即服务的基础。

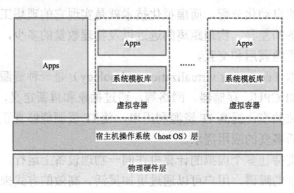

图 3-4　操作系统虚拟化结构

（3）桌面虚拟化

桌面虚拟化实际上是对 PC 资源（用户的终端设备）的虚拟化，使桌面应用脱离设备，增加最终用户的使用灵活度，并简化管理员的管理和维护。用户的整个桌面环境都存储在服务器上，用户可以通过网络使用各种设备访问桌面。

桌面虚拟化的优势在于可以减少 PC 的数量，通过负载平衡，动态迁移和自动系统重新配置，简化部署和维护以提高可用性。缺点也很明显，因为数据需要通过网络传输到前端，虚拟桌面的使用体验不如传统的桌面方式，而 IT 资源的高度控制可能会引起用户的抵触。

（4）存储虚拟化

存储虚拟化的含义是指将底层的存储资源进行抽象，方便对多个存储系统的整合以提供一个大的逻辑池。

对存储服务和设备进行虚拟化，可在扩展下层存储资源时通过资源合并来简化实现。根据不同的数据结构和设备来划分，存储虚拟化可以表现为虚拟文件系统、虚拟数据块、虚拟磁盘、虚拟磁带或其他虚拟设备等各种形态。按照实施的对象和结构来分类，包括基于服务器或主机架构、基于网络架构和存储子系统的虚拟化。

（5）网络虚拟化

网络虚拟化（NV）是指将传统上在硬件中交付的网络资源抽象化到软件中。NV 可以将多个物理网络整合为一个基于软件的虚拟网络，或者可以将一个物理网络划分为多个隔离和独立的虚拟网络。

网络虚拟化的一个示例是虚拟局域网（VLAN）。VLAN 是用软件创建的局域网（LAN）的子部分，可将网络设备整合到一个组中且不必考虑它们的物理位置。VLAN 可以提高繁忙网络的速度和性能，并简化对网络的更改或添加。

VMware NSX Data Center 是一个网络虚拟化平台，它完全以软件方式交付从底层物理基础架构中抽象而来的网络和安全保护功能。NSX 使用软件提供诸如防火墙保护、交换和路由之类的网络连接功能。这意味着多个用户可以使用彼此看不到的虚拟网络共享同一个物理环境，从而提高效率和安全性。

2. 按照虚拟化的实现方式分类

从虚拟化的实现方式来看，虚拟化架构主要有两种形式：宿主架构和裸金属架构。

（1）宿主架构

宿主架构（hosted architecture）依赖宿主机操作系统（host OS）对设备的支持和物理资源的管理。host OS 是传统操作系统，如 Windows、Linux 等，本身并不具备虚拟化功能，实际的虚拟化功能由安装和运行在 host OS 之上的虚拟化程序 VMM（Virtual Machine Monitor，虚拟机监视器）来提供，如图 3-5 所示。

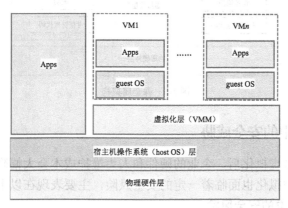

图 3-5　宿主架构

VMM 通常是宿主机操作系统独立的内核模块，通过调用宿主机操作系统的服务来获得资源，实现处理器、内存和 I/O 设备的虚拟化。VMM 创建出虚拟机之后，通常将虚拟机作为宿主机操作系统的一个进程参与调度。

其优点是无须再实现 I/O 设备驱动程序的开发。缺点是因硬件资源受 host OS 控制，导致硬件利用得不充分，虚拟机的效率和功能会受到一定影响。该架构主要应用于高端服务器或生产集群，采用该架构的虚拟化产品有 VMware Workstation、VMware Server（GSX）、Microsoft Virtual PC、Virtual Server 等。

（2）裸金属架构

裸金属架构（"bare metal" architecture）就是直接在硬件上面安装 VMM，再在其上安装操作系统和应用，依赖虚拟层内核和服务器控制台进行管理，如图 3-6 所示。VMM，也被称为 Hypervisor，是用于创建和运行虚拟机的进程，它是一种运行在基础物理服务器和操作系统之间的中间软件，可允许多个操作系统和应用共享硬件。

在此体系架构里，VMM 是一个完备的操作系统，它除了具备传统操作系统的功能之外，还具备虚拟化功能。VMM 不仅要负责管理所有的硬件资源，而且还要负责虚拟机环境的创建和管理。因此，在安全方面，虚拟机安全除了与自身的系统安全相关外，还依赖 VMM 的安全。

这种方式是比较高效的，然而 I/O 设备种类繁多，管理所有设备就意味着大量的驱动开发工作。在实际的产品中，厂商会根据产品定位，有选择地支持一些 I/O 设备，而不是对所有的 I/O 设备都提供支持。

采用该架构的虚拟化产品主要有 IBM 公司的 PowerVM、VMware 公司的 ESX Sevrer、

Citrix 公司的 XenServer、微软的 Hyper-V 及开源的 KVM 等。

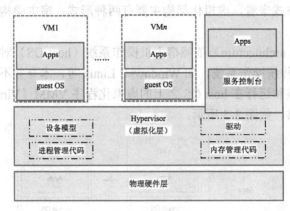

图 3-6　裸金属架构

3.6.3　虚拟化环境中的安全威胁

当组织的服务器被虚拟化后，企业的硬件和人力维护成本会大幅降低，灾难恢复能力也会大大增强，同时，虚拟化也面临着一定的安全风险，主要表现在以下几个方面。

1. 虚拟化平台引发的安全风险

一方面，虚拟化平台自身难免存在一些已发现或尚未发现的安全漏洞。例如 VMware Workstation 和 Fusion 中的拖放功能含有越界内存访问漏洞，这会允许用户在运行 Workstation 或 Fusion 的操作系统上执行代码。这就是所谓的虚拟机逃逸漏洞，攻击者可以利用其突破虚拟机的限制，实现与宿主机操作系统交互，感染宿主机或者在宿主机上运行恶意软件，这对虚拟化平台的安全性造成巨大的威胁。除了虚拟机逃逸攻击之外，针对虚拟化平台的攻击手段还包括虚拟机蔓延攻击、虚拟机跳跃攻击、拒绝服务攻击、基于虚拟机的 Rootkit 攻击等。

另一方面，由于我国技术的局限，虚拟化平台的核心技术被国外的少数厂商垄断，因此虚拟化平台在构建时可控性差，难以有效部署安全措施，难以判别引入的平台技术是否被厂商留有可控制的后门，可信度难以保证。

2. 虚拟化网络存在的安全风险

在传统的网络环境中，利用 IDS 和 IPS 可以检测入侵行为。但是在虚拟化网络环境下，同一台物理服务器上的虚拟机之间通过虚拟网络通信，从而导致传统的网络安全系统（如防火墙、IDS、IPS）对虚拟机之间的通信数据包及通信流量无法检测。如果一台客户虚拟机被攻陷，攻击者就能以这台虚拟机为跳板绕过安全防御机制，对其他的虚拟机发起攻击。

3. 虚拟化主机存在的安全风险

一方面，虚拟机存在镜像安全风险，不同于物理主机，虚拟机镜像资源采用文件形式，容易被复制或修改，安全级别低的镜像文件会被替换。虚拟机镜像文件如果缺少安全防控措施，合法用户的数据安全会受到影响。

另一方面，当用户将他们的系统托管到公有云时，某些特权用户（如云服务提供商的系统管理员）则可以方便地复制虚拟机镜像和快照文件，从而泄露用户的敏感数据。

4. 虚拟化存储的安全风险

一旦用户的数据存储在虚拟化平台中，数据的访问权就有了变化。云服务提供商具有访问优先权，这增加了保证数据隐私性的难度。用户在平台存储的敏感数据或不宜公开的商业秘密会存在被非法入侵、窃取或篡改的风险，影响数据的保密性和完整性。

在虚拟化平台下，存储的数据碎片化，数据整合会对数据的有效性产生影响，可用性难以保证。同时，数据处于离散状态，分布于虚拟化平台中，用户难以确定数据实际的存储位置，以及是通过哪个服务器来管理，数据发生不可用或泄露时，无法确定问题点和故障点，难以保障数据的完整性和可靠性。

5. 虚拟化应用安全风险

虚拟化系统的可用性不同于原有的模式，其影响范围变大，危害程度更加严重。如果单台主机不可用，则会导致部署在该主机虚拟环境下的多个业务应用系统瘫痪。此外，虚拟化环境下应用系统还会存在 Web 攻击风险，如 SQL 注入攻击、跨站点脚本攻击、跨站点请求伪造等。

3.6.4 虚拟化系统的安全保障

为应对虚拟化带来的各种安全挑战，应该对物理主机、主机操作系统、虚拟机操作系统及应用程序、Hypervisor 等进行全方位的安全部署，确保虚拟化系统的安全。其中，Hypervisor 和虚拟机的安全防护最为关键。而实际物理环境下针对物理主机、操作系统、应用程序的安全防护措施同样适应于虚拟环境下的物理主机、主机操作系统、应用程序安全防护。因此，本小节重点讨论 Hypervisor 和虚拟机操作系统的安全防护问题。

1. Hypervisor 安全

Hypervisor 在虚拟化系统中处于核心地位，不仅协调硬件资源的访问，而且在各虚拟机之间施加保护。当服务器启动并执行 Hypervisor 时，它将控制并允许启动 guest OS、创建新 guest OS 镜像、同时分配给每一台虚拟机适量的内存、CPU、网络和磁盘资源。因此，保障 Hypervisor 的安全至关重要。

为了增强 Hypervisor 的安全性，可以从以下几个方面考虑。

① 通过构建轻量级的 Hypervisor，简化 Hypervisor 功能，降低虚拟化系统的复杂度，可以确保 Hypervisor 自身的安全性和可信性。

② 从厂商官方网站上下载 Hypervisor 安装包，并及时更新。大多数 Hypervisor 具有自动检查更新并安装的功能，也可以用集中化补丁管理解决方案来管理更新。

③ 限制 Hypervisor 管理接口的访问权限。应该用专门的管理网络实现管理通信，或采用加密模块加密和认证管理网络通信。

④ 关闭所有不用的 Hypervisor 服务，如剪贴板和文件共享，因为每个这种服务都可能提供攻击向量。

⑤ 使用监控功能来监视每个 guest OS 的安全。如果一个 guest OS 被攻击，它的安全控制可能会被关闭或重新配置来掩饰被攻击的征兆。在虚拟化环境中，使用监控功能来监视 guest OS 之间的行为安全显得尤为重要。

⑥ 采用限制、预约等机制实现主机资源的合理分配和控制，可以有效降低恶意虚拟机占据主机所有资源而引起的虚拟机拒绝服务的风险。

⑦ 安装虚拟防火墙，与物理防火墙配合使用，以便对虚拟机之间以及虚拟机与物理主机之间的网络流量进行监测和保护。

2. guest OS 安全

虚拟环境中运行的 guest OS 和真实硬件上运行的 OS 几乎一样。真实硬件上运行的 OS 的所有安全考虑都可以应用到 guest OS 上。此外，guest OS 还有一些额外的安全考虑。例如，许多虚拟化系统允许 guest OS 通过磁盘或文件夹与 host OS 共享信息。如果 guest OS 被恶意软件攻陷，它可能通过共享磁盘和文件夹传播，特别是共享网络存储。因此，需要加强采用共享网络存储的虚拟化共享磁盘上的安全防护。

许多宿主虚拟化系统允许 guest OS 通过剪贴板与 host OS 共享信息，或在 host OS 里复制信息到剪贴板，然后在 guest OS 里粘贴。类似地，如果在 guest OS 里复制信息到剪贴板，相同的信息会出现在同一台 Hypervisor 上运行的其他 guest OS 的剪贴板里，这是 guest OS 和 host OS 之间的一个攻击向量。因此，需要加强关于剪贴板使用的安全策略。除此之外，还可以从以下几个方面加强 guest OS 自身的安全性。

① 遵守物理 OS 的管理惯例，如时间同步、日志管理、认证、远程访问等。

② 及时安装 guest OS 的全都更新，避免受到 guest OS 的已知漏洞的影响。

③ 在每个 guest OS 里，断开不用的虚拟硬件。这对于虚拟驱动器（虚拟光驱、虚拟软驱等）、虚拟网络接口、虚拟串口、虚拟并口尤为重要。

④ 为每个 guest OS 采用独立的认证方案。特殊情况下会需要两个 guest OS 共享证书。

⑤ 确保 guest OS 的虚拟设备都正确关联到宿主系统的物理设备上，例如虚拟网卡和物理网卡之间的映射等。

【知识拓展】

更多关于《全面虚拟化技术安全指南》的详细内容，请扫描二维码阅读。

知识拓展

3.7　思考题

1. 操作系统面临的威胁来源于哪些方面？

2. 操作系统常见的漏洞有哪些？如何加以防范？

3. 我国《计算机信息系统　安全保护等级划分准则》与美国《可信计算机系统评估准则》有何差别？

4. 在 Windows 操作系统和 Linux 操作系统使用过程中，如何提高自身计算机系统的安全性？

5. 相对于桌面终端系统，移动终端系统面临的安全性有哪些新的特点？

6. 什么是虚拟化技术？常用的虚拟化系统有哪些？

7. 虚拟化系统主要面临哪些安全威胁？

第 4 章

网 络 安 全

随着计算机和通信技术的发展，社会信息化程度的逐步提高，网络已成为全球信息基础设施的主要组成部分，人们对网络的依赖程度也逐步加深，一旦网络由于种种原因发生故障、陷于瘫痪，人们的生活也必然会受到极大的影响。网络技术如同一把双刃剑，在带给我们便利的同时，所引发的安全隐患问题也很值得我们去关注。

如何更有效地保护重要的信息数据、提高计算机网络系统的安全性已经成为所有网络应用必须考虑和解决的问题。本章将着重探讨如何规避网络本身的风险和脆弱性，确保网络硬件资源和信息资源的安全。

4.1 网络安全典型实例分析

近年来，网络安全逐渐发展成为互联网领域的突出问题之一，全球因网络安全引发的事故呈上升趋势。有关网络攻击和数据泄露的新闻也是日益频繁。

攻击者可谓是无处不在，企业外部充斥着黑客、有组织的犯罪团体以及网络间谍，他们的能力和蛮横程度正日渐增长；企业内部的员工和承包商，无论有意与否，他们都可能是造成恶意事件或意外事件的"罪魁祸首"。

调查结果显示，超过 90% 的企业完全或高度依靠互联网开展业务，有超过 45% 的企业在过去 3 年中曾发生过不同量级的信息安全事故。规模超过 500 人的大型企业与电信行业是"重灾区"，分别有超过 57% 和 64% 的企业发生过相关事故，事故直指商业机密、用户信息等企业机构的核心信息资产。下面列举几个近年来比较重大的网络安全事故，以期引起大家的重视，提高网络安全认识。

1. Mirai 病毒

Mirai 病毒是一种通过互联网搜索物联网设备的病毒，当它扫描到一个物联网设备（比如网络摄像头、智能开关等）后就尝试使用默认密码或弱密码进行登录，一旦登录成功，这台物联网设备就进入"肉鸡"名单，开始被黑客操控攻击其他网络设备。Mirai 的攻击类型包含 UDP 攻击、TCP 攻击、HTTP 攻击以及新型的 GRE 攻击。

2016 年 10 月 21 日，Mirai 通过劫持大量的物联网设备，向美国 Dyn 公司（域名服务商）的域名服务系统发起了大规模 DDoS 攻击，导致美国东海岸地区大面积网络瘫痪。此次针对 Dyn 域名服务器的攻击让"古老"的 DDoS 技术再一次震撼了互联网。

据了解，在这场被称为"美国东海岸断网"的事件中，仅 Dyn 一家公司的直接损失就超过了 1.1 亿美元，而事件的整体损失不可估量。比如，Mirai 事件当时距离大选不足半月，美国大选顾问成员芭芭拉·西蒙斯（Barbara Simons）表示，这样的攻击足以影响美国的海外居民和驻军人员参与大选的电子投票过程。

事实上，自 2016 年僵尸网络 Mirai 的源代码被公布以来，安全研究人员就已经发现了许多基于 Mirai 的新变种。这些新变种除了具备 Mirai 最初的 Telnet 暴力破解登录功能以外，还被增添了许多新的功能（如漏洞利用），以针对更多的系统架构。

2. 新加坡遭遇网络安全攻击事件

2018 年 7 月 20 日，新加坡卫生部表示，新加坡一保健集团健康数据遭黑客攻击，150 万人的个人信息被非法获取，其中包括病患姓名、国籍、地址、性别、种族和出生日期。这些患者就诊时间在 2015 年 5 月 1 日至 2018 年 7 月 4 日之间。

新加坡网络安全局负责人表示，黑客的攻击行动是蓄意和精密筹划的。他们先从新加坡新保集团的计算机侵入，植入恶意软件后，有目标地攻击新保集团数据库中的具体个人资料，直接和不断地试图盗取和复制个人医疗记录并顺利得逞。这起事件也被当地媒体称为"新加坡遭遇的最大规模网络安全攻击"。

3. 国家信息安全漏洞数据

根据国家互联网应急中心发布的网络安全信息与动态周报，2021 年 2 月 15 日—2021 年 2 月 21 日一周境内被篡改网站数量为 3451 个，较上周增加了 1.3%。境内被植入后门的网站数量为 1254 个，较上周下降了 3.1%。针对境内网站的仿冒页面数量为 78 个，较上周增加了 47.2%。被篡改政府网站数量为 15 个，较前一周下降了 11.8%。境内计算机恶意程序传播次数约为 3342.1 万次，较前一周增加了 88.8%，境内感染计算机恶意程序主机数量约为 37.3 万台，较前一周增加了 41.4%。新增信息安全漏洞 166 个，较前一周下降了 36.2%，其中高危漏洞数量为 67 个，较前一周下降了 47.2%。

4.2 网络安全概述

目前，几乎所有的计算机（包括服务器）与网络（包括互联网）相连，计算机的安全会直接影响网络安全，网络安全也会直接导致计算机的安全问题。例如，对应用系统常见的攻击就是计算机病毒，它最先感染计算机的磁盘或其他存储介质，然后加载到计算机系统上，并通过网络传播。由此可见，网络安全涉及内容非常广泛，既包括计算机的安全问题，又包括通信网络的安全问题。

4.2.1 网络安全基本概念

1. 计算机网络的概念

为了方便用户实现信息交流和资源的共享，利用通信线路将分布在不同地理位置的计算机连接起来的一种组织形式称为计算机网络。最简单的网络可以是两台计算机的互连，更多见的则是一个局部区域甚至是全球范围的计算机互连。

更为确切的计算机网络定义是：一个互联的、自主的计算机集合。互联是指用一定的通信线路将地理位置不同的、分散的多台计算机连接起来；自主是指网络中的每一台计算机都是平等的、独立的，它们之间没有明显的主次之分。

计算机网络的基本组成包括计算机、网络操作系统、传输介质（可以是有形的，也可以是无形的，如无线网络的传输介质就是空间）以及相应的应用软件 4 部分。如果按网络的逻辑功能，计算机网络又分为通信子网和资源子网。通信子网主要完成网络的数据通信，资源子网主要负责网络的信息处理，为网络用户提供资源共享和网络服务。计算机网络按覆盖范围可分为局域网、城域网、广域网和国际互联网。后文讨论的网络安全是指计算机网络安全。

2. 网络安全的概念

网络安全是指网络系统的硬件、软件及系统中的数据受到保护，不因偶然的或者恶意的原因而遭受到破坏、更改、泄露，系统连续、可靠、正常地运行，网络服务不中断。实质上，网络安全主要解决网络硬件资源和信息资源的安全性问题。

硬件资源包括通信线路、通信设备（路由器、交换机等）、计算机、服务器等，要实现信息快速、安全地交换，必须有可靠的物理网络。

信息资源包括维持网络服务运行的系统软件和应用软件，以及在网络中存储和传输的用户信息数据等。本质上，信息资源安全与信息的利用和权属相关，信息资源安全问题是指信息可用性和权属受到威胁的相关问题，信息资源的安全也是网络安全的重要组成部分。

观察的视角不同或网络应用的场景不同，网络安全的含义也不尽相同。

（1）从用户（个人或企业）的角度

网络安全是指涉及个人隐私或商业利益的信息在网上传输时得到机密性、完整性和真实性的保护，避免他人或竞争对手利用窃听、冒充、篡改和抵赖等手段对用户或企业的隐私或利益造成侵犯和损害。

（2）从网络运行和管理者的角度

网络安全是指保证本地信息网正常运行、正常提供服务、不受网外攻击，避免出现信息泄露、计算机病毒、非法存取、拒绝服务、网络资源非法占用和非法控制等威胁，阻止和防御网络黑客的攻击。

（3）从安全保密部门的角度

网络安全是指对非法的、有害的、涉及国家安全或商业机密的信息进行过滤和防堵，避免通过网络泄露关于国家安全或商业机密的信息，避免对社会造成危害，对国家或企业造成巨大损失，甚至危及国家安全。

（4）从社会教育和意识形态的角度

网络安全是指避免和阻止不健康内容在网络上传播，正确引导积极向上的网络文化，确保网上信息的内容安全。

4.2.2 网络安全的基本内容

根据网络的应用现状和网络结构，网络是由网络硬件、网络操作系统和应用程序构成的。要实现网络的整体安全，还需要考虑数据的安全性问题。此外，无论是网络本身还是操作系统和应用程序，最终都是由人来操作和使用的，因此，一个重要的安全问题就是用户的安全问题。可以将网络安全的基本内容划分为物理层安全、操作系统层安全、网络层安全、应用层安全和安全管理。

1. 物理层安全

物理层安全包括通信线路的安全、物理设备的安全、机房的安全等。物理层的安全主要体现在通信线路的可靠性（线路备份、网管软件、传输介质）、软硬件设备安全性（替换设备、拆卸设备、增加设备）、设备的备份、防灾害能力、防干扰能力、设备的运行环境（温度、湿度、烟尘、不间断电源保障）等。这些内容已经在第 2 章进行了详细的讨论，此处不再叙述。

2. 操作系统层安全

操作系统层安全问题来自网络内使用的操作系统，如 Windows 服务器操作系统、UNIX 服务器操作系统、Linux 服务器操作系统、Netware 服务器操作系统。主要表现在 3 个方面：一是操作系统本身的缺陷带来的不安全因素，主要包括身份认证、访问控制、系统漏洞等；二是对操作系统的安全配置问题；三是恶意代码对操作系统的威胁。操作系统的安全问题第 3 章已有讨论。

3. 网络层安全

网络层安全问题主要体现在网络方面的安全性，包括网络层身份认证、网络资源的访问控制，数据传输的保密与完整性、远程接入的安全、域名系统的安全、路由系统的安全、入侵检测的手段、网络设施防病毒等。这是本章讨论的重点。

4. 应用层安全

应用层安全问题主要由提供服务所采用的应用软件的安全和数据的安全两部分构成。有关应用软件的安全问题将在第 6 章讨论，有关数据的安全问题将在第 5 章讨论。

5. 安全管理

安全管理包括安全技术和设备的管理、安全管理制度、部门与人员的组织规则等。管理的制度化极大程度地影响着整个网络的安全，严格的安全管理制度、明确的部门安全职责划分、合理的人员角色配置都可以在很大程度上降低其他层次的安全问题带来的影响。有关安全管理的安全问题将在第 8 章讨论。

4.2.3 网络安全的目标

1. 传统信息安全的目标

网络是信息传递的载体，网络安全与信息安全具有内在的联系，从其本质上来讲，网络安全就是网络上的信息安全。因此，传统信息安全的 3 个目标——机密性（Confidentiality，C）、完整性（Integrity，I）、可用性（Availability，A）仍然是网络安全目标的核心和基础。

（1）机密性

机密性也称保密性，是指网络信息不被泄露给非授权的用户、实体或过程，或供其利用的特性，即防止信息泄露给非授权个人或实体，信息只为授权用户使用的特性。机密性是一种主要强调有用信息只被授权对象使用的特征。机密性包括两个相关概念，即数据机密性和隐私性。

数据机密性是指确保隐私或机密信息不被非授权的个人利用，或被泄露给非授权个人。隐私性是指确保个人能够控制或影响与自身相关的信息的收集和存储，也能控制这些信息可以由谁披露或向谁披露。

（2）完整性

完整性包括数据完整性和系统完整性。数据完整性是网络信息（数据）未经授权不能进行改变的特性，即网络信息在存储或传输过程中保持不被偶然或蓄意地删除、修改、伪造、乱序、重放、插入等破坏和丢失的特性。数据完整性是一种面向信息的安全性，它要求保持信息的原样，即信息的正确生成、正确存储和正确传输。

系统完整性是指确保系统在未受损的方式下执行预期的功能，避免对系统进行有意或无意的非授权操作。

完整性与机密性不同，机密性要求信息不被泄露给未授权的人，而完整性则要求信息不致受到各种原因的破坏。影响网络信息完整性的主要因素有设备故障、误码（传输、处理和存储过程中产生的误码，定时的稳定度或精度降低造成的误码，各种干扰源造成的误码）、人为攻击、计算机病毒等。

（3）可用性

可用性是网络信息可被授权实体访问并按需求使用的特性，即网络信息服务在需要时，允许授权用户或实体使用的特性，或者是网络部分受损或需要降级使用时，仍能为授权用户提供有效服务的特性。可用性是网络信息系统面向用户的安全性能。网络信息系统基本的功能是向用户提供服务，而用户的需求是随机的、多方面的，有时还有时间要求。可用性一般用系统正常使用时间和整个工作时间之比来度量。

此外，可用性还应该满足以下要求。

① 身份识别与确认、访问控制：对用户的权限进行控制，用户只能访问相应权限的资源，防止或限制经隐蔽通道的非法访问。访问控制包括自主访问控制和强制访问控制。

② 业务流控制：利用均分负荷方法，防止业务流量过度集中而引起网络阻塞。

③ 路由选择控制：选择那些稳定可靠的子网、中继线或链路等。

④ 审计跟踪：把网络信息系统中发生的所有安全事件情况存储在安全审计跟踪之中，以便分析原因、分清责任，及时采取相应的措施。审计跟踪的信息主要包括事件类型、被管客体等级、事件时间、事件信息、事件回答及事件统计等方面的信息。

从网络技术的角度来看，除了传统信息安全的 3 个目标之外，信息安全的目标还包括可靠性、不可抵赖性、可控性。

2. 其他信息安全的目标

（1）可靠性

可靠性是网络系统能够在规定条件下和规定的时间内完成规定的功能的特性，它是网络安全的首要目标，也是所有网络系统的建设和运行的基本目标。网络系统的可靠性主要包括抗毁性、生存性和有效性 3 个方面。

① 抗毁性是指网络系统在人为破坏下的可靠性。比如，部分线路或节点失效后，网络系统是否仍然能够提供一定程度的服务。增强抗毁性可以有效地避免因各种灾害（水灾、地震等）造成的大面积瘫痪事件。

② 生存性是指网络系统在随机破坏下的可靠性。它主要反映随机性破坏和网络拓扑结构对网络系统可靠性的影响。这里，随机性破坏是指网络系统部件因为自然老化等造成的功能失效。

③ 有效性是一种基于业务性能的可靠性。它主要反映在网络系统的部件失效情况下，满足业务性能要求的程度。比如，网络部件失效虽然没有引起连接性故障，但是却造成质量指标下降、平均时延增加、线路阻塞等现象。

可靠性主要表现在硬件可靠性、软件可靠性、人员可靠性、环境可靠性等方面。

硬件可靠性最为直观和常见。

软件可靠性是指在规定的时间内，程序成功运行的概率。

人员可靠性是指人员成功地完成工作或任务的概率。人员可靠性在整个系统可靠性中扮演重要角色，因为网络系统失效的大部分原因是人为差错造成的。人的行为要受到生理和心理的影响，受到其技术熟练程度、责任心和品德等素质方面的影响。因此，人员的教育、培养、训练和管理以及合理的人机界面是提高可靠性的重要方面。

环境可靠性是指在规定的环境内，保证网络成功运行的概率。这里的环境主要是指自然环境和电磁环境。

（2）不可抵赖性

不可抵赖性也称作不可否认性（non-repudiation）、拒绝否认性、抗抵赖性，指网络通信双方在信息交互过程中，确信参与者本身和所提供的信息真实同一性，即所有参与者不可否认或抵赖本人的真实身份，以及提供信息的原样性和完成的操作与承诺。

不可抵赖性包括对自己行为的不可抵赖及对行为发生的时间的不可抵赖。

（3）可控性

可控性是人们对信息的传播路径、范围及内容所具有的控制能力，即不允许不良内容通过公共网络进行传输，使信息在合法用户的有效掌控之中。

总而言之，网络安全的主要目标是通过计算机、网络、密码技术和安全技术等，保护在公用网络信息系统中传输、交换和存储的消息的机密性、完整性、可用性、可靠性、不可抵赖性、可控性等，确保系统连续、可靠、正常地运行，网络服务不中断。

4.3 网络安全面临的威胁

网络系统安全所面临的威胁来自很多方面。从宏观上看，这些威胁可分为人为威胁和自然威胁（也称非人为威胁）。自然威胁来自各种自然灾害、恶劣的场地环境、电磁干扰、网络设备的自然老化等。这些威胁是无目的的，但会对网络系统造成损害，危及网络通信安全、数据安全，甚至导致整个网络系统瘫痪。

人为威胁主要包括人为操作不当行为、人为的恶意攻击、网络系统软件和应用软件的漏洞和后门等几个方面。

人为的恶意攻击是通过寻找系统的弱点，以非授权方式达到破坏、欺骗和窃取数据信息等目的。这种攻击往往是人为精心设计的，其威胁种类多、数量大、难以防备。人为的恶意攻击是目前计算机网络所面临的最大威胁。

下面重点讨论人为的恶意攻击行为。

4.3.1 网络攻击与入侵

网络攻击是指任何非授权而进入或试图进入他人计算机网络的行为。这种行为包括对整个网络的攻击，也包括对网络中的服务器或单台计算机的攻击。实施攻击行为的"人"称为攻击者。

网络攻击通常遵循一种行为模式，包含侦查、攻击与侵入、退出3个阶段。攻击者运用计算机及网络技术，利用网络的薄弱环节，侵入对方计算机系统进行一系列破坏性活动，如搜集、修改、破坏和偷窃信息等。网络攻击一般从确定攻击目标、收集信息开始，然后开始对目标系统进行弱点分析。

而"入侵"是一个广义上的概念，所谓入侵是指任何威胁和破坏系统资源的行为，例如非授权访问或越权访问系统资源、搭线窃听网络信息等均属入侵。实施入侵行为的"人"称为攻击者。

实际上，网络攻击是攻击者实现入侵目的所采取的技术手段和方法。入侵的整个过程（包括入侵准备、进攻、侵入）都伴随着攻击，因此，也把攻击者称为入侵者。攻击者可能是具有系统访问权限的授权用户，也可能是非授权用户，或者是他们的冒充者。有经验的攻击者往往不直接攻击目标，而是利用所掌握的分散在不同网络运营商、不同国家或地区的主机对目标发起攻击，使得对真正攻击者的追踪变得十分困难，需要大范围的多方协同配合。

入侵与攻击往往是直接相关联的，入侵是目的，攻击是手段，攻击存在于整个入侵过程之中。无论是入侵，还是攻击，仅仅是在形式上和概念描述上有所区别而已。对计算机系统和网络而言，入侵与攻击没有什么本质区别，入侵伴随着攻击。因此，本文统一采用攻击来加以讨论。

4.3.2　安全攻击分类

X.800 和 RFC 2828 国际标准将安全攻击分成两类：被动攻击和主动攻击。被动攻击试图获得或利用系统的信息，但不会对系统的资源造成破坏。而主动攻击则不同，它试图破坏系统的资源，影响系统的正常工作。

1. 被动攻击

被动攻击的特性是对所传输的信息进行窃听和监测。攻击者的目标是获得线路上所传输的信息。信息泄露和流量分析就是两种被动攻击的例子。

① 信息泄露。电话、电子邮件和传输文件中可能含有敏感或秘密信息。攻击者通过窃听，截获这些敏感或秘密信息。安全防范的目的就是阻止攻击者获得这些信息。

② 流量分析。即使采取加密的方法隐藏消息，攻击者仍然可以通过流量分析来获取通信主机的身份、所处的位置，进一步观察传输消息的频率和长度，然后根据所获得的信息推断本次通信的性质。

因为被动攻击不涉及对数据的更改，所以很难察觉。通过加密措施，完全有可能阻止这种攻击。因此，处理被动攻击的重点是预防，而不是检测。

2. 主动攻击

主动攻击包括恶意篡改数据流或伪造数据流等攻击行为，它分为 4 类。

① 伪装攻击。攻击者捕获认证消息，然后将其重发，这样攻击者就可能获得其他实体所拥有的访问权限，进而对目标发起攻击。

② 重放攻击。攻击者为了达到某种目的，将获得的信息再次发送，以在非授权的情况下进行传输。

③ 消息篡改。消息篡改是指攻击者对所获得的合法消息中的一部分进行修改、延迟或重新排序消息的传输，以达到其非授权情况下篡改信息的目的。

④ 拒绝服务。阻止或禁止用户正常使用网络服务或管理通信设备，或是破坏整个网络，使其瘫痪，或者使其过载，降低性能。

主动攻击和被动攻击刚好相反，被动攻击虽然难以检测，但采取某些安全措施就可以有效阻止。主动攻击虽然易于检测，但却难以阻止。所以，应对主动攻击的重点应当放在如何检测发现它们，并采取相应的应急响应措施，使网络系统从故障状态恢复到正常运行状态。由此可见，针对主动攻击的检测扫描技术对于攻击者具有一定的威慑作用，在某种程度上可以阻止主动攻击。

4.3.3 网络攻击方式

近年来，网络攻击事件频发，如木马、蠕虫、勒索软件等，这些对网络安全乃至国家安全形成了严重的威胁。互联网的公开性，让网络攻击者的攻击成本极大降低，网络攻击手段也层出不穷。

从目前已有的安全现状分析来看，常见的网络攻击方式主要分为以下几种：恶意软件、网络探测、网络窃听（监听）、网络欺骗、拒绝服务、数据驱动攻击。

1. 恶意软件

在所有对网络系统的威胁中，恶意软件可以被认为是最重要的一类。恶意软件是恶意的程序代码，或是偷偷安装在系统内的软件，它们会影响网络上数据或程序的机密性、完整性或可用性。恶意软件可能造成网络的严重损坏或中断服务。恶意软件包括所有会产生危害的软件，如病毒、蠕虫、特洛伊木马、间谍软件、勒索软件等。关于恶意软件将在4.5.8小节加以详细讨论。

2. 网络探测

网络探测指对计算机网络或DNS服务器进行扫描，获取有效的地址、活动端口号、主机操作系统类型和安全弱点的攻击方式。它是利用客户-服务器（client-server）结构中的请求/应答机制来实现的。

网络探测通过使用不同的请求信息依次向远程主机或本地主机发送服务请求，然后根据远程主机或本地主机的响应情况来判别它们目前所处的工作状态，最后决定下一步的操作。如果远程主机或本地主机有响应，则表明与服务请求所对应的服务正在进行中。这时，再进一步分析和确定服务软件的版本信息，并试探该版本中的漏洞是否存在，从而实现扫描的目的。

（1）网络探测工具

网络环境信息包括网络拓扑结构、主机、主机开放的网络服务以及存在的漏洞等。因此，一个完整的网络探测工具应具备的基本功能包括：发现目标主机和网络；发现目标主机后，能够扫描正在运行的各种服务；能够测试这些服务中是否存在漏洞。

网络探测工具可以按照其是否对目标发起主动的探测分为两大类：主动探测与被动探测。

主动探测是传统的扫描方式，它是通过给目标主机发送特定的包并收集回应包来取得相关信息的，从而确定其操作系统、开启的端口以及存在的漏洞等信息。在无响应的情况下，无响应本身也是信息，表明可能存在过滤设备将探测包或探测回应包过滤了。

属于此类的开源工具有Nmap和Nessus等。主动探测的优势在于通常能较快获取信息，准确性也比较高。缺点在于一方面易于被发现，很难掩盖扫描痕迹；另一方面要成功实施主动扫描通常需要突破防火墙，但突破防火墙是很困难的。

被动探测是通过监听网络包来取得信息。根据数据包中包含的指纹提取对应的一些网络环境信息，属于此类的开源工具有被动操作系统辨识工具P0f和被动网络服务发现工具Pads等。被动扫描一般只需要监听网络流量而不需要主动发送网络包，也不易受防火墙影响。该探测技术的主要优点是对它的检测几乎是不可能的。而其主要缺点在于速度较慢而且准确性较差，当目标不产生网络流量时，就无法得知目标的任何信息。

（2）网络探测扫描

目前，常用的网络探测扫描方法有利用网络命令、端口扫描和漏洞扫描 3 种。

① 利用网络命令。

大多数网络操作系统都会提供一些用于网络管理和维护的网络命令。利用这些网络命令可搜集到许多有用的信息，例如 DNS 服务器的地址、主机上的用户名、操作系统类型和服务程序等。

网络命令也常被攻击者用来扫描网络信息。当他们知道了目标主机上运行的操作系统、服务软件及其版本号后，就可以利用已经发现的漏洞来攻击系统。

如果目标主机的管理员疏忽大意，没有及时修补系统中存在的漏洞，则攻击者就会轻易地攻击系统，并留下后门。当得知主机上的用户名后，攻击者将会利用口令破解工具不断猜测口令直到破译，进而以合法身份在系统中实施攻击行为。

例如，使用 ping 命令向目标主机发送一个 ICMP 数据包后，如果主机正在工作，则将返回响应信息，从中可得知主机的工作状态、网络时延和主机的 IP 地址信息。再如，使用 tracert 命令可以跟踪一个数据包发送到主机所经过的全部路由信息，进而获得有关的路由器地址信息。系统中提供的网络命令既方便了管理，同时也为攻击者提供了便利的攻击工具。

② 端口扫描。

通过使用一系列 TCP 或 UDP 端口号，不断向目标主机发出连接请求，试图连接到目标主机上，并记录目标主机的应答信息。然后，进一步分析主机的响应信息，从中判断是否可以匿名登录、是否有可写入的 FTP 目录、是否可以使用 telnet 登录等，以便进一步分析目标主机上可利用的信息资源。

依据扫描方式，可以将端口扫描分为横向端口扫描和纵向端口扫描两种。横向端口扫描（又称为水平端口扫描）指的是扫描多个主机某个特定的端口，以此获取特定的服务。例如，基于 SQL 服务的计算机蠕虫会扫描大量主机的 1433 端口，以在其上建立 TCP 连接。

纵向端口扫描（又称为垂直扫描）则只针对一台主机，探测其上的所有开放端口，从而找出运行在该主机上的服务，以此找出可能存在的漏洞。

由上可知，当攻击者想要利用某一个服务漏洞入侵大量主机的时候，往往会采取横向端口扫描的方式；而想要彻底攻陷某一台特定主机时，则会采取纵向端口扫描。为了完成特定的端口扫描任务，除了一台主机对另一台主机进行点对点扫描，还有可能采用单源对多目标扫描、多源对单目标扫描、多源对多目标扫描。其中增加扫描源不仅可以在扫描任务繁重的时候提高扫描效率，减少扫描时间，还能有效地隐藏扫描源，以逃避部分检测算法的检测。

为了实现上述扫描过程，需要具体的技术手段进行支撑。一般来说，常用的端口扫描技术有 TCP connect()扫描、TCP SYN 扫描、TCP FIN 扫描、TCP ACK 扫描、TCP 窗口扫描、UDP 扫描等多种。虽然都是用于探测开放端口，获取特定服务，但它们的实现原理各不相同，有各自的优缺点，适用于不同的场景，也可以相互补充。下面将对这几种扫描技术进行逐一介绍。

● TCP connect()扫描，也称"全连接扫描"，它使用操作系统提供的 connect()函数向目标主机指定端口提出连接请求，完成完整的 3 次握手过程。如果目标主机在指定的端口上处于侦听状态并且准备接收连接请求，则 connect()将操作成功，此时表明目标主机的端口处于开放状态；否则返回"−1"，表明目标主机的端口未开放，即没有提供服务。使用这种方法可以检测到目标主机上的各个端口的开放情况。

这种扫描方式最大的优点是不需要任何特殊权限，系统中的任何用户都可以调用 connect()函数进行扫描。另外，可以通过同时打开多个套接字，从而实现加速扫描。其缺点是很容易被发觉，并且被过滤。

● TCP SYN 扫描，也称为"半开连接扫描"，这是因为扫描程序不必建立完整的 3 次握手的过程。首先向目标主机发送一个 SYN 数据包，接着等待目标主机的应答。如果目标主机返回 TCP RST（复位标志）数据包，则说明目标主机的端口不可用，中止连接；如果目标主机返回 SYN/ACK 数据包，并建立 TCP 传输控制块（Transmit Control Block，TCB），则说明目标主机的端口可用，此时，向目标主机发送 RST 数据包中止连接（重置）。

这种扫描方法的优点是不会在目标主机上留下记录。但是，一般需要利用目标主机可信任的主机进行扫描才能完成相应的操作。

● TCP FIN 扫描。为了进一步提升扫描的隐蔽性，TCP FIN 扫描可完全抛弃建立连接的过程。当扫描程序向目标主机的某个端口发送 FIN（结束标志）数据包后，一般会出现两种情况：一是目标主机没有任何回应信息，意味着主机端口是开放或被过滤；二是目标主机返回 RST 数据包，说明目标主机的端口不可用，即端口被关闭。如果收到 ICMP 不可达错误（类型 3，代号 1、2、3、9、10 或 13），则该端口就被标记为被过滤的。

这种扫描方法比 TCP SYN 扫描的隐蔽性更高，能躲过一些防火墙和包过滤器而不留痕迹。但是，某些操作系统对所有的 FIN 数据包都返回 RST，这时，TCP FIN 扫描就用不上了。

● TCP ACK 扫描。TCP ACK 扫描探测报文只设置 ACK 标志位。当扫描未被过滤的端口时，开放的和关闭的端口都会返回 RST 报文，扫描程序会把它们标记为未被过滤的（unfiltered），意思是 ACK 报文不能到达，但至于它们是开放的（open）还是关闭的（closed）则无法确定。不响应的端口或者发送特定的 ICMP 错误消息（类型 3，代号 1、2、3、9、10 或 13）的端口，则被标记为被过滤的（filtered）。可以看出，从功能上来说，TCP ACK 扫描和 TCP FIN 扫描可以互为补充。

● TCP 窗口扫描。TCP 窗口扫描与 TCP ACK 扫描类似，但是当收到 RST 报文时，通过检查返回的 RST 分组的 TCP 窗口大小，可以辨别出端口是开放的还是关闭的。在某些操作系统上，开放端口用正数表示窗口大小，而关闭端口的窗口大小为 0，发送出的 RST 分组也会遵循这一设置。

● UDP 扫描。当向目标主机的某个端口发送 UDP 数据包时，会产生两种情况：一是无任何信息返回；二是返回一个 ICMP_PORT_UNREACH 错误。第一种情况说明目标主机的 UDP 端口已打开或 UDP 数据包已丢失；而第二种情况则说明目标主机的 UDP 端口不可用。

在第一种情况下，如果可以确认所发送的 UDP 数据包没有丢失，则可确认目标端口的状态。如果估计所发送的 UDP 数据包已丢失，则需要重新发送数据包，直到探明目标主机端口的状态或终止扫描为止。使用 UDP 扫描速度较慢，而且判断端口状态也较困难。

端口扫描程序也是系统管理人员必备的实用工具，可以帮助系统管理人员更好地管理系统与外界的交互。常用的端口扫描工具有 ipscan 和 SuperScan 等。

【知识拓展】

关于更多的常用扫描工具详细情况，请扫描二维码阅读。

知识拓展

（3）漏洞扫描

漏洞扫描是根据已发现的漏洞来判断正在运行的服务中是否还存在相应的漏洞。如果存在，则应立即打上补丁，否则就可能被攻击者利用来攻击系统。

目前存在的扫描器分为基于主机的和基于网络的两种类型。基于主机的扫描器是运行在被检测的主机上的，用于检测所在主机上存在的漏洞信息；而基于网络的扫描器则是用于检测其他主机的，它通过网络来检测其他主机上存在的漏洞。扫描器只能扫描到已被发现的漏洞，那些未被发现的漏洞是不能通过扫描器找到的。因此，利用扫描器发现漏洞并打补丁后也不能放松警惕。

3. 网络窃听（监听）

在网络上，任何一台主机所发送的数据包，都会通过网络线路传输到指定的目标主机上，所有在这个网络线路上的主机都可以侦听到这个传输的数据包。正常情况下，网卡对所经过的数据包只做简单的判断处理，如果数据包中的目标地址与网卡的相网，则接收该数据包，否则不做任何处理。

如果将网卡设为杂凑模式（也称混杂模式、混合模式），则该网卡就可接收任何流经它的数据包，不论数据包的目标地址是什么。攻击者利用这个原理，将网卡设置成混杂模式，然后截获流经它的各种数据包进行分析，对一些具有敏感数据的数据包做进一步解析，如含有用户名（username）和密码（password）字样的数据包。

这种攻击一般需要进入目标主机所在的局域网内部，选择一台主机实施网络监听，如果在一台路由器或具有路由功能的主机上进行监听，则能捕获到更多的数据信息。

通常，操作系统本身也提供一些用于网络监听的工具软件。例如，Linux 中的 rcpdump，Windows NT 中的 NetworkMonitor，以及 Solaris 中的 Snoop 等。使用这些工具可以方便地对网络进行有效的监控和管理。但是，它们也会变成攻击者对网络进行监听的工具，进而对网络安全构成巨大威胁。因为监听工具不主动向网络发送数据包，它们只是默默窃取流经它的数据，所以这种攻击更具有隐蔽性。

4. 网络欺骗

攻击者为了获取目标主机上的资源，可能会采用欺骗的手段来达到目的。欺骗的主要方法是通过伪造数据包，并使用目标主机可信任的 IP 地址作为源地址把伪造好的数据包发送给目标主机，以此获取目标主机的信任，进而访问目标主机上的资源。

TCP 本身存在很多缺陷，不论目标主机上运行哪种操作系统，欺骗手段都很容易得逞，它也常被用作获取目标主机信任的一种攻击方式。例如，TCP 序列号欺骗、IP 地址欺骗、ARP 欺骗、DNS 欺骗、电子邮件欺骗和 Web 欺骗等都是针对 TCP/IP 本身的缺陷实现的攻击方法。

（1）TCP 序列号欺骗

TCP 序列号欺骗是通过 TCP 的 3 次握手过程，推测服务器的响应序列号而实现的。这种欺骗即使在没有得到服务器响应的情况下，也可以产生 TCP 数据包与服务器进行通信。

为了确保端到端的可靠传输，TCP 对所发送出的每个数据包都分配序列编号，当对方收到数据包后向发送方进行确认，接收方利用序列号来确认数据包的先后顺序，并丢弃重复的数据包。

TCP 序列号在 TCP 数据包中占 32 字节，有发送序列号 SEQS 和确认序列号 SEQA 两种，它们分别对应 SYN 和 ACK 两个标志。当 SYN 置 1 时，表示所发送的数据包的序列号为 SEQS；当 ACK 置 1 时，表示接收方准备接收的数据包的序列号为 SEQA。

在客户端与服务器建立连接过程中需要进行 3 次握手，同时发送序列号 SEQS 和确认序列号 SEQA 都要进行相应的变化，如图 4-1 所示。

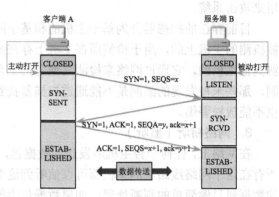

图 4-1　3 次握手建立 TCP 连接

第一次握手：客户端要向服务端发起连接请求，首先客户端随机生成一个起始序列号 ISN（比如是 x），客户端向服务端发送的报文段包含 SYN 标志位（也就是 SYN=1），发送序列号 SEQS=x。

第二次握手：服务端收到客户端发过来的报文后，发现 SYN=1，知道这是一个连接请求，于是将客户端的初始始序列号 x 存起来，并且随机生成一个服务端的起始序列号（比如是 y）。然后给客户端回复一段报文，回复报文包含 SYN 和 ACK 标志（也就是 SYN=1，ACK=1）、确认序列号 SEQA=y、确认号 ack=$x+1$（客户端发过来的序列号+1）。

第三次握手：客户端收到服务端的回复后发现 ACK=1 并且 ack=$x+1$，于是知道服务端已经收到了序列号为 x 的那段报文；同时发现 SYN=1，知道了服务端同意了这次连接，于是就将服务端的序列号 y 保存下来。然后客户端再回复一段报文给服务端，报文包含 ACK 标志位（ACK=1）、ack=$y+1$（服务端序列号+1）、SEQS=$x+1$（第一次握手时发送报文是占据一个序列号的，所以这次 SEQS 就从 $x+1$ 开始，需要注意的是不携带数据的 ACK 报文是不占据序列号的，所以后面第一次正式发送数据时 SEQS 还是 $x+1$）。当服务端收到报文后发现 ACK=1 并且 ack=$y+1$，就知道客户端收到序列号为 y 的报文了，就这样客户端和服务端通过 TCP 建立了连接。

在这个 3 次握手的过程中，如果能够推测出由服务器返回的初始序列号 y 的值，则可以实现序列号欺骗攻击，假设 User 是服务端 B 的可信任客户端 A，Xser 是冒充 User 的攻击者，那么，如果 Xser 预测出了初始确认序列号 y 的值，则 TCP 序列号欺骗攻击的过程如下。

Xser　→　Server：SYN (SEQS=x)；使用 User 的 IP 地址作为源地址

Server　→　User：SYN (SEQS=y)，ACK (SEQA=$x+1$)

Xser　→　Server：ACK (SEQA=$y+1$)；使用 User 的 IP 地址作为源地址

在这里，Xser 以 User 的身份向服务器发送初始序列号，并置 SYN=1，请求与服务器建立连接。当服务器收到该请求后，向 User 返回应答序列号。如果此时 User 能正常工作，则认为这是一个非法数据包而终止连接，使攻击者的目的落空。否则，攻击者将继续以 User 的身份向服务器发送已推测出的确认序列号 $y+1$，并与服务器建立连接，进而可在服务器上行使 User 的权限，执行相应的操作。

使用这种攻击需要具备两个基本条件：一是能推测出序列号 y 的值；二是所冒充的可信

任主机不能正常工作。其中，最关键的是要推测出由服务器返回的序列号 y 的值。由服务器返回的这个值可能是一个随机数，它通常与被信任主机和服务器间的往返路程时间（Round Trip Time，RTT）有关，必须经过多次采样和统计分析，才可能推测到这个值。

通常，可重复多次与被攻击主机的某个端口（如 SMTP）建立正常连接，然后断开，并记录每次连接所设定的初始序列号 ISN 的值。另外，还需要多次测试可信任主机与服务器间的 RTT，并统计出平均值。根据这个 RTT，可以通过下式估算出 ISN 的值。

$$\text{ISN的值} = \begin{cases} 64000 \times TRR \\ 64000 \times (TRR+1)(\text{当目标主机刚刚建立过一个连接时}) \end{cases}$$

一旦估计出 ISN 的值，就可进行攻击，这个攻击过程是利用 IP 地址欺骗法来实现的。

（2）IP 地址欺骗

IP 地址欺骗是利用可信任主机的 IP 地址向服务器发起攻击。为了实现 IP 地址欺骗，首先必须使可信任主机丧失工作能力，然后使用可信任主机的 IP 地址与服务器建立连接，进而达到攻击的目的。

IP 地址欺骗是一种复合型网络攻击技术，它将 IP 地址伪造技术、TCP SYN 泛洪攻击技术与 TCP 序列号猜测技术融为一体，并且在攻击过程中利用了具有信任关系的主机间采取的基于地址的认证方式。

TCP SYN 泛洪攻击（SYN Flood）就是攻击者伪装成不存在的主机向信任主机发送大量的连接请求。在连接请求接收端拥有一个固定长度的连接队列，该队列中的连接包含未完成 3 次握手的半连接和完成 3 次握手的全连接，该队列的最大长度由应用层指明。攻击者发起大量的连接请求，致使连接队列达到最大上限，使信任主机 TCP 模块拒绝所有新连接请求。信任主机长时间不能处理完攻击者发来的连接请求，产生拒绝服务攻击，信任主机丧失工作能力。

IP 地址欺骗是一种通过伪造来自受信地址的数据包来让某台计算机认证另一台计算机的复杂技术。IP 地址欺骗由以下几个步骤组成。

第一步：选定目标主机。

第二步：发现信任模式及信任主机。

第三步：使被信任主机丧失工作能力。

第四步：采样目标主机发出的 TCP 序列号，猜测出序列号。

第五步：发送建立 TCP 连接的报文，建立连接。

第六步：发动攻击，在目标主机放置后门程序。

IP 地址欺骗攻击的原理是：假设已经找到一个攻击目标主机，并发现了该主机存在信任模式，又获得信任主机的 IP 地址。攻击者使用 IP 地址伪装技术伪装成信任主机向目标主机发送连接请求，目标主机发送确认信息给信任主机，如果信任主机发现连接是非法的，信任主机会发送一个复位信息给目标主机，请求释放连接，这样，IP 地址欺骗被揭穿。

攻击者为达到欺骗的目的，通常使用如 TCP SYN 泛洪攻击等技术使信任主机丧失工作能力。信任主机不会发送复位信息，目标主机也就不会收到连接确认，等待一段时间后超时，TCP 认为是一种暂时的错误，并继续尝试建立连接，直至确信无法连接。在目标主机等待的时间里，黑客使用序列号猜测技术猜测出目标主机希望获取的确认序列号，再次伪装成信任主机发送连接确认信息，将确认序列号设置为猜测出的序列号，如果猜测正确，就可以与目标主机建立起 TCP 连接。之后就可以向目标主机发送攻击数据，如放置后门程序等。

（3）ARP 欺骗

地址解析协议（Address Resolution Protocol，ARP）的作用是通过目标设备的 IP 地址，查询目标设备的介质访问控制（Medium Access Control，MAC）地址，以保证通信能够顺利进行。

在局域网中，网络上实际传输的是帧，而帧里面有目标主机的 MAC 地址。所以一个主机和另一个主机要进行直接通信，必须通过地址解析协议获得目标主机的 MAC 地址。而地址解析就是主机在发送帧前将目标 IP 地址转换成目标 MAC 地址的过程。其工作原理如图 4-2 所示。

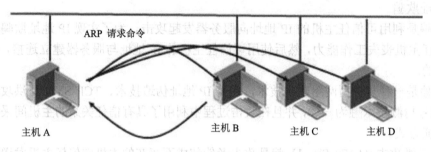

图 4-2　ARP 工作原理

假设一个网络环境中有 4 台主机，各主机的 IP 地址和 MAC 地址如图 4-2 所示。

当主机 A 要与主机 B 进行通信时。第 1 步，根据主机 A 上的路由表内容，确定用于访问主机 B 的转发 IP 地址是 192.168.2.2。然后主机 A 在本地 ARP 缓存中，检查主机 B 的匹配 MAC 地址。

第 2 步，如果主机 A 在 ARP 缓存中没有找到映射，它将询问主机 B 的 MAC 地址，从而将 ARP 请求包广播到本地网络上的所有主机。

源主机 A 的 IP 地址和 MAC 地址都包含在 ARP 请求包中。本地网络上的每台主机都会接收到 ARP 请求包，并且检查该 ARP 请求包中请求的 IP 地址，是否与自己的 IP 地址匹配。如果主机发现请求的 IP 地址与自己的 IP 地址不匹配，它将丢弃 ARP 请求包。

第 3 步，主机 B 确定 ARP 请求包中请求的 IP 地址与自己的 IP 地址匹配，则将主机 A 的 IP 地址和 MAC 地址映射添加到本地 ARP 缓存表中。

第 4 步，主机 B 将包含自己 MAC 地址的 ARP 回复消息，直接发送回主机 A。

第 5 步，当主机 A 收到从主机 B 发来的 ARP 回复消息时，会把主机 B 的 IP 地址和 MAC 地址映射更新到本地 ARP 缓存表中。这样，主机 B 的 MAC 地址一旦确定，主机 A 就可以和主机 B 进行通信了。

由此可见，ARP 是建立在局域网中各个主机互相信任的基础上的，它的诞生使得网络能够更加高效地运行，但它没有安全认证机制，本身存在着漏洞和不足。ARP 请求包是以广播的形式发送的，只要是同一个网段内的主机都可以接收到，局域网上的所有主机，都可以自主地发送 ARP 应答消息，并且当其他主机收到应答消息时，不会检测该消息的真实性，就将其记录在本地的 ARP 缓存表中。这样攻击者就可以向目标主机发送伪造的 ARP 请求包（错误的 IP 地址和 MAC 地址的映射关系），从而篡改目标主机的本地 ARP 缓存表。所以，ARP 欺骗也称 ARP 缓存中毒，其工作过程如图 4-3 所示。

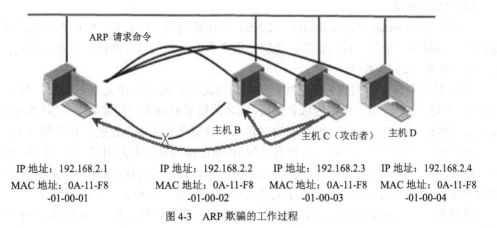

图 4-3　ARP 欺骗的工作过程

在图 4-3 所示的网络环境中，正常情况下主机 A 和主机 B 之间进行通信。但是，此时主机 C（攻击者）向主机 A 发送一个自己伪造主机 B 的 ARP 应答，应答中发送方的 IP 地址是 192.168.2.2（B 的 IP 地址），MAC 地址是 0A-11-F8-01-00-03（B 的 MAC 地址本来应该是 0A-11-F8-01-00-02，这里 B 被伪造了）。当 A 接收到 C 伪造的 ARP 应答，就会更新本地的 ARP 缓存表（A 被欺骗了），这时 C（攻击者）就伪装成 B 了。

同时，主机 C 同样向主机 B 发送一个 ARP 应答，应答中发送方的 IP 地址是 192.168.2.1（A 的 IP 地址），MAC 地址是 0A-11-F8-01-00-03（A 的 MAC 地址本来应该是 0A-11-F8-01-00-01，这里 A 被伪造了），当 B 收到 C 伪造的 ARP 应答，也会更新本地 ARP 缓存表（B 也被欺骗了），这时 C 就伪装成了 A。

这样主机 A 和主机 B 都被主机 C（攻击者）欺骗，A 和 B 之间通信的数据都经过了 C，主机 C 完全可以知道它们之间传输的任何信息。这就是典型的 ARP 欺骗过程。

ARP 欺骗是黑客常用的攻击方式之一，ARP 欺骗分为对路由器 ARP 缓存表的欺骗和对内网的网关欺骗两种方式。

① 对路由器 ARP 缓存表的欺骗：其本质是截获网关数据。它通知路由器一系列错误的内网 MAC 地址，并按照一定的频率不断进行，使真实的地址信息无法通过更新保存在路由器中，结果路由器的所有数据只能发送给错误的 MAC 地址，造成正常计算机无法收到信息。

② 对内网的网关欺骗：其本质是伪造网关。它是通过建立假网关，让被它欺骗的计算机向假网关发送数据，而不是通过正常的路由器途径上网。

一般来说，ARP 欺骗攻击带来的后果非常严重。一方面，攻击者可以发送大量的 ARP 请求包，阻塞正常的网络带宽，使局域网中有限的网络资源，被这些无用的广播信息所占用，造成网络拥堵。另一方面，攻击者也可以发送错误的 IP 地址/MAC 地址的映射关系。只要攻击者持续不断地发出伪造的 ARP 请求包，就能篡改目标主机的本地 ARP 缓存表，造成网络中断或者中间人攻击。

ARP 欺骗的表象是网络通信中断，真实目的是截获网络通信数据。欺骗者通过双向攻击后，通信双方的数据将被欺骗者截获，导致敏感信息被窃取。木马程序大多数是通过这种方式进行盗号的，网银、支付宝账号密码也可能通过这种方式被窃取。

（4）DNS 欺骗

域名系统（Domain Name System，DNS）是互联网的一项服务，它作为可以将域名和 IP 地址相互映射的一个分布式数据库，能够使用户更方便地访问互联网，而不用去记住能够被计算机直接读取的 IP 数串。

DNS 是具有树型结构的名字空间，核心功能是完成域名到 IP 地址的转换，使用 TCP 和 UDP 端口 53。这个转换工作称为域名解析，域名解析需要由专门的域名服务器（Domain Name Server，DNS）来完成。而 DNS 欺骗也就是攻击者冒充域名服务器的一种欺骗行为。

如果可以冒充域名服务器，再把查询的 IP 地址设为攻击者的 IP 地址，这样，用户上网就只能看到攻击者的主页，而不是用户想要取得的网站的主页，这就是 DNS 欺骗的基本原理。DNS 欺骗其实并不是真的"黑掉"了对方的网站，而是冒名顶替、招摇撞骗。

举例来说，如图 4-4 所示，假如用户 A 要访问某服务器域名为 www.baidu.com（其 IP 地址为 202.108.22.5）。则用户 A 首先要向域名服务器查询该服务器的 IP 地址。如果黑客假设其服务器域名为 ABC 嗅探或监听到用户 A 发出的 DNS 请求数据包，分析数据包取得 ID 和端口号后，向目标（用户 A）发送一个伪造好的 DNS 应答包（解析信息），用户 A 收到 DNS 应答包后，发现 ID 和端口号全部正确，即把应答数据包中的域名和对应的 IP 地址保存进 DNS 缓存表中，而后来的当真实的 DNS 应答包返回时则被丢弃。这时，当用户 A 访问 www.baidu.com 时，实际上访问的是伪造的应答数据包中的 IP 地址对应的域名 ABC。这样，相当于 www.baidu.com 被 ABC 冒名顶替了。

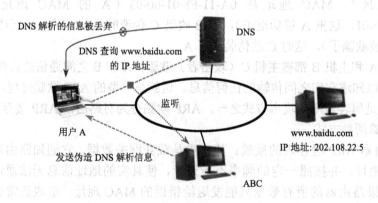

图 4-4　DNS 欺骗的实现过程

和 IP 欺骗相似，DNS 欺骗在技术上实现上仍然有一些困难，为了克服这些困难，有必要了解 DNS 查询包的结构。

在 DNS 查询包中有一个重要的域就是标识 ID，其作用是鉴别每个 DNS 数据包的印记，从客户端设置，由服务器返回，使用户匹配请求与响应。如果要使发送伪造的 DNS 信息包不被识破的话，就必须伪造出正确的 ID。如果无法判别该标记，DNS 欺骗将无法进行。只要在局域网上安装有嗅探器，通过嗅探器就可以知道用户的 ID。但要在 Internet 上实现欺骗，就只有发送大量的一定范围的 DNS 信息包，来得到正确 ID。

（5）电子邮件欺骗

电子邮件欺骗是指对电子邮件的信息头进行修改，以使该信息看起来好像来自其真实源地址之外的其他地址。这类欺骗只要用户提高警惕，一般危害性不是太大。攻击者使用电子邮件欺骗有两个目的：隐藏自己的身份；冒充别人的身份发送邮件。电子邮件欺骗能被看作社会工程的一种表现形式。例如，如果攻击者想让用户发给他一份敏感文件，攻击者伪装他的邮件地址，使用户以为这是老板的要求，用户可能会发给他这份文件。

执行电子邮件欺骗有如下几种基本方法，每一种有不同难度级别，执行不同层次的隐蔽。

① 相似的电子邮件地址。使用这种类型的攻击，攻击者找到一个公司的管理人员的名字。有了这个名字后，攻击者注册一个看上去类似高级管理人员名字的邮件地址，然后在电子邮件的别名字段填入管理者的名字。因为邮件地址似乎是正确的，所以收信人很可能会回复它，这样攻击者就会得到想要的信息。

② 远程联系，登录到端口。电子邮件欺骗更复杂的一个方法是远程登录到邮件服务器的端口（邮件服务器通过此端口在互联网上发送邮件）。当攻击者想发送给用户信息时，他先写一个信息，再单击发送。接下来其邮件服务器与用户的邮件服务器联系，在端口发送信息，转移信息。

（6）Web 欺骗

Web 欺骗是一种电子信息欺骗，错误的 Web 看起来十分逼真，它拥有相同的网页和超链接。然而，黑客控制着错误的 Web 站点，这样受攻击者浏览器和 Web 之间的所有网络信息完全被攻击者所截获，其工作原理就好像一个过滤器。黑客可以监视目标计算机的网络信息、记录访问的网页和内容等。当用户填写完一个表单并发送后，这些数据将被传送到 Web 服务器，Web 服务器将返回必要的信息，但不幸的是，攻击者完全可以截获并加以使用。绝大部分在线公司都是使用表单来完成业务的，这意味着攻击者可以获得用户的账号和密码。

在得到必要的数据后，攻击者可以通过修改受攻击者和 Web 服务器之间任何一个方向上的数据，来进行某些破坏活动。攻击者修改受攻击者的确认数据，如果在线订购某个产品时，黑客就可能修改产品编码、数量或要求等。黑客也能修改 Web 服务器所返回的数据信息，例如，插入易于误解或者有攻击性的资料，破坏用户和在线公司的关系等。

5. 拒绝服务

拒绝服务（Denial of Service，DoS）攻击是一种破坏可用性的攻击行为，它主要通过发送过量的数据包请求，消耗网络带宽或系统资源，使网络或系统服务负载过重，导致服务质量下降，或无法提供正常的服务或资源访问，使目标服务系统停止响应甚至崩溃，而在此攻击中并不包括侵入目标服务器或目标网络设备。

这些服务资源包括网络带宽、文件系统空间容量、开放的进程或者允许的连接。这种攻击会导致资源匮乏，无论计算机的处理速度多快、内存容量多大、网络带宽的速度多快，都无法避免这种攻击带来的后果。

常见的拒绝服务攻击包括对计算机网络的带宽攻击和连通性攻击。带宽攻击是指以极大的通信量冲击网络，使得所有可用网络资源都被消耗殆尽，最后导致合法的用户请求无法通过。连通性攻击是指用大量的连接请求冲击计算机，使得所有可用的操作系统资源都消耗殆尽，最终计算机无法再处理合法用户的请求。

分布式拒绝服务（Distributed Denial of Service，DDoS）攻击是一种基于 DoS 的特殊形式的拒绝服务攻击，是一种分布式的、协同的大规模攻击。它是指处于不同位置的多个攻击者同时向一个或数个目标发动攻击，或者一个攻击者控制了位于不同位置的多台计算机并利用这些计算机对受害者同时实施攻击。由于攻击的发出点是分布在不同地方的，因此这类攻击称为分布式拒绝服务攻击，其中攻击者可以有多个。

一个完整的 DDoS 攻击体系由攻击者、主控端、代理端和攻击目标 4 部分组成。主控端和代理端分别用于控制和实际发起攻击，其中主控端只发布命令而不参与实际的攻击，代理端发出 DDoS 攻击的实际攻击包。对于主控端和代理端的计算机，攻击者有控制权或者部分控制权。

攻击者在攻击过程中会利用各种手段隐藏自己不被别人发现。真正的攻击者一旦将攻击的命令传送到主控端，攻击者就可以关闭或离开网络。而由主控端将命令发布到各个代理端上。这样攻击者可以逃避追踪。

每一个攻击代理端都会向目标主机发送大量的服务请求数据包，这些数据包经过伪装，无法识别它的来源。而且这些数据包所请求的服务往往要消耗大量的系统资源，造成目标主机无法为用户提供正常服务，甚至导致系统崩溃。

常见的 DDoS 攻击方式有 SYN Flood 攻击、UDP Flood 攻击、ICMP Flood 攻击、Connection Flood 攻击、HTTP Get 攻击、UDP DNS Query Flood 攻击等。

6. 数据驱动攻击

数据驱动攻击通过向某个程序发送数据，以产生非预期结果的攻击，通常为攻击者给出访问目标系统的权限。数据驱动攻击分为缓冲区溢出攻击、同步漏洞攻击、格式化字符串攻击、输入验证攻击等。

（1）缓冲区溢出攻击

缓冲区溢出攻击的原理是向程序缓冲写入超出其边界的内容，造成缓冲区的溢出，使得程序转而执行其他攻击者指定的代码，通常是为攻击者打开远程连接的 Shellcode，以达到攻击目标。

近年来的蠕虫如 Code Red、SQL Slammer、Blaster 和 Sasser 等，都是通过缓冲区溢出攻击获得系统权限后进行传播的。

（2）同步漏洞攻击

这种方法主要是利用程序在处理同步操作时的缺陷，如竞争状态、信号处理等问题，以获得更高的访问权限。发掘信任漏洞攻击则是利用程序滥设的信任关系获取访问权的一种方法。著名的有 Win32 平台下互为映像的本地和域 Administrator 凭证、LSA（Local Security Authority）密码、UNIX 平台下 SUID 权限的滥用和 X Window 系统的 xhost 认证机制等。

（3）格式化字符串攻击

利用程序设计过程中一些格式化函数的错误造成的安全漏洞，攻击者可以通过输入精心编制的含有格式化指令的文本字符串来达到使程序崩溃、偷窥程序内容甚至是取得程序控制权的目的。如 printf()函数、sprintf()函数、snprintf()函数、strncpy()函数等。

（4）输入验证攻击

输入验证攻击针对程序未能对输入进行有效的验证的安全漏洞，使得攻击者能够让程序执行指定的命令。如果程序没有任何限制地接受输入数据的类型、长度、格式或范围，那么应用程序不可能是可靠的。如果攻击者发现程序对输入能没有任何限制地接受，判定输入验证有安全问题，并将仔细编写的代码输入，将会危及应用程序的安全。对用户输入的错误信任是 Web 应用程序中十分常见和非常具有破坏性的漏洞。

【知识拓展】

更多关于黑客常用渗透测试工具的详细内容，请扫描二维码阅读。

4.3.4 网络攻击的发展趋势

通过对近些年来发生的一些网络安全事件分析来看，出现了一些新的攻击手段和攻击工具，而且各种攻击工具越来越智能化、简单化。攻击手段更加复杂多变，攻击目标直指互联网基础协议和操作系统，甚至网上不断出现一些"黑客技术"速成培训。这些对网络空间安全构成了新的威胁，并呈现出以下发展趋势。

1. 攻击行为的广泛性

攻击者利用一切可以利用的手段和方式实施攻击，如通过电子邮件、局域网、远程管理、即时通信工具、系统漏洞和更新等传播病毒，威胁的范围更加广泛，国防、政府、银行、商务、电力、化工、交通、医院等部门的各种网络资源都可能成为攻击目标，各种应用系统（包括工业自动化控制系统、移动终端应用系统等）都面临着安全威胁。

2. 攻击行为的智能化

多态性、混合性、独立性、传染扩散性使各种病毒和后门技术具有整合趋势，呈现应变智能性，形成多种威胁，网络攻击的智能化程度和攻击速度越来越高。

3. 攻击行为政治化

信息战中及各种境内外情报人员越来越多地通过网络渠道搜集和窃取信息，甚至对被攻击国家的重要经济部门或政府机构的网络系统进行有计划性的攻击，这样可能会带来灾难性的后果。

4. 病毒与网络攻击的融合

病毒传播和网络攻击行为的融合正成为当前恶意攻击的主要途径，二者的有效结合可以实现更好的攻击效果，同时，使得各种攻击技术的隐秘性增强，致使常规手段难以识别和应对。

5. 攻击的范围和方式更加灵活

随着 5G 技术的成熟以及移动应用需求的不断增多，无线网络技术的广泛使用使远程网络受攻击的机会更多，攻击的范围和方式更加灵活多变。

6. 用户对网络的依赖性不断增加

用户对网络的依赖性越来越高，针对网络基础设施攻击的危害性不断增加。例如，针对 DNS 攻击、路由器和物联网设备的攻击等所引发的分布式拒绝服务，会导致大面积网络瘫痪，影响的范围更广、危害性更大。

4.4 开放系统互连安全体系结构

开放系统互连（Open System Interconnection，OSI）安全体系结构的研究开始于 1982 年。

国际标准化组织于 1988 年发布了 ISO 7498—2 标准，该标准的名称为"信息处理系统 开放系统互连 基本参考模型 第 2 部分：安全结构"（Information Processing Systems；Open Systems Interconnection；Basic Reference Model；Part 2: Security Architecture）。其描述了开放系统互连安全体系结构，提出设计安全的信息系统的基础架构中应该包含的安全服务和相关的安全机制。

1990 年，国际电信联盟（International Telecommunication Union，ITU）决定采用 ISO 7498—2 作为其 X.800 推荐标准。1995 年，我国颁布的国家标准《信息处理系统 开放系统互连 基本参考模型 第 2 部分：安全体系结构》（GB/T 9387.2—1995）规定了基于 OSI 参考模型七层协议之上的信息安全体系结构。

该标准的核心内容是：为保证异构计算机进程与进程之间远距离交换信息的安全，定义了系统应当提供的 5 类安全服务，以及支持提供这些服务的 8 类安全机制及相应的 OSI 安全管理，并根据具体系统适当地配置于 OSI 参考模型的七层协议中，如图 4-5 所示。

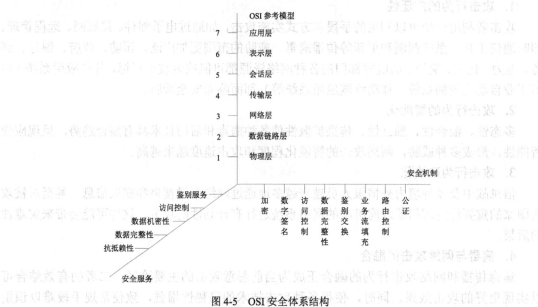

图 4-5　OSI 安全体系结构

在图 4-5 中，安全服务与安全机制的关系为：一种安全服务可以通过某种安全机制单独提供，也可以通过多种安全机制联合提供；一种安全机制可以用于提供一种安全服务，也可以用于提供多种安全服务。在 OSI 七层协议中除第五层（会话层）外，每一层均能提供相应的安全服务。本节重点讨论该标准中定义的安全服务和安全机制。

4.4.1　安全服务

安全服务是指一种用来增强数据处理系统的安全性和信息传递的安全性的服务。在 OSI 安全体系结构中定义了鉴别、访问控制、数据机密性、数据完整性以及抗抵赖性 5 类标准安全服务。

1. 鉴别

鉴别也称认证，通过对实体身份的确认和对数据来源的确认，保证两个或多个通信实体的可信以及数据源的可信。该标准定义了对等实体鉴别和信源鉴别两种认证服务。

① 对等实体鉴别：确认通信中的对等实体都是它们所声称的实体。这种服务在建立连接时或在数据传输阶段提供，用以证实一个或多个连接的实体的身份，确认它们没有假冒身份。

② 信源鉴别：在无连接传输时，保证收到的信息来源是所声称的来源。用于验证所收到的数据来源与所声称的来源是否一致，它不提供防止数据中途被修改的功能。

2．访问控制

访问控制是指提供保护以对付 OSI 可访问资源的非授权使用。这些资源可以是经 OSI 协议访问到的 OSI 资源或非 OSI 资源。这种保护服务可应用于对资源的各种不同类型的访问（例如，使用通信资源；读、写或删除信息资源；处理资源的执行）或应用于对一种资源的所有访问。

3．数据机密性

数据机密性是针对信息泄露或被破解而采取的防御措施，其基础是数据加密机制的选择。它可分为以下 4 种情况。

① 连接机密性：保护一次连接中所有的用户数据。

② 无连接机密性：保护单个数据单元里的所有用户数据。

③ 选择域机密性：对一次连接或单个数据单元里选定的数据部分提供机密性保护。

④ 流量机密性：保护那些可以通过观察通信业务流而获得的机密信息。

4．数据完整性

在一次连接中，连接开始时使用对某实体的鉴别服务，并在连接的存活期使用数据完整性服务就能联合起来为在此连接上传送的所有数据单元的来源提供确证，为这些数据单元的完整性提供确证。例如使用顺序号可为数据单元的重放提供检测，防止非法篡改信息，如修改、复制、插入和删除等。它有 5 种形式。

① 具有恢复功能的连接完整性：提供一次连接中所有用户数据的完整性，检测整个数据序列内存在的修改、插入、删除或重发，且试图将其恢复。

② 无恢复功能的连接完整性：同具有恢复功能的连接完整性基本一致，但仅提供检测。

③ 选择域连接的完整性：在一次连接中提供对传输数据块中用户数据选择域的完整性保护，并且裁决选择域中的数据是否被篡改、插入、删除或重发。

④ 无连接完整性：为单个无连接数据单元提供完整性保护，判断选定域是否被修改。

⑤ 选择域无连接完整性：对单一无连接数据块中选择域提供完整性保护，裁决选择域是否被篡改。

5．抗抵赖性

抗抵赖性也称不可否认性。该服务主要是防止发送方与接收方在执行各自操作后，否认或抵赖各自所做的操作。它可分为两种情况。

① 源点的不可否认性：证明消息由特定的一方发出。

② 信宿的不可否认性：证明消息被特定方收到。

4.4.2　安全机制

安全服务可以检测和预防安全攻击，实现安全目标。而每一类安全服务的执行则需要借助一种或多种安全机制来实现。该标准定义了以下 8 种安全机制。

1. 加密机制

借助各种加密算法对存放的数据和流通中的信息进行加密。加密既能为数据提供机密性，又能为通信业务流信息提供机密性，并且是其他安全机制中的一部分或对安全机制起补充作用，加密算法可以是可逆的，也可以是不可逆的。在 OSI 安全体系结构中应根据加密所在的层次及加密对象的不同，而采用不同的加密方法。

2. 数字签名机制

数字签名是确保数据真实性的基本方法，利用数字签名技术可以进行用户的身份认证和消息认证，它具有解决收、发双方纠纷的能力。

数字签名是附加在数据单元上的一些数据，或是对数据单元所做的密码变换。这种数据或变换允许数据单元的接收者确认数据单元来源和数据单元的完整性，并保护数据、防止被人（例如接收方）伪造。采用公钥体制，使用私钥进行数字签名，使用公钥对签名信息进行证实。签名机制的本质特征为该签名只有使用签名者的私有信息才能产生出来。

3. 访问机制

使用已鉴别的实体身份、实体的有关信息或实体的能力来确定并实施该实体的访问权限。当实体试图使用非授权资源或以不正确方式使用授权资源时，访问控制功能将拒绝这种企图，并产生事件报警或记录，作为安全审计跟踪的一部分。

4. 数据完整性服务机制

数据完整性是指用于保证数据单元或数据流的完整性的各种机制。一般来说，用来提供数据单元和数据流完整性服务的机制是不相同的。判断信息在传输过程中是否被篡改过，与加密机制有关。

破坏数据完整性的主要因素有数据在信道中传输时受信道干扰影响而产生错误、数据在传输和存储过程中被非法攻击者篡改、计算机病毒对程序和数据的传染等。纠错编码和差错控制是对付信道干扰的有效方法。

5. 认证交换机制

认证交换机制是指通过实体交换来保证实体身份的各种机制。认证主要有用户认证、消息认证、站点认证和进程认证等，可用于认证的方法有已知信息（如口令）、共享密钥、数字签名、生物特征（如指纹）等。

6. 通信业务填充机制

通过填充冗余的业务流量来防止攻击者对流量进行分析，填充过的流量需通过加密进行保护。

攻击者通过分析网络中的信息流量和流向来判断某些事件的发生。为了对付这种攻击，一些关键站点间在无正常信息传送时，持续传递一些随机数据，使攻击者不知道哪些数据是有用的，哪些数据是无用的，从而对抗攻击者的信息流分析。

7. 路由选择控制机制

能够为某些数据动态地或预定地选取路由，确保只使用物理上安全的子网络、中继站或链路，防止不利的信息通过路由。目前典型的应用为网络层防火墙。

在大型计算机网络中，从源点到目的地址往往存在多条路径，其中有些路径是安全的，有些路径是不安全的，路由选择控制机制可根据信息发送者的申请选择安全路径，以确保数据安全。

8. 公证机制

利用可信的第三方来保证两个或多个实体之间数据交换的某些性质,包括数据的完整性、源点、终点及收发时间等。这种保证由通信实体信赖的第三方公证人提供。

在可检测方式下,公证人掌握用以确证(可证实)的必要信息。公证机制提供服务还会使用数字签名、加密和完整性服务等。

4.4.3 安全服务与安全机制的关系

ISO 7498-2 标准说明了实现哪类安全服务应该采用哪种(些)安全机制。一般来说,一类安全服务可以通过某种安全机制单独提供,也可以通过多种安全机制联合提供;一种安全机制也可以提供一类或多类安全服务。表 4-1 说明了 OSI 安全服务与安全机制的对应关系。

表 4-1　　　　　　　　　　OSI 安全服务与安全机制的对应关系

安全服务		安全机制							
		加密	数字签名	访问控制	数据完整性	鉴别交换	业务流填充	路由控制	公证
鉴别	对等实体鉴别	√	√	-	-	√	-	-	-
	信源鉴别	√	√	-	-	-	-	-	-
访问控制	访问控制	-	-	√	-	-	-	-	-
数据机密性	连接机密性	√	-	-	-	-	-	√	-
	无连接机密性	√	-	-	-	-	-	√	-
	选择域机密性	√	-	-	-	-	-	-	-
	流量机密性	√	-	-	-	-	√	√	-
数据完整性	具有恢复功能的连接完整性	√	-	-	√	-	-	-	-
	无恢复功能的连接完整性	√	-	-	√	-	-	-	-
	选择域连接的完整性	√	-	-	√	-	-	-	-
	无连接完整性	√	√	-	√	-	-	-	-
	选择域无连接完整性	√	√	-	√	-	-	-	-
抗抵赖性	源点的不可否认性	-	√	-	√	-	-	-	√
	信宿的不可否认性	-	√	-	√	-	-	-	√

【知识拓展】

更多关于《信息处理系统 开放系统互连 基本参考模型 第 2 部分:安全结构》的详细内容,请扫描二维码阅读。

4.5 网络安全技术

网络安全技术是指保障网络系统硬件、软件、数据及服务的安全而采取的技术手段。网络安全技术主要包括以下几个方面。

① 用于防范已知和可能的攻击行为对网络的渗透,防止对网络资源的非授权使用的相关技术。涉及防火墙、实体认证、访问控制、安全隔离、网络病毒与垃圾信息防范、恶意攻击

防范等技术。

② 用于保护两个或两个以上网络的安全互联和数据安全交换的相关技术。涉及虚拟专用网、安全路由器等技术。

③ 用于监控和管理网络运行状态和运行过程安全的相关技术。涉及系统脆弱性检测、安全态势感知、数据分析过滤、攻击检测与报警、审计与追踪、网络取证、决策响应等技术。

④ 用于网络在遭受攻击、发生故障或意外情况下及时进行反应，持续提供网络服务的相关技术。

本节重点介绍密码学基础、身份认证、虚拟专用网络、防火墙技术、入侵检测系统、入侵防御系统、蜜罐与蜜网技术、恶意代码防范技术、计算机病毒防范技术。

4.5.1 密码学基础

加密技术是十分常用的安全保密手段，利用技术手段把重要的数据变为乱码（加密）传送，到达目的地后再用相同或不同的手段还原（解密）。

加密技术包括两个元素，即算法和密钥。算法可将普通的信息或者可以理解的信息与一串数字（密钥）结合以产生不可理解的密文，密钥用来对数据进行编码和解密。在安全保密中，可通过适当的加密技术和管理机制来保证网络的信息通信安全。

密码按其功能特性主要分为 3 类：对称密码（也称为传统密码）、公钥密码（也称为非对称密码）和散列算法。

1. 对称密码算法

对称密码算法也称为单密钥算法，其基本特征是用于加密和解密的密钥相同。对称密码算法常分为分组密码算法和流密码算法，分组密码和流密码的区别在于其输出的每一位数字不是只与相对应（时刻）的输入明文数字有关，而是与长度为 N 的一组明文数字有关。

分组密码是将明文消息编码表示后的数字（简称明文数字）序列，划分成长度为 N 的组（可看成长度为 N 的矢量），每组分别在密钥的控制下变换成等长的输出数字（简称密文数字）序列。分组密码算法是对称密码算法中重要的一类算法，典型的分组密码算法包括 DES、IDEA、AES、RCS、Twofish、CAST-256、MARS 等。

流密码是指利用少量的密钥（制乱元素）通过某种复杂的运算（密码算法）产生大量的伪随机位流，用于对明文位流的加密。解密是指用同样的密钥和密码算法及与加密相同的伪随机位流来还原明文位流。

2. 非对称密码算法

针对传统对称密码体制存在的诸如密钥分配、密钥管理和没有签名功能等方面的局限性，密码学家惠特菲尔德·迪菲（Whitfield Diffie）与马丁·赫尔曼（Martin-Hellman）在 1976 年创新性地提出非对称密码（公钥密码）的概念。与对称密码体制不同，公钥密码体制是建立在数学函数的基础上，而不是基于替代和置换操作。

在公钥密码系统中，加密密钥和解密密钥不同，由加密密钥推导出相应的解密密钥在计算上是不可行的。系统的加密算法和加密密钥可以公开，只有解密密钥保密。用户和其他 N 个人通信，只需获得公开的 N 个加密密钥（公钥），每个通信方保管好自己的解密密钥（私钥）即可，从而大大简化密钥管理工作。同时，公钥密码体制既可用于加密，也可用于数字签名。

迄今为止，人们已经设计出许多公钥密码体制，如基于背包问题的 Merkle-Hellman 背包公钥密码体制、基于整数因子分解问题的 RSA 和 Rabin 公钥密码体制、基于有限域中离散对数问题的 ElGamal 公钥密码体制、基于椭圆曲线上离散对数问题的椭圆曲线公钥密码体制等。

公钥密码算法克服了对称密码算法的缺点，解决了密钥传递的问题，大大减少了密钥持有量，并且提供了对称密码技术无法或很难提供的认证服务（如数字签名）。但其缺点是计算复杂、耗用资源多，并且会导致密文变长。

3. 哈希算法

（1）基本概念

哈希（Hash），也作散列、杂凑，是把任意长度的输入（又叫做预映射 pre-image）通过散列算法变换成固定长度的输出，该输出就是散列值。这种转换是一种压缩映射，也就是，散列值的空间通常远小于输入的空间，不同的输入可能会散列成相同的输出，所以不可能从散列值来确定唯一的输入值。简单地说，哈希就是一种将任意长度的消息压缩到某一固定长度的消息摘要的函数，也称哈希函数或哈希算法。

哈希算法也被称为散列算法，是一个广义的算法，但实际上它更像是一种思想。哈希算法没有一个固定的公式，只要符合散列思想的算法都可以被称为是哈希算法。典型的哈希算法包括 MD2、MD4、MD5 和 SHA-1。

哈希算法具有一个很重要的特点，就是很难找到逆向规律，即相同的输入一定得到相同的输出，不同的输入大概率得到不同的输出。

在密码学领域，使用哈希算法将任意长度的消息压缩成固定长度的哈希值，又称为消息摘要或数字指纹。例如，使用哈希算法做数字签名来保障数据传递的安全性。

（2）数字签名

数字签名就是附加在数据单元上的一些数据，或是对数据单元所进行的密码变换。这种数据或变换允许数据单元的接收者用以确认数据单元的来源和数据单元的完整性并保护数据，防止被人（例如接收者）进行伪造。它是对电子形式的消息进行签名的一种方法，签名消息能在通信网络中传输。

发送报文时，发送方用哈希函数从报文文本中生成报文摘要，然后用发送方的私钥对这个摘要进行加密，这个加密后的摘要将作为报文的数字签名和报文一起发送给接收方，接收方首先用与发送方同样的哈希函数从接收到的原始报文中计算出报文摘要，接着用公钥来对报文附加的数字签名进行解密，将解密后的摘要与计算出来的摘要进行比对，如果这两个摘要相同，那么接收方就能确认该报文是发送方的，其签名验证过程如图 4-6 所示。

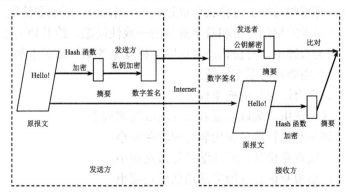

图 4-6 数字签名验证过程示意

数字签名机制作为保障网络信息安全的手段之一，可以解决伪造、抵赖、冒充和篡改问题。数字签名的目的之一就是在网络环境中代替传统的手工签字与印章，有着重要作用。具体来说，数字签名的主要功能包括以下几个方面。

① 防冒充（伪造）。

私有密钥只有签名者自己知道，所以其他人几乎不可能构造出正确的私有密匙。

② 可鉴别身份。

传统的手工签名一般是双方直接见面的，身份一清二楚。在网络环境中，接收方必须能够鉴别发送方所宣称的身份。

③ 防篡改（防破坏信息的完整性）。

对于传统的手工签字，假如要签署一份 200 页的合同，是仅仅在合同末尾签名呢，还是对每一页都签名？如果仅在合同末尾签名，对方会不会偷换其中的几页？而对于数字签名，签名与原有文件已经形成混合的整体数据，不可能被篡改，从而可保证数据的完整性。

④ 防重放。

如在日常生活中，A 向 B 借了钱，同时写了一张借条给 B，当 A 还钱的时候，肯定要向 B 索回他写的借条并撕毁，不然，恐怕 B 会再次用借条要求 A 还钱。在数字签名中，如果采用对签名报文添加流水号、时间戳等技术，可以防止重放攻击。

⑤ 防抵赖。

数字签名可以鉴别身份，几乎不可能冒充、伪造，那么，只要保存好签名的报文，就好似保存好了手工签署的合同文本，也就是保留了证据，签名者就无法抵赖。那如果接收者确已收到对方的签名报文，却抵赖没有收到呢？要预防接收者的抵赖。在数字签名体制中，要求接收者返回一个自己签名的表示收到的报文，给对方或者第三方或者引入第三方机制。如此操作，双方均不可抵赖。

⑥ 机密性（保密性）。

有了机密性保证，截获攻击也就失效了。手工签字的文件（如同文本）是不具备保密性的，文件一旦丢失，其中的信息就极可能泄露。数字签名可以加密要签名的消息，当然，如果签名的报名不要求机密性，也可以不用加密。

4.5.2 身份认证

身份认证是指计算机及网络系统确认操作者身份的过程。身份认证用于鉴别用户身份（比如验证他是谁、他具有哪些特征、有什么可以识别他的东西），限制非法用户访问网络资源。身份认证用于解决访问者的物理身份和数字身份的一致性问题，给其他安全技术提供权限管理的依据。在网络安全系统中，身份认证是保障网络安全的第一道关卡和一道重要的防线。

身份认证系统一般需要具有以下特征。

① 验证者正确识别合法用户的概率极大。

② 攻击者伪装成合法用户骗取验证者信任的成功率极小。

③ 通过重放认证信息进行欺骗和伪装的成功率极小。

④ 计算有效性：实现身份认证的算法计算量足够小。

⑤ 通信有效性：实现身份认证所需的通信量足够小。

⑥ 秘密参数能够安全存储。

⑦ 第三方的可信赖性高。

⑧ 可证明安全性。

根据被认证方证明身份所使用秘密的不同，认证用户身份的方法大体有 3 种，这 3 种方法可以单独使用或联合使用。

1. 用户知道的秘密

用户知道的秘密，如口令、个人识别号（Personal Identification Number，PIN）或密钥等，常见的鉴别和认证方式是个人识别号加上口令。口令系统工作时需要用户的识别号及口令。系统将口令和该用户预存在系统中的口令进行比较，如果口令匹配，用户就被认证并获准访问。在通常情况下，用户名是公开的，因此作为身份唯一标志的口令就显得格外重要。但是，由于这种口令是可以重复使用的，因此攻击者有足够的时间来获取口令。

2. 用户拥有的令牌

用户拥有的令牌，如银行卡或智能卡。用户为了鉴别和认证的目的所拥有的物体称为令牌，令牌包括记忆令牌和智能令牌。记忆令牌存储但不处理信息。对令牌的读写通过专用读写器完成。常见的记忆令牌是磁卡，磁卡表面封装有磁性薄条。在计算机系统中使用记忆令牌进行认证的常见应用是自动提款机。通常，使用智能令牌时还需要用户输入 PIN 用来为智能令牌"解锁"以便使用。这种认证方式是一种双因素的认证方式（PIN＋智能令牌），即使 PIN 或智能令牌被窃取，用户仍不会被冒充。

3. 用户本身的生物特征

用户本身的生物特征包括语音特征、面部特征或指纹等。生物识别认证技术利用个人独一无二的特征（或属性）对人的身份进行识别，这包括生理属性（如指纹、手掌几何形状或视网膜图案）或行为特征（如语音模式和笔迹签署）。生物识别系统可以提升计算机系统的安全性。但是生物识别技术的缺陷源于测量和抽取生物特征的技术的复杂性和生物属性的自然变化，这些特征在某些情况下会发生变化。

上述几种认证方式在应用中存在一定的缺点。当前国内在实际场景中应用较多的是基于 X.509 数字证书的认证技术和为 TCP/IP 网络提供可信第三方鉴别的 Kerberos 协议认证技术。

4. 数字证书

X.509 是 X.500 系列的一部分，X.500 目录中的条目被称为目录信息树（Directory Information Tree，DIT）的树形结构来组织，持有此证书的用户就可以凭此证书访问认证中心（Certificate Authority，CA）的服务器。基于 X.509 证书的认证技术依赖共同信赖的第三方来实现认证，这里可信赖的第三方是指 CA 的认证机构。该认证机构负责证明用户的身份并向用户签发数字证书，主要职责包括证书颁发、证书更新、证书废除、证书和证书撤销列表（Certificate Revocation List，CRL）的公布、证书状态的在线查询、证书认证和制定政策等。

其中，证书颁发主要实现申请者在 CA 的注册中心（Registration Authority，RA）进行注册，申请数字证书。使用此数字证书，通过运用对称和非对称密码体制等密码技术建立一套严密的身份认证系统，从而保证信息除了发送方和接收方外不被其他人窃取、信息在传输过程中不被篡改、发送方能够通过数字证书来确定接收方的身份、发送方对于自己的信息不能抵赖等。

X.509 数字证书就是其中一种被广泛使用的数字证书，是国际电信联盟电信标准化部门（International Telecommunication Union for Telecommunication Standardization Sector，ITU-T）部分标准和国际标准化组织的证书格式标准。它是随 PKI 的形成而新发展起来的安全机制，支持身份的鉴别与识别（认证）、完整性、保密性及不可否认性等服务。

X.509 证书标准文件数据格式如下。

① 版本号——X.509 版本号，这影响证书中包含的信息的类型和格式。

② 证书序列号——证书序列号是赋予证书的唯一整数值，它用于将本证书与同一 CA 颁发的证书区分开来。

③ 签字算法识别符——产生证书算法的识别符。

④ 颁发者名称——签发证书实体的唯一名，通常为某个 CA。

⑤ 有效期——证书仅在有限的时间段内有效。该域表示两个日期的序列，即证书有效期开始的日期及证书有效期结束的日期。

⑥ 主体名称——该域包含与存储在证书的主体公钥信息域的公钥相关联的实体的 DN。

⑦ 主体公钥信息——该域含有与主体相关联的公钥及该公钥用于何种密码算法的算法标识符。

⑧ 颁发者唯一标识符——可选。它包含颁发者的唯一标识符。将该域包括在证书中的目的是处理某个颁发者的名字随时间的流逝而重用的可能。

⑨ 主体唯一标识符——可选。它含有一个主体的唯一标识符。

⑩ 扩充域——该域提供一种将用户或公钥与附加属性关联在一起的方法。

⑪ 签字值——该域中含有颁发证书的 CA 的数字签名。

证书作为各用户公钥的证明文件，必须由可信赖的 CA 用其密钥对各个用户的公钥分别签署，并存放在 X.500 目录中供索取。所有 CA 都以层次结构存在。每个 CA 都有自己的公钥。这个公钥用该 CA 的证书签名后存放于更高一级 CA 所在服务器。root CA 位于顶端，没有上一级节点，故不受此限。

若 A 想获得 B 的公钥，A 可先在目录中查找 B 的 ID，利用 CA 的公钥和 Hash 算法验证 B 的公钥证书的完整性，从而判断公钥是否正确。同样，公钥证书也存在一些缺陷，如公钥证书的签名都存放在其上一级机构所在的服务器中。在使用一个公钥证书前，用户不得不一级一级地核对有关的数字签名。但由于用户不能检查 root CA 的公钥，因而不能确认 root CA 是否被冒名顶替。

另外，用户在使用一个公钥之前，必须核对 CRL，以确认该公钥是否作废。这样即使 CRL 非常安全且高度可用，也难以满足数以百万计的用户的频繁访问。CRL 很容易成为瓶颈，导致用户冒险使用一个未经核对的 CRL 的公钥，给系统的安全带来威胁。同时，用户私钥的管理也会带来问题，就是每个用户必须把私钥存放在计算机中，这也是一个不安全的因素。

4.5.3 虚拟专用网络

虚拟专用网络（Virtual Private Network，VPN）是在公共网络中建立的专用网络，并且数据通过公共网络中的安全"加密信道"传输。节点和节点之间的专用网络所需的端到端物理接口是用来构建一个逻辑上专用的虚拟数据通信网络的。

虚拟专用网络负责将分布在不同位置的用户的各个网络节点连接起来，形成一个地理位置不同、逻辑上却相同的网络，如图 4-7 所示。从图中可以看出其本身并不是一个独立的物理网络，只是向用户提供类似一般专用网络的功能，它能够为用户创建一个基于公用网络基础设施的隧道，以便提供与专用网络一样的数据安全和功能保障。

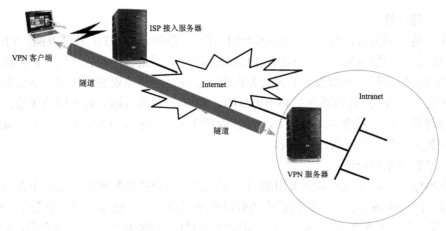

图 4-7　VPN 原理

VPN 属于远程访问技术，简单地说就是利用公用网络架设专用网络。例如某公司员工出差到外地，他想访问企业内网的服务器资源，这种访问就属于远程访问。

1. VPN 的特点

（1）安全保障

虽然实现 VPN 的技术和方式有很多，但所有的 VPN 均应保证通过公用网络平台传输数据的专用性和安全性。在非面向连接的公用 IP 网络上建立一个逻辑的、点对点的连接，称为建立一个隧道，可以利用加密技术对经过隧道传输的数据进行加密，以保证数据仅被指定的发送者和接收者了解，从而保证数据的私有性和安全性。

在安全性方面，VPN 直接构建在公用网上，实现简单、方便、灵活，但同时其安全问题也更为突出。企业必须确保其 VPN 上传送的数据不被攻击者窥视和篡改，并且要防止非法用户对网络资源或私有信息的访问。Extranet VPN 将企业网扩展到合作伙伴和客户，对安全性提出了更高的要求。

（2）服务质量（QoS）

VPN 应当为企业数据提供不同等级的服务质量。不同的用户和业务对服务质量的要求差别较大。例如，移动办公用户，提供广泛的连接和覆盖性是保证 VPN 服务的一个主要因素；而对于拥有众多分支机构的专线 VPN，交互式的内部企业网应用则要求网络能提供良好的稳定性；对于其他应用（如视频等）则对网络提出了更明确的要求，如网络时延及误码率等。所有以上网络应用均要求网络根据需要提供不同等级的服务质量。在网络优化方面，构建 VPN 的另一重要需求是充分、有效地利用有限的广域网资源，为重要数据提供可靠的带宽。

广域网流量的不确定性使其带宽的利用率很低，在流量高峰时引起网络阻塞，产生网络瓶颈，使实时性要求高的数据得不到及时发送；而在流量低谷时又造成大量的网络带宽空闲。QoS 通过流量预测与流量控制策略，可以按照优先级分配带宽资源，实现带宽管理，使得各类数据能够被合理地先后发送，并预防阻塞的发生。

（3）可扩充性和灵活性

VPN 必须能够支持通过 Intranet 和 Extranet 的任何类型的数据流，方便增加新的节点，支持多种类型的传输媒介，可以满足同时传输语音、图像和数据等新应用对高质量传输以及带宽增加的需求。

（4）可管理性

从用户角度和运营商角度应可方便地进行管理、维护。在 VPN 管理方面，VPN 要求企业将其网络管理功能从局域网无缝地延伸到公用网，甚至是客户和合作伙伴。虽然可以将一些次要的网络管理任务交给服务提供商去完成，企业自己仍需要完成许多网络管理任务。所以，一个完善的 VPN 管理系统是必不可少的。VPN 管理的目标为减小网络风险、具有高扩展性、经济性、高可靠性等。事实上，VPN 管理主要包括安全管理、设备管理、配置管理、访问控制列表管理、QoS 管理等内容。

（5）节省费用和资源

公共网络可以同时具有多条专用隧道，可支持多用户的信息传输，能减少各单位专线的租用数量，同时也减少数据传输过程中的辅助设备以及运行的资金支出。企业除了购买 VPN 设备外，仅需向企业所在地的 ISP 支付一定的上网费用，可缩减大笔的专线费用，这就是 VPN 价格低廉的原因。

2. VPN 的基本技术

虚拟专用网络主要采用 4 项技术来保证安全，这 4 项技术分别是隧道（Tunneling）技术、加解密（Encryption & Decryption）技术、密钥管理（Key Management）技术、使用者与设备身份认证（Authentication）技术。

（1）隧道技术

隧道技术是 VPN 以及移动 IP 等实现的技术基础。它利用互联网络的基础设施，通过对数据进行封装，在公用网络中建立一条虚拟链路（即隧道），让数据包通过该隧道进行传输。为了建立隧道，隧道两端的通信方（一般角色为客户端和服务器）必须使用相同的隧道协议。创建隧道的协议可分为两种，即第 2 层隧道协议或第 3 层隧道协议。

第 2 层隧道协议对应于 OSI 模型中的数据链路层，使用帧作为数据交换单位，它主要应用于构建拨号 VPN（Access VPN）。先把数据封装到点对点协议（Point-to-Point Protocol，PPP）帧中，再把整个数据包装入隧道协议中，这种经过两层封装方法形成的数据包由第二层协议进行传输。典型的第 2 层隧道协议有点对点隧道协议（Point-to-Point Tunneling Protocol，PPTP）、第 2 层隧道协议（Layer 2 Tunneling Protocol，L2TP）、第 2 层转发协议（Level 2 Forwarding Protocol，L2FP）等。

第 3 层隧道协议对应于 OSI 模型中的网络层，使用包作为数据交换单位，它主要应用于构建内联网 VPN（Intranet VPN）和外联网 VPN（Extranet VPN）。典型的第 3 层隧道协议有 IP 安全协议（IPsec，实际是一套协议包）、通用路由封装（Generic Routing Encapsulation，GRE）协议，它们都是把各种网络协议直接装入隧道协议中，形成的数据包依靠第 3 层协议进行传输。

（2）加解密技术

虚拟专用网络建立在公用数据网络上，为确保私有信息在传输过程中不被其他人浏览、窃取或篡改，所有的数据包在传送之前要进行加密或保密处理。

目前在 VPN 的通信过程中主要使用对称加解密技术，而非对称加解密技术主要用来完成身份认证和密钥协商过程。

（3）密钥管理技术

密钥管理技术的主要任务是如何在公共网络上安全地传递密钥而不被窃取。VPN 中使用的密钥管理技术又分为互联网简单密钥管理（Simple Key-Management for Internet Protocols，SKIP）与互联网安全关联和密钥管理协议（Internet Security Association and Key Management Protocol，ISAKMP）两种。

SKIP 主要是利用 Diffie-Hellman 密钥交换算法在网络上传输密钥。在 ISAKMP 中，双方都有两把密钥，分别用于公用、私用。要破解加密后的数据包，必须先破解加密所用的密钥。

为安全起见，目前通常使用一次性密钥技术，即对于一次指定会话，通信双方需为此次会话协商加解密密钥后才建立安全隧道。此外，有些 VPN 产品还能在一次会话中使用多个密钥，它可以根据会话时间或传输的数据量为标准来重新协商并使用新密钥。

（4）使用者与设备身份认证技术

鉴别试图接入专用网络的用户，并且保证用户有适当的访问权限，采用身份认证技术以确保传输过程的安全，这是 VPN 需要解决的首要问题。

错误的身份认证将导致整个 VPN 的失效，不管 VPN 内其他安全设施有多严密。辨认合法使用者的方法有很多，常用的是用户名和密码。但这种方式显然不能提供足够的安全保障，对于设备更安全的认证方法通常是通过数字证书来完成。设备间建立隧道前，须先确认彼此的身份，接着出示彼此的数字证书，双方分别对对方证书进行验证。如果验证通过，才开始协商建立隧道，反之，则拒绝协商。

3. VPN 的应用范围

VPN 主要是远程访问和网络互联的廉价、安全、可靠的解决方案，帮助远程用户、公司分支机构、商业伙伴及供应商与企业内部网建立可信的安全连接，并保证数据的安全传输。VPN 既是一种组网技术，也是一种网络安全技术，它主要应用在以下几种场景中。

① 已经通过专线连接实现广域网的企业，由于增加业务，带宽已不能满足业务需要，因此需要经济可靠的升级方案。

② 企业的用户和分支机构分布范围广、距离远，需要扩展企业网，实现远程访问和局域网互联，典型的是跨国企业、跨地区企业。例如，某大型企业的总部在上海，分公司设在北京、武汉、成都，为了实现总部与其他 3 个分支机构以及出差人员之间的信息资源共享，方便远程协作办公，统一管理，采用的是图 4-8 所示的虚拟网技术解决方案。

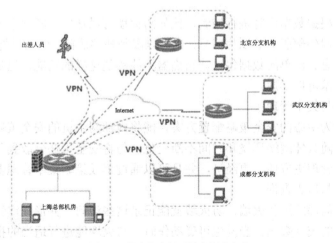

图 4-8　某企业虚拟网技术解决方案

③ 分支机构、远程用户、合作伙伴多的企业，需要扩展企业网，实现远程访问和局域网互联。

④ 关键业务多且对通信线路保密和可用性要求高的用户，如银行、证券公司、保险公司等。

4.5.4 防火墙技术

1. 防火墙基本概念

防火墙（Firewall），也称防护墙，由 Check Point 的创立者吉尔·舍伍德（Gil Shwed）于 1993 年发明并引入国际互联网。它是由计算机硬件和软件组成的系统，部署于网络边界，是内部网络和外部网络的连接桥梁，同时对进出网络边界的数据进行保护，防止恶意入侵、恶意代码的传播等，保障内部网络数据的安全。

防火墙技术是建立在网络技术和信息安全技术基础上的应用性安全技术，几乎所有的企业内部网络与外部网络（如互联网）相连接的边界都会放置防火墙，防火墙能够起到安全过滤和安全隔离外网攻击、入侵等有害的网络行为。

2. 防火墙的主要功能

防火墙是网络安全的一个屏障，它在逻辑上是一个分离器、限制器、分析器。防火墙能够有效地监视和记录有关内部网和外部网之间的几乎任何网络活动，包括网络连接来源、服务器提供的通信量以及试图闯入者的活动，以方便系统管理员的监测和跟踪，并根据安全策略有效地阻断攻击，保证内部网的安全。依据安全策略允许安全的连接通过，阻止其他不允许的连接。其功能主要有以下几点。

（1）访问控制

访问控制是防火墙十分基本也是非常重要的功能。其通过禁止或允许特定用户访问特定的资源，保护网络的内部资源和数据。要禁止非授权的访问，防火墙需要识别哪个用户可以访问何种资源。通过设置防火墙的过滤规则，可以实现对通过防火墙的数据流的访问控制。防火墙（作为阻塞点、控制点）能极大地提高内部网的安全性，并通过过滤不安全的用户与服务来降低网络安全风险。

（2）内容控制

内容控制是指根据数据内容进行控制，比如防火墙可以从电子邮件中过滤垃圾邮件，可以过滤内部用户访问外部服务的图片信息，也可以限制外部访问，使之只能访问本地 Web 服务器中的一部分信息。简单的数据包过滤路由器不能实现这样的功能，但是代理服务器和先进的数据包过滤技术可以实现。

（3）安全策略与集中管理

通过以防火墙为中心的安全策略配置方案，能将内部网主机的安全策略集中配置在防火端上。安全策略会随具体网络环境和时间不断变化，与将安全策略分散到各个主机上相比，防火墙的集中安全管理更方便、更经济，并且可以通过集成策略集中管理多个防火墙。

（4）访问审计与日志查询

如果所有的访问都经过防火墙，防火墙就能记录这些访问，并形成审计日志，同时也能提供网络使用情况的统计数据。当发生可疑动作时，防火墙能进行适当的报警，并提供网络是否受到监测和攻击的详细信息。

另外，收集网络的使用和误用情况也是非常重要的，可以使用统计学方法对网络进行需求分析和威胁分析，从而了解防火墙是否能够抵挡攻击者的探测和攻击。日志需要有全面的记录和可方便地被查询，一旦网络发生入侵或者遭到破坏，就可以对日志进行审计和查询。

（5）防止内部信息的外泄

利用防火墙对内部网进行划分，可实现内部网重点网段的隔离。除此之外，一个内部网中不引人注意的细节，可能包含有关安全的线索，而引起外部攻击者的兴趣，甚至暴露内部网的某些安全漏洞，使用防火墙就可以防止内部一些信息的外泄。

（6）网络地址转换

网络地址转换（Network Address Translation，NAT）主要有两种类型：源网络地址转换（Source NAT，SNAT）与目的网络地址转换（Destination NAT，DNAT）。网络地址转换是指将一个 IP 地址域映射到另一个 IP 地址域，透明地对所有内部地址做转换，使外部网无法了解内部网的结构。

在防火墙上实现 NAT 后，可以隐藏受保护网络的内部结构，在一定程度上提高网络的安全性。NAT 常用于私有地址域与公有地址域的转换，以解决 IP 地址匮乏问题，源网络地址转换既可以解决 IP 地址短缺的问题，又可以对外屏蔽内部网结构，增加安全性。目的网络地址转换的一个例子就是网络代理功能。

（7）流量控制

针对不同的用户限制不同的流量，可以合理使用带宽资源。

（8）应用代理

代理功能是应用网关防火墙的主要功能。一般有两种形式的代理功能，即透明代理与传统代理。透明代理可以直接转发受保护网络客户主机的请求，不需要客户主机软件进行相应的设置，对用户保持透明。传统代理则需要客户软件进行必要的设置，最基本的就是要把代理服务器的地址告诉客户软件。

（9）VPN

企业级的防火墙一般都带 VPN 功能。VPN 利用数据封装和加密技术，使本来只能在私有网络上传送的数据能够通过公共网络进行传输。随着企业的分布范围越来越广，跨地区的企业网络也越来越多，如果企业的每个部分之间都采用专线连接，则价格太昂贵。因此大部分企业都采用 VPN。

（10）杀毒

一般都通过杀毒插件或与杀毒软件的联动来实现。

（11）与入侵检测联动

目前实现这一功能的产品也有逐渐增多的趋势，有的是在防火墙内部集成部分入侵检测功能，有的是与入侵检测系统进行联动。

3. 防火墙的局限性

虽然防火墙在保障网络安全方面有着显著的作用，但它也不是完美无缺的。防火墙的不足之处主要体现在以下几个方面。

（1）限制有用的网络服务

防火墙为了提高被保护网络的安全性，会限制或关闭很多有用但存在安全缺陷的网络服务。由于绝大多数网络服务在设计之初，可能没有考虑安全性，只考虑使用的方便性和资源共享性，所以几乎都存在安全问题。如果防火墙过度地限制网络服务，则等于从一个极端走向另外一个极端。

（2）无法防护内部网用户的攻击

目前防火墙只提供对外部网用户攻击的防护，对来自内部网用户的攻击只能依靠内部网主机系统的安全性。防火墙无法禁止公司内部存在的间谍将敏感数据复制到磁盘上，并将其带出公司。防火墙对内部网用户来讲防护措施比较薄弱，目前只有采用用户认证或多层防火墙系统。

（3）无法防范通过防火墙以外的其他途径的攻击

例如，在一个被保护的网络上有一个没有限制的拨号存在，内部网上的用户就可以直接通过 SLIP/PPP（串行线路互联网协议/点对点协议）连接进入互联网，从而试图绕过由精心构造的防火墙提供的安全系统，这就为从后门攻击创造了极大的可能。

（4）不能完全防止传送已感染病毒的软件或文件

这是因为病毒的类型太多，操作系统也有多种，编码与压缩二进制文件的方法也各不相同，所以不能期望防火墙对每一个文件进行扫描，查出潜在的病毒。对病毒特别关心的机构应在每个桌面部署防病毒软件，防止病毒从软盘或其他来源进入网络系统。

（5）无法防范数据驱动型攻击

数据驱动型攻击从表面上看是无害的数据被邮寄或复制到互联网主机上，且一旦执行就开始攻击。例如，一个数据驱动型攻击可能导致主机修改与安全相关的文件，使得攻击者很容易获得系统的访问权。在堡垒主机上部署代理服务器是禁止从外部直接产生网络连接的较佳方式，并能减少数据驱动型攻击的威胁。

（6）不能防备新的网络安全问题

防火墙是一种被动式的静态防护手段，它只能对现在已知的网络威胁起作用，随着网络攻击手段的不断更新和一些新的网络应用的出现，不可能靠一次性的防火墙设置来解决"永远"的网络安全问题。

4. 防火墙的性能指标

防火墙的性能指标主要包括吞吐量（throughput）、延迟（latency）、新建连接速率、并发连接数、丢包率、背对背等。

（1）吞吐量

吞吐量是指防火墙在不丢失数据包的情况下能达到的最大的转发数据包的速率。这个指标反映防火墙转发包的能力，对网络的性能影响很大。吞吐量是防火墙性能中的一项非常重要的指标，如果防火墙的吞吐量指标太低就会造成网络瓶颈，影响网络的性能。

设备吞吐量越高，所能提供给用户使用的带宽越大。就像木桶原理所描述的，网络的最大吞吐取决于网络中的最低吞吐量设备，足够的吞吐量可以保证防火墙不会成为网络的瓶颈。举一个形象的例子，一台防火墙下面有 100 个用户同时上网，每个用户分配的是 10Mbit/s 的带宽，那么这台防火墙如果想要保证所有用户全速的网络体验，必须要有至少 1Gbit/s 的吞吐量。

防火墙的吞吐量可以通过仪器（比如 Smartbits 6000B 测试仪、NuStreams 测试仪等）进行测试。仪器以最大速率发包，直至防火墙出现首次丢包。

（2）延迟

延迟是系统处理数据包所需的时间。防火墙延迟测试指的就是计算它的存储转发

（Store and Forward）时间，即从接收到数据包开始，处理完并转发出去所用的全部时间。这个指标能够衡量防火墙处理数据的快慢。

在一个网络中，如果我们访问某一台服务器，通常不是直接到达，而是经过大量的路由交换设备。每经过一台设备，就像我们在高速公路上经过收费站一样都会耗费一定的时间，一旦在某一个点耗费的时间过长，就会对整个网络的访问造成影响。如果防火墙的延迟很低，用户就几乎完全不会感觉到它的存在，网络访问的效率就高。

延迟的单位通常是μs（微秒），一台高效率防火墙的延迟通常会在 100μs 以内。延迟通常是建立在测试完吞吐量的基础上进行的测试。测试延迟之前需要先测出每个包长下吞吐量的大小，然后使用每个包长的吞吐量结果的 90%～100% 作为延迟测试的流量大小。

一般延迟的测试要求不能够有任何的丢包。因为如果丢包，会造成延迟非常大，结果不准确。测试时一般使用最大吞吐量的 95% 或者 90% 进行测试。测试结果包括最大延迟、最小延迟、平均延迟，一般记录平均延迟。延迟也可以通过 Smartbits 等测试仪测出。

（3）新建连接速率

新建连接速率是指在每秒以内防火墙所能够处理的 HTTP 新建连接请求的数量。用户每打开一个网页，访问一个服务器，在防火墙看来会是一个甚至多个新建连接。一台设备的新建连接速率越高，就可以同时给更多的用户提供网络访问。

比如设备的新建连接速率是 10 000，那么如果有 10 000 人同时上网，那么所有的请求都可以在一秒以内完成，如果有 11 000 人上网，那么前 10 000 人的请求可以在第一秒内完成，后 1 000 人的请求需要在下一秒才能完成。所以，新建连接速率高的设备可以提供给更多人同时上网，提升用户的体验。

为了更接近实际用户的情况，新建连接速率通常会采用 HTTP 来进行测试，测试结果以连接/秒（connections per second）作为单位。防火墙是基于会话的机制来处理数据包的，每一个数据包经过防火墙都要有相应的会话来对应。会话的建立速度就是防火墙对于新建连接的处理速度。

新建连接的测试采用 4～7 层网络测试仪来进行，模拟真实用户和服务器之间的 HTTP 交互过程：首先建立 3 次握手，然后用户到 HTTP 服务器去获得一个页面，最后采用 3 次握手或者 4 次握手关闭连接。测试仪通过持续地模拟每秒大量用户连接去访问服务器以测试防火墙的最大极限新建连接速率。

（4）并发连接数

并发连接数就是指防火墙最大能够同时处理的连接会话数量。并发连接数指的是防火墙设备最大能够维护的连接数的数量，这个指标越大，在一段时间内所能够允许同时上网的用户数越多。随着 Web 应用复杂化及 P2P 类程序的广泛应用，每个用户所产生的连接越来越多，甚至一个用户的连接数就有可能上千；如果用户的计算机感染了木马或者蠕虫，更会产生上万个连接。所以显而易见，几十万的并发连接数已经不能够满足网络的需求了，目前主流的防火墙都要求能够达到几十万，甚至上千万的并发连接数以满足一定规模的用户需求。

为了更接近实际用户的情况，并发连接数通常会采用 HTTP 来进行测试。其单位是一个容量单位，而不是速度单位。测试结果以连接（connections）作为单位。基本测试的方法和 HTTP 新建连接速率的测试方法基本一致，主要的区别在于新建连接测试会立刻拆除建立的连接，而并发连接数测试不会拆除连接，所有已经建立的连接会保持住直至达到设备的极限。

（5）丢包率

丢包率是指在连续负载的情况下，防火墙设备由于资源不足应转发但却未转发的帧所占的百分比。它是衡量防火墙设备稳定性和可靠性的重要指标。丢包率也可以通过 Smartbits 等测试仪测出。

（6）背对背

背对背是指从空闲状态开始，以达到传输介质最小合法间隔极限的传输速率发送相当数量的固定长度的帧，当出现第一个帧丢失时所发送的帧数。

背对背的测试结果能够反映防火墙设备的缓存能力、对网络突发数据流量的处理能力。

4.5.5 入侵检测系统

1. 入侵检测的基本概念

在信息技术领域中，入侵是指未经授权蓄意尝试访问信息、篡改信息，使系统不可靠或不能使用，或者是指有关试图破坏资源的完整性、机密性及可用性的活动集合。入侵检测是指通过对行为、安全日志、审计数据或其他网络上可以获取的信息进行分析，对系统的闯入或闯出的行为进行检测的技术，它是一种积极主动的安全防护技术，不仅可以检测来自外部的攻击，同时可以监控内部用户的非授权行为。

入侵检测系统（Intrusion Detection System，IDS）则是指通过收集和分析网络行为、安全日志、审计数据、其他网络上可以获得的信息以及计算机系统中若干关键点的信息，检查网络或系统中是否存在违反安全策略的行为和被攻击的迹象的系统。其主要作用是对企图入侵、正在进行的入侵或已经发生的入侵行为进行识别，检测对计算机系统的非授权访问，监视系统运行状态，发现各种攻击企图、攻击行为，保证资源的保密性、完整性和可用性，识别针对计算机系统和网络系统的非法攻击。

2. 入侵检测系统的功能

入侵检测系统是对防火墙技术的补充，并被认为是防火墙之后的第二道安全闸门。在不影响网络性能的情况下能对网络进行监测，从而提供对内部攻击、外部攻击和误操作的实时监控和动态保护，可大大提高网络的安全性。入侵检测系统主要功能体现在以下 3 个方面。

① 事前警告：入侵检测系统能够在入侵攻击对网络系统造成危害前，及时检测入侵攻击的发生，并进行报警。

② 事中防御：入侵攻击发生时，入侵检测系统可以通过与防火墙联动、TCP Killer 等方式进行报警及动态防御。

③ 事后取证：被入侵攻击后，入侵检测系统可以提供详细的攻击信息，便于取证分析。

3. 入侵检测系统组成

因特网工程任务组（Internet Engineering Task Force，IETF）下属的入侵检测工作组（Intrusion Detection Working Group，IDWG）提出的公共入侵检测框架（Common Intrusion Detection Framework，CIDF）。一个基于该框架的通用入侵检测系统模型分为事件产生器（Event Generators）、事件分析器（Event Analyzers）、响应单元（Response Units）和事件数据库（Event Databases）4 个组件，如图 4-9 所示。

（1）事件产生器

事件产生器的作用是从整个计算环境中获得事件，并向系统的其他部分提供此事件。

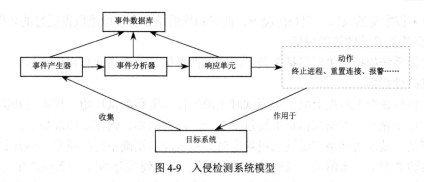

图 4-9　入侵检测系统模型

（2）事件分析器

事件分析器分析得到的数据，并产生分析结果。

（3）响应单元

响应单元则是对分析结果做出反应的功能单元，它可以做出切断连接、改变文件属性等强烈反应，也可以只是简单的报警。

（4）事件数据库

事件数据库是存放各种中间和最终数据的地方的统称，它可以是复杂的数据库，也可以是简单的文本文件。

4. 入侵检测原理

入侵检测原理主要分为异常检测和误用检测两种。

（1）异常检测

异常检测技术又称为基本行为的入侵检测技术，用来识别主机或网络中的异常行为。它假设攻击与正常的（合法的）行为有明显的差异。系统首先对主机或网络中的事件行为进行统计分析，建立正常行为模型，并定义正常行为判断的阈值。检测时，将系统检测到的行为与预定义的正常行为比较，得出是否有被攻击的迹象。

这种检测方法的优点是可以检测到未知的入侵行为和复杂的入侵行为；缺点是只能识别出那些与正常行为有较大偏差的行为，而无法知道具体的入侵情况。因为正常行为模型相对固定，所以异常检测方法对网络环境的适应性不强，误报的情况比较多，且不适应用户正常行为的突然改变。

（2）误用检测

误用检测技术又称为基于知识的检测技术和特征检测技术。它假定所有入侵行为及其变种都能够表达为一种模式或特征。系统首先将所有入侵行为及其变种表达为确定的模式或特征，建立一个入侵模式（特征）库。检测时，主要通过判别网络中所检测到的事件的数据特征是否在所收集到的入侵模式库中出现而判定是否是入侵行为。

误用检测方法能够准确地检测到某些特征的攻击，但却过度依赖事先定义好的安全策略，所以无法检测系统未知的攻击行为，漏报的情况比较多。为了提高检测的准确率，必须不断更新入侵模式库，以对付不断出现的黑客攻击手法。

两种检测技术的方法所得出的结论有非常大的差异。误用检测方法的核心是维护一个入侵模式库。对于已知的攻击，它可以详细、准确地报告出攻击类型，但是对未知攻击却效果有限，而且入侵模式库必须不断更新。异常检测模式则无法准确判别出攻击的手法，但它可以判别更广泛，甚至未被发觉的攻击。理想情况下，两者相应的结合会使检测取得更好的效果。

5．入侵检测系统的性能指标

入侵检测系统的指标主要包括 3 类，即准确性指标、效率指标和系统指标。

（1）准确性指标

准确性指标在很大程度上取决于测试时采用的样本集和测试环境。样本集和测试环境不同，准确性也不相同。准确性指标主要包括 3 个，即检测率、误报率和漏报率。

检测率是指被监视网络在受到入侵攻击时，系统能够正确报警的概率。通常利用已知入侵攻击的实验数据集合来测试系统的检测率。检测率=入侵报警的数量/入侵攻击的数量。

误报率是指系统把正常行为作为入侵攻击而进行报警的概率和把一种已知的攻击错误报告为另一种攻击的概率。误报率=错误报警数量/（总体正常行为样本数量+总体攻击样本数量）。

漏报率是指被检测网络受到入侵攻击时，系统不能正确报警的概率。通常利用已知入侵攻击的实验数据集合来测试系统的漏报率。漏报率=不能报警的数量/入侵攻击的数量。

（2）效率指标

效率指标根据用户系统的实际需求，以保证检测质量为准；同时取决于不同的设备级别，如百兆网络入侵检测系统和千兆网络入侵检测系统的效率指标一定有很大差别。效率指标主要包括最大处理能力、每秒并发 TCP 会话数、最大并发 TCP 会话数等。

最大处理能力是指网络入侵检测系统在检测率下系统没有漏警的最大处理能力。其目的是验证系统在检测率下能够正常报警的最大流量。

每秒并发 TCP 会话数是指网络入侵检测系统每秒最大可以增加的 TCP 连接数。

最大并发 TCP 会话数是指网络入侵检测系统最大可以同时支持的 TCP 连接数。

（3）系统指标

系统指标主要表征系统本身运行的稳定性和使用的方便性。系统指标主要包括最大规则数、平均无故障间隔等。

最大规则数是指系统允许配置的入侵检测规则条目的最大数目。平均无故障间隔是指系统无故障连续工作的时间。

由于网络入侵检测系统是软件与硬件的组合，因此性能指标同样取决于软硬件两方面的因素。软件因素主要包括数据重组效率、入侵分析算法、行为特征库等。硬件因素主要包括 CPU 处理能力、内存大小、网卡质量等。因此，在考虑性能指标时一定要结合网络入侵检测系统的软件和硬件情况。

此外，由于网络安全的要求在提高，黑客攻击技术、漏洞发现技术和入侵检测技术在发展，因此网络入侵检测系统的升级管理功能也是重要的指标之一。用户应当及时获得升级的入侵特征库或升级的软件版本，以保证网络入侵检测系统的有效性。

4.5.6 入侵防御系统

1．入侵防御系统的基本概念

入侵防御系统（Intrusion Prevention System，IPS）是指能检测并阻止已知和未知攻击的内嵌硬件设备或软件系统，是一种主动的、积极的入侵防范技术，是对防病毒软件和防火墙的补充。

IPS 能够起到关卡的作用，所有去往关键网段的数据包或网络流量，必须通过 IPS 的检查。因此，攻击数据流在到达目标之前，会被 IPS 识别出来，而且 IPS 能够立即采取行动，丢弃或阻断网络数据包，从而达到防御的目的。

2．IDS、防火墙和 IPS 的关系

IPS 由 IDS 发展而来，但是仍然和 IDS 有较大差别。这是由它们在网络中的部署特点决定的。IPS 在网络中以在线（in-line）形式安装在被保护网络的入口上，它能够控制所有流经的网络数据。而 IDS 以旁路形式安装在网络入口处，甚至安装在某些共享式网络内。

IDS 在网络中处于旁路地位，这决定了它从本质上无法阻断外来的恶意攻击请求，只能通过某些手段如发送 TCP RST 报文来干扰攻击的进行。但是，这种干扰手段的效果非常有限，只对很少需要保持一定时间连接的攻击能够起作用。

IPS 吸取了防火墙的特点，它与防火墙一样以在线形式部署在网络入口处。网络数据报文在流经 IPS 时，IPS 在线决定报文的处理方式，即转发或者丢弃，进出网络的数据报文都要经过 IPS 的深层检查，从而达到防御的目的。

IPS 包含防火墙和入侵检测两大功能模块。从功能上讲，IPS 是传统防火墙和入侵检测系统的组合，它对入侵检测模块的检测结果进行动态响应，将检测出的攻击行为在位于网络出入口的防火墙模块上进行阻断。然而，IPS 并不是防火墙和入侵检测系统的简单组合，它是一种有取舍地吸取了防火墙和入侵检测系统功能的新产品，其目的是为网络提供深层次的、有效的安全防护。

IPS 的防火墙功能比较简单，它串联在网络上，主要起对攻击行为进行阻断的作用；IPS 的检测功能类似于入侵检测系统，但 IPS 检测到攻击后会采取行动阻止攻击，可以说 IPS 是基于入侵检测系统的、是一种建立在入侵检测系统基础上的新生网络安全产品。

IPS 对网络攻击的防御主要采用简单的阻断操作，其防御目标限定于主动性质的攻击行为。因此可以认为 IPS 的概念不应仅限于对主动攻击进行阻断，而应当能够对流经的网络数据进行修改，将有害信息过滤或者修改为正确的信息，起到拨乱反正的作用，才能从更深层次上保证网络的安全。在扩展后的 IPS 模型中，将在防火墙模块和入侵检测模块之外再增加一个内容过滤模块，对流经的网络数据进行过滤或修改。

3．入侵防御系统的局限性

现有的 IPS 技术在防火墙和入侵检测基础上带来改进和方便的同时，也存在着一些局限性。

（1）误报率问题

IPS 检测到攻击后会丢弃数据包，这样有可能出现误报，将合法数据包误认为非法数据包直接丢弃，给正常的网络应用带来比较严重的影响。要在实际环境中应用 IPS，必须提高 IPS 的检测准确率，将误报率减少到一个可容忍的范围内。

（2）检测率问题

IPS 处于数据包的转发通道内，对数据包的检测处理会加大数据包转发的延迟，这种延迟的影响在需要对多个数据包进行重组或进行协议分析时会变得更加明显。因此，还必须提高 IPS 的处理能力及检测效率，将数据包转发延迟减小到用户能够接受的大小。

（3）内部网攻击问题

IPS 的隔离和保护功能不够足够强大，导致它不能够有效地处理来自内部网的攻击。而网络上很大一部分的网络攻击是来自内部网的。

4.5.7 蜜罐与蜜网技术

1. 蜜罐技术

蜜罐（honey pot）技术是一种主动防御技术，是入侵检测技术的一个重要发展方向。蜜罐是"掩人耳目"的系统，是一个包含漏洞的诱骗系统，它通过模拟一个或多个易受攻击的主机，给黑客或攻击者提供容易攻击的目标。下面将介绍蜜罐技术的主要功能、基本类型和部署位置。

（1）主要功能

蜜罐技术的主要功能有 3 种。

① 转移攻击者对重要系统的访问与攻击。

② 收集有关攻击者活动的信息，为入侵取证提供重要的信息和有用的线索，并使之成为入侵的有利证据。

③ 引诱攻击者在蜜罐上浪费时间，以便管理员对此攻击做出响应，从而使目标系统得到保护。

蜜罐技术本质上是一种对攻击方进行欺骗的技术，任何对蜜罐的访问都是可疑的。通过布置一些作为诱饵的主机、网络服务或者信息，诱使攻击方对它们实施攻击，从而可以对攻击行为进行捕获和分析，了解攻击方所使用的工具与方法，推测攻击意图和动机，能够让防御方清晰地了解自己所面对的安全威胁，并通过技术和管理手段来增强实际系统的安全防护能力。

蜜罐是一种没有产出的资源。网络中任何人与蜜罐进行交互都没有合法的理由。因为，任何与蜜罐系统通信的尝试很可能是探测、扫描或攻击。相反地，如果一个蜜罐发起对外的通信，则系统可能已被破坏。

设置蜜罐并不难，只要在外部互联网上有一台计算机运行没有打上补丁的微软 Windows或者 Red Hat Linux 即可。因为黑客可能会设陷阱，以获取计算机的日志和审查功能，只要在计算机和互联网之间安置一套网络监控系统，以便悄悄记录下进出计算机的所有流量，然后坐下来，等待攻击者"自投罗网"即可。

（2）基本类型

蜜罐技术有两种基本的类型。

① 高交互性蜜罐：设置一个带有完整操作系统、服务以及应用程序的真实系统，部署在黑客能够访问的地方，引诱黑客攻击。

② 低交互性蜜罐：模拟一个生产系统，提供一种真实的初级交互，只能提供所模拟系统的部分功能。

（3）部署位置

蜜罐可以部署在各种位置，如图 4-10所示。位置不同其所起的作用不同。

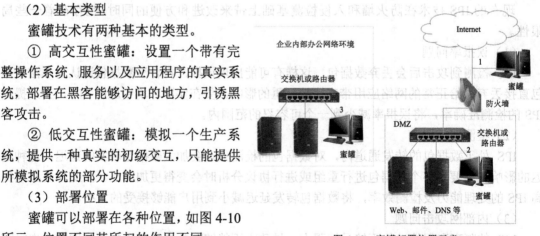

图 4-10　蜜罐部署位置示意

① 外部防火墙之外（位置1）。

外部防火墙之外的蜜罐对于跟踪试图连接到网络范围内未使用的 IP 地址时非常有用。在此位置的蜜罐不会增加内部网络的风险，它可避免在防火墙后的系统遭受危险。而且，由于蜜罐吸引了许多潜在的攻击，因此它可减少由防火墙和内部 IDS 传感器引发的警报，减轻管理负担。外部蜜罐的缺点是它捕获内部攻击者的能力非常有限，特别是当外部防火墙在两个方向上过滤通信流量时。

② 非军事区（位置2）。

网络的外部可用服务（如 Web、邮件和 DNS 等）通常被称为非军事区（Demilitarized Zone，DMZ），是放置蜜罐的另一个候选位置。安全管理员必须确保蜜罐产生的任何活动对 DMZ 中的其他系统是安全的。此位置的一个缺点是，典型的 DMZ 是无法被完全访问的，防火墙通常会阻止试图到 DMZ 中访问不需要的服务的流量。因此，防火墙要么不得不打开在其允许之外的流量（尽管这是很危险的），要么限制蜜罐的有效性。

③ 完全内部蜜罐（位置3）。

其重要的优点是可以捕获内部攻击，可以检测到错误配置的防火墙，其转发从 Internet 到内部网络本不允许的通信量。但是，它有一个严重的缺点：如果蜜罐被破坏，它便可以被利用来攻击内部的其他系统。任何从 Internet 到攻击者的更多通信量不会被防火墙阻止，因为它被认为仅是到蜜罐的通信量。这个蜜罐位置的另一个缺点是，与位置2一样，防火墙必须调整过滤器以允许到蜜罐的通信量，这样使防火墙配置复杂化并可能导致内部网络潜在的破坏。

由此可见，设置蜜罐还是存在安全风险。这是因为，大部分安全遭到危及的蜜罐系统会被黑客用来攻击其他系统。这就是下游责任，由此引出了蜜网（honey net）这一话题。

2. 蜜网技术

当多个蜜罐被网络连接在一起时模拟一个大型网络，并利用其中一部分主机吸引黑客入侵，通过监测、观察入侵过程，一方面调查攻击者的来源，另一方面考察用于防护的安全措施是否有效。这种由多个蜜罐组成的模拟网络就称为蜜网。

当一个攻击者试图侵入蜜网时，入侵检测系统会触发一个报警，一个隐藏的记录器会记录攻击者的一切活动；当攻击者试图从蜜网中转向真实主机时，一个单独的防火墙会随时把主机从 Internet 上断开。

对蜜罐与蜜网的所有流量都要进行分析与质疑，因为蜜罐与蜜网毕竟是一种设计出来的虚拟网络，从中收集信息是为了分析与修补真实网络中存在的漏洞。蜜罐与蜜网技术将成为网络安全的重要组成部分。

如果蜜罐被设计从互联网来访问，可能会有一个风险，创建非信任站点列表的外部监控组织可能会报告组织的系统是脆弱的，因为其不知道这个脆弱性是属于蜜罐而不是系统自身。这个问题可能会造成公众影响组织的声誉，因此，在互联网上实施一个蜜罐之前应仔细判断是否要这样做。

3. 传统安全设备与蜜罐能力对比分析

传统安全设备主要包括防火墙、Web 应用防火墙、IDS、IPS。

（1）防火墙

防火墙是第一道安全闸门，能过滤一些攻击流量，是网络安全中不可或缺的角色。随着攻击技术的发展，防火墙自身也有其局限性，无法应对复杂规则，难以抵御病毒攻击，阻断不了恶意代码，针对高层的合理访问攻击无有效手段，对内部的攻击也无能为力。

（2）Web 应用防火墙

Web 应用防火墙（Web Application Firewall，WAF）是通过执行一系列针对 HTTP/HTTPS 的安全策略来专门为 Web 应用提供保护的产品，主要用于防御针对网络应用层的攻击，像 SQL 注入、跨站脚本攻击、参数篡改、应用平台漏洞攻击、拒绝服务攻击等。WAF 的出现解决了传统防火墙无法解决的针对应用层的攻击问题。

其缺点是存在被绕过的可能，并且对于加密传输的数据，通过服务器进行解密的危险代码，基本上都是在 WAF 的过滤规则之外的。

（3）IDS

IDS 是防火墙之后的第二道安全闸门，IDS 能对试图闯入或已经闯入系统的行为进行监测并告警。但 IDS 也仅能产生报警作用，并不能真正地阻断攻击。除此之外，还会产生很多误报和漏报信息。因为其检测标准依据是规则库，若不及时更新规则库，将会漏报新型攻击。

（4）IPS

IPS 是对防病毒软件和防火墙的补充。IPS 同时具备检测和防御功能，不仅能检测已知攻击，还能阻止攻击，做到检测和防御兼顾。但是 IPS 也会存在误报、漏报，甚至单点故障、性能瓶颈的风险。

传统安全设备与蜜罐能力的对比如下。

蜜罐的价值在于对已经进入内部网的攻击行为的监控。因其具有诱捕能力，变被动防御为主动。目前计算机犯罪案件不断增多，但实际起诉的案件却相当少，其原因一方面在于某些公司不愿意公布安全事件，担心事件会影响公司声誉；另一方面就是无法取证。而蜜罐则成了互联网取证的有力"武器"。部署蜜罐有助于安全工程师第一时间了解到攻击的发生，并有助于事后对攻击目的、范围、手段进行分析，还原案发现场，对攻击行为进行分析取证。

综上所述，这些传统安全设备与蜜罐相比，在对入侵检测能力、诱捕能力、响应能力与网络取证能力方面具有一定的差异性，如表 4-2 所示。

表 4-2　　　　　　　　　　　传统安全设备与蜜罐能力对比分析

设备	事前		事中	事后	
	已知入侵	未知入侵	诱捕能力	响应能力	网络取证
防火墙	×	×	×	√	×
WAF	√	×	×	√	×
IDS	√	×	×	×	×
IPS	√	×	×	√	×
蜜罐	√	√	√	√	√

4.5.8　恶意代码防范技术

1. 恶意代码概念

恶意代码有两种定义。

① 恶意代码又称恶意软件。这些软件也可称为广告软件（adware）、间谍软件（spyware）、恶意共享软件（malicious shareware），是指在未明确提示用户或未经用户许可的情况下，在用户计算机或其他终端上安装运行，侵犯用户合法权益的软件，但不包含我国法律法规规定

的计算机病毒。其有时也被称作流氓软件。

一般来讲，流氓软件只是为了达到某种目的，比如广告宣传或收集用户信息等。

② 恶意代码是指故意编制或设置的、对网络或系统会产生威胁或潜在威胁的计算机代码。常见的恶意代码有计算机病毒、特洛伊木马、计算机蠕虫、后门、逻辑炸弹等。这是本书所讨论的恶意代码的含义。

2. 恶意代码攻击机制

恶意代码的行为表现各异，破坏程度千差万别，但基本攻击机制大体相同，其整个攻击过程如图 4-11 所示。

① 侵入系统。侵入系统是恶意代码实现其恶意目的的必要条件。恶意代码入侵的途径有很多，例如：从互联网下载的程序本身就可能含有恶意代码；接收已经被感染恶意代码的电子邮件；通过光盘或 U 盘往系统上安装软件；黑客或者攻击者故意将恶意代码植入系统等。

② 维持或提升现有特权。恶意代码的传播与破坏必须盗用用户或者进程的合法权限才能完成。

③ 隐蔽策略。为了不让系统发现恶意代码已经侵入系统，恶意代码可能会改名、删除源文件或者修改系统的安全策略来隐藏自己。

④ 潜伏。恶意代码侵入系统后，等待满足条件，并具有足够的权限时，就发作并进行破坏活动。

⑤ 破坏。恶意代码的本质具有破坏性，其目的是造成信息丢失、泄密、破坏系统完整性等。

⑥ 重复①至⑤对新的目标实施攻击过程。

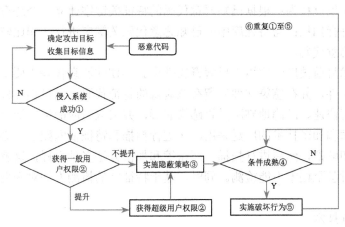

图 4-11 恶意代码攻击模型

3. 恶意代码的危害

恶意代码不仅会使企业和用户蒙受巨大的经济损失，而且会使国家的安全面临着严重威胁。恶意代码问题无论从政治上、经济上，还是军事上，都成为信息安全面临的首要问题。具体来讲，恶意代码的危害主要表现在以下几个方面。

（1）破坏数据

很多恶意代码发作时直接破坏计算机的重要数据，所利用的手段有格式化硬盘、改写文件分配表和目录区、删除重要文件或者用无意义的数据覆盖文件等。例如，磁盘杀手病毒（Disk

Killer）在硬盘感染后累计开机时间达 48 小时后发作，发作时屏幕上显示"Warning!!Don't turn off power or remove diskette while Disk Killer is Processing!"，并改写硬盘数据。

（2）占用磁盘存储空间

引导型病毒的侵占方式通常是病毒程序本身占据磁盘引导扇区，被覆盖的扇区的数据将永久性丢失、无法恢复。文件型的病毒利用一些 DOS 功能进行传染，检测出未用空间把病毒的传染部分写进去，所以一般不会破坏原数据，但会非法侵占磁盘空间，文件会不同程度地加长。

（3）抢占系统资源

大部分恶意代码在动态下都是常驻内存的，这必然会抢占一部分系统资源，致使一部分软件不能运行。恶意代码总是修改一些有关的中断地址，在正常中断过程中加入病毒体，干扰系统运行。

（4）影响计算机运行速度

恶意代码不仅占用系统资源、覆盖存储空间，还会影响计算机运行速度。比如，恶意代码会监视计算机的工作状态，伺机传染激发；还有一些恶意代码为了保护自己，会对磁盘上的恶意代码进行加密，CPU 要多执行解密和加密过程，因此会额外执行上万条指令。

4. 恶意代码检测与防范

可以运用以下技术手段进行恶意代码的检测和防范。

（1）误用检测技术

误用检测也被称为基于特征字的检测。它是目前检测恶意代码十分常用的技术，主要源于模式匹配的思想。

误用检测的实现过程为：根据已知恶意代码的特征关键字建立一个恶意代码特征库；对计算机程序代码进行扫描；与特征库中的已知恶意代码关键字进行匹配比较，从而判断被扫描程序是否感染恶意代码。

误用检测技术目前被广泛应用于反病毒软件中。早期的恶意代码主要是计算机病毒，其主要感染计算机文件，并在感染文件后留有该病毒的特征代码。通过扫描程序文件并与已知特征值相匹配即可快速、准确地判断是否感染病毒，并采取对应的措施清除该病毒。

随着压缩技术和加密技术的广泛采用，在进行扫描和特征值匹配前，必须对压缩和加密文件先进行解压和解密，然后进行扫描。而压缩和加密方法多种多样，这就大大增加了查毒处理的难度，有时甚至根本不能检测。同时，基于特征字的检测方法对变型病毒也显得力不从心。

（2）权限控制技术

恶意代码要实现入侵、传播和破坏等必须具备足够权限。首先，恶意代码只有被运行才能实现其恶意目的，所以恶意代码进入系统后必须具有运行权限。其次，被运行的恶意代码如果要修改、破坏其他文件，则必须具有对该文件的写权限，否则会被系统禁止。另外，如果恶意代码要窃取其他文件信息，它也必须具有对该文件的读权限。

权限控制技术通过适当地控制计算机系统中程序的权限，使其仅仅具有完成正常任务的最小权限，即使该程序中包含恶意代码，该恶意代码也不能或者不能完全实现其恶意目的。通过权限控制技术来防御恶意代码的技术包括沙箱技术、安全操作系统、可信计算等。

（3）完整性技术

恶意代码感染、破坏其他目标系统的过程，也是破坏这些目标完整性的过程。完整性技术就是通过保证系统资源，特别是系统中重要资源的完整性不受破坏，来阻止恶意代码对系统资源的感染和破坏。

校验和法就是完整性控制技术的一种应用，它主要通过哈希值和循环冗余码来实现，即首先将未被恶意代码感染的系统生成检测数据，然后周期性地使用校验和法检测文件的改变情况，只要文件内部有一个字节发生了变化，校验和值就会改变。

校验和法能够检测未知恶意代码对目标文件的修改，但存在两个缺点：校验和法实际上不能检测目标文件是否被恶意代码感染，它只是查找文件的变化，而且即使发现文件发生了变化，既无法将恶意代码消除，又不能判断所感染的恶意代码类型；校验和法常被恶意代码通过多种手段欺骗，检测失效，而误判断文件没有发生改变。

在恶意代码对抗与反对抗的发展过程中，还存在其他一些防御恶意代码的技术和方法，比如常用的有网络隔离技术和防火墙控制技术，以及基于生物免疫的病毒防范技术、基于移动代理的恶意代码检测技术等。

4.5.9 计算机病毒防范技术

计算机病毒是一种特殊的计算机程序，是一种恶意代码。从广义上讲，凡是能够引起计算机故障、破坏计算机数据的程序统称为"计算机病毒"。据此定义，诸如蠕虫、木马、恶意软件等均可称为"计算机病毒"。

从狭义上讲，计算机病毒是指编制或者在计算机程序中插入的破坏计算机功能或者毁坏数据，影响计算机使用，并能自我复制的一组计算机指令或者程序代码。这就是人们平常所指的计算机病毒的概念。

在大多数的情况下，这种程序不是独立存在的，它依附于其他的计算机程序。之所以称之为病毒，是因为其与生物病毒一样，具备自我复制功能和破坏功能。其既具有破坏性，又有传染性和潜伏性。一旦感染病毒，可能会给用户带来巨大的损失。

1. 计算机病毒的基本原理

所谓的"计算机病毒"，其实是一种较为形象的称呼，其实质是可以在计算机系统中运行的程序，并对计算机系统造成不同程度的破坏。常见的病毒结构主要分为引导部分、传染部分以及破坏部分 3 个组成部分。

① 引导部分是病毒的起始部分，它的主要功能是为病毒的传染与破坏创造触发条件，将病毒引入系统内存当中，然后等待机会获取系统权限。

② 传染部分的主要作用功能是进行自我复制，并进行自我传播，使其他的系统感染病毒。

③ 破坏部分是病毒要完成自身目的的重要部分。其主要的作用是对系统造成破坏。

当然，计算机病毒后两个部分的运行是需要一定条件的，当引导部分将病毒引入系统内存中后，便会等到系统状态满足某些条件时才被真正触发，如果条件未被满足，传染部分与破坏部分便不能进行自我复制、传播与系统破坏。

2. 计算机病毒的特点

计算机病毒具有以下几个特点。

（1）传染性

也称繁殖性，它是病毒的基本特征。计算机病毒可以像生物病毒一样进行繁殖，当正常程序运行时，它也进行自我复制，一旦病毒被复制或产生变种，其传染速度之快令人难以预防。是否具有繁殖、传染的特征是判断某段程序为计算机病毒的首要条件。

（2）寄生性

一般来讲，计算机病毒都不是独立存在的，而是寄生于其他的程序，当执行这个程序时，病毒代码就会被执行。而在正常程序未启动之前，用户是不易发觉病毒的存在的。

（3）潜伏性

大部分的病毒感染系统之后一般不会马上发作，它隐藏在系统中，就像定时炸弹一样，只有在满足其特定条件时才会被启动。比如黑色星期五病毒，不到特定时间不会被察觉出异常，一旦遇到 13 日并且是星期五的时候，就会"爆炸开来"，对系统进行破坏。

（4）隐蔽性

计算机病毒具有很强的隐蔽性，有的可以通过病毒软件检查出来，有的根本就查不出来，有的时隐时现、变化无常，这类病毒处理起来通常很困难。

（5）破坏性

病毒入侵计算机，往往具有极大的破坏性，能够破坏数据信息，甚至造成大面积的计算机瘫痪，对计算机用户造成较大损失。如常见的木马、蠕虫等计算机病毒，可以大范围入侵计算机，给计算机带来安全隐患。

3. 计算机病毒防范

计算机病毒无时无刻不在关注着电脑，时时刻刻准备发出攻击，但计算机病毒也不是不可控制的，可以通过下面几个方面来减少计算机病毒对计算机带来的破坏。

① 安装最新的杀毒软件，及时升级杀毒软件病毒库，定时对计算机进行病毒查杀，上网时要开启杀毒软件的全部监控功能。培养良好的上网习惯，例如：对不明邮件及附件慎重打开；可能带有病毒的网站尽量别上；尽可能使用较为复杂的密码，因为猜测简单密码是许多网络病毒攻击系统的一种新方式。

② 不要执行从网络下载后未经杀毒处理的软件等；不要随便浏览或登录陌生的网站，加强自我保护，因为现在有很多非法网站被嵌入恶意的代码，一旦被用户打开，即会被植入木马或其他病毒。

③ 培养自觉的信息安全意识，在使用移动存储设备时，尽可能不要共享这些设备。因为移动存储设备是计算机病毒进行传播的主要途径之一，也是计算机病毒攻击的主要目标。在对信息安全要求比较高的场所，应将计算机上面的 USB 接口封闭，同时，在有条件的情况下应该做到专机专用。

④ 用 Windows Update 功能打全系统补丁，同时，将应用软件升级到最新版本，比如，将播放器软件、通信工具等升级到最新版本，避免病毒以网页木马的方式入侵到系统或者通过其他应用软件漏洞来进行传播；将受到病毒侵害的计算机进行尽快隔离，在使用计算机的过程中，若发现计算机上存在病毒或者是计算机异常时，应该及时中断网络；当发现计算机网络一直中断或者网络异常时，立即切断网络，以免病毒在网络中传播。

4. 蠕虫

蠕虫是通过互联网恶意传播的一种恶性病毒，是一种智能化、自动化的程序。其综合网络攻击、密码学和计算机病毒技术，可以利用网络进行复制和传播。

与前面介绍的传统病毒不同，蠕虫以计算机为载体，可以独立存在，以网络为攻击对象，具有主动攻击行为。其主要的特征如下。

（1）主动传播

蠕虫在整个传播过程中，从释放到搜索漏洞、利用搜索到的漏洞进行攻击，再到复制副本到目标主机，整个过程由蠕虫程序自身主动完成。这也是蠕虫区别于传统病毒的主要特征。

（2）传播迅速

蠕虫的扫描机制决定蠕虫传播迅速，一般情况下，蠕虫都会打开几十个，甚至上百个线程用来同时对外扫描，且扫描的间隔时间非常短。如果蠕虫爆发时用户尚未对系统漏洞打补丁，蠕虫可以在很短的时间内占领系统。

（3）利用漏洞

计算机系统存在漏洞是蠕虫进行传播的一个必不可少的条件。早期的蠕虫是科学家用来进行分布式计算的，它们的传播对象是经过许可的计算机。蠕虫要想不经过允许而进行传播，只有利用搜索到的漏洞进行攻击，提升权限。

（4）网络拥塞

这个特性从蠕虫的传播过程可以看出，在蠕虫的传播过程中，首先要进行扫描，找到存在漏洞的计算机，这是一个大面积的搜索过程，这些都无疑会带来大量的数据流。特别是蠕虫传播开以后，成千上万台计算机在不断地扫描，试想一下这是多么大的网络开销。

（5）反复感染

蠕虫是利用计算机系统的漏洞进行传播，如果只是清除蠕虫在文件系统中留下的痕迹，像清除病毒一样简单地清除蠕虫本身，而没有及时修补系统的漏洞，计算机在重新联网后还可能会感染这种蠕虫。

（6）留下安全隐患

大部分的蠕虫会搜集、扩散、暴露系统的敏感信息（如用户信息），并在系统中留下后门。这些都会导致安全隐患。

4.6 无线网络安全

无论是对个人还是组织而言，基于无线网络和通信线路的通信如今都已相当普遍。无线通信可以借助许多不同的技术和网络类型来实现，包括 Wi-Fi、蓝牙、WMAX、ZigBee、蜂窝技术等。尽管本书前面所讲述的安全威胁与对策都可以应用于无线网络和通信线路上，但无线环境还有一些特有的安全威胁与对策。

一般来讲，无线网络环境由以下 3 个组件构成。

① 无线客户端。一般为手机、具有 Wi-Fi 功能的笔记本电脑或平板电脑、无线传感器、蓝牙设备等。

② 无线接入点。其提供到网络或服务的连接，无线接入点可以是手机基站、Wi-Fi 热点和接入有线局域网和广域网的无线接入点等。

③ 传输介质。传输介质是指用于数据传输的无线电波。

由此可见，相比有线网络，无线网络和使用无线网络的无线设备具有以下特点以及很难抵御的威胁。

1. 信道

无线网络的通信方式一般为广播通信，比有线网络更容易出现窃听和拥堵现象。无线网络更容易遭受利用通信协议漏洞的主动攻击。此外，攻击还可以通过数据加扰，增加无线电噪声，间歇性地将之加入原信号中，从而干扰正常通信；或者在附近发射一个在频谱范围内放大的无线电信号使网络瘫痪等。

2. 移动性

无论是从原理还是从实践上看，无线设备均具有远超过有线设备的可携带、可移动性。这一特点会导致更多的安全隐患，如设备被盗、设备丢失、接入不可信网络，等等。

3. 资源受限

一些无线设备，例如智能手机和平板电脑，其操作系统比较复杂，而设备的存储资源和计算资源有限，这种情况下，可能会面临包括拒绝服务攻击和恶意代码在内的安全威胁。

4. 可访问性

一些无线设备，例如传感器和机器人，可能需要在无人值守的状态下被留置于偏僻或敌占区域，这就增大了其遭受物理攻击的可能性。

本节介绍蓝牙和无线保真两种常用的标准化无线网络。

4.6.1 蓝牙

蓝牙（Bluetooth）是一种支持设备短距离通信（一般在 10m 内）的无线电技术，能使包括移动电话、PDA、无线耳机、笔记本电脑、相关外设等众多设备进行无线信息交换。它工作在全球通用的 2.4GHz ISM（即工业、科学、医学）频段，使用 IEEE 802.15 协议。该协议的目的是提供"低复杂度，低功耗，无线连接的标准"。

蓝牙技术标准除了采用跳频扩频技术和低发射功率等常规安全技术外，还采用内置的安全机制来保证无线传输的安全性。尽管如此，蓝牙技术仍存在某些严重的安全隐患。

1. 用户有意或无意的失误造成敏感信息的泄露

这种情况主要有用户安全配置不当造成的安全漏洞，比如，用户本身的安全意识不强，蓝牙设备的 PIN 设置得简单，或将自己蓝牙设备的 PIN 随意透漏给他人等都会给网络安全带来威胁。

2. 拒绝服务攻击

攻击者可以在短时间内连续向被攻击目标发送大量 ping 数据包占用蓝牙接口，使蓝牙接口不能正常使用。

3. 耗能攻击（能源消耗攻击）

现有蓝牙设备为节约电池能量，使用节能机制，在不进行通信时进入休眠状态。能源消耗攻击的目的是破坏节能机制，如不停地发送连接请求，使蓝牙设备一直处于高频工作状态，无法进入节能模式，最终达到消耗能量的目的。

使用蓝牙的风险与具体的应用有着更多直接的关系。在实际应用中，为了提高蓝牙通信的安全性，应遵以下原则。

① 不使用就不启用：如果希望保护蓝牙的安全，一个首要的原则是在不需要使用蓝牙的时候将其关闭。

② 使用安全设置：蓝牙规范中定义了 3 种安全模式，在适用的情况下尽可能应用较高的安全模式。对便利性要求不是特别高的环境不要将蓝牙设置为可见状态，这通常不会对验证受到信任的设备造成麻烦。

③ 选择强壮的 PIN：通常，设备出厂时 PIN 不会被设置或者被设置为一个特定的数字，这样的 PIN 设置显然很容易受到攻击，设置一个尽量复杂的 PIN 非常重要。

④ 保持对安全更新的跟踪：通常存在安全漏洞的手机都可以通过厂商提供的更新进行解决，所以应该了解自己的设备是否有安全漏洞并及时从厂商处获取更新。

⑤ 足够的警惕性：恶意攻击并不总是隐秘地进行，在攻击过程中蓝牙连接的状态图标可能会发生变化，设备可能会产生某些声音，还可能会出现可疑的配对请求。蓝牙用户有责任对安全问题保持足够的警惕，而且这样才能阻止各种社会工程行为的攻击。

4.6.2 无线保真

无线保真（Wireless Fidelity，Wi-Fi）是 IEEE 802.3 协议的无线版本。在 2013 年以前广泛使用的 WiFi 标准有 4 个版本，即 802.11a、802.11b、802.11g 和 802.11n。"a" 和 "g" 版本提供 54Mbit/s 的数据传输速率，分别使用 5GHz 频段和 2.4GHz 频段。"b" 版本是 "最古老" 的标准，在 2.4GHz 频段中有 11Mbit/s 的数据传输速率。"n" 版本的标准不仅在数据吞吐量方面大大增加，达到 200～600Mbit/s，同时与 "a" "b" "g" 兼容。"n" 版本利用足够的带宽，并通过 "多个天线和'更聪明'的编码来实现原始数据传输速率高达 600Mbit/s"。802.11 无线局域网的基本特点如表 4-3 所示。

表 4-3　　　　　　　　　　　802.11 无线局域网的基本特点

IEEE 无线局域网标准	无线数据速率	媒体存取控制分层数据速率	操作频率
802.11b	11Mbit/s	5～11Mbit/s	2.4GHz
802.11g	54Mbit/s	24.7Mbit/s	2.4GHz
802.11a	54Mbit/s	24.7Mbit/s	5GHz
802.11n	200～600Mbit/s	100～200Mbit/s	2.4GHz 或 5GHz

移动业务的快速发展和高密度接入对 Wi-Fi 网络的带宽提出了更高的要求。802.11ac wave1 和 802.11ac wave2 标准分别于 2013 年和 2015 年发布，二者工作频率均为 5GHz，最高数据传输速率分别为 3.4Gbps 和 6.9Gbps。802.11ax 标准于 2019 年发布，支持工作频率为 2.4GHz/5GHz/6GHz，最高数据传输速率为 9.6Gbps。

为了便于人们理解与区分不同 Wi-Fi 标准之间的代际差异，同时规范和约束各设备厂商生产满足新标准的产品，Wi-Fi 联盟将 802.11ax 命名为 Wi-Fi 6，802.11ac 命名为 Wi-Fi 5。

在 Wi-Fi 系统中，不包括软件在内，有两个物理组件：接入点（Access Point，AP，俗称 "热点"）和无线网络接口单元（一个可插入的嵌入式电路或一个 USB 设备）。该系统的中央组件是 AP，它将 "无线" 的世界与 "有线的"（指基础设施）相连接。

因此，AP 一方面与组织的网络（所谓的基础设施）进行通信，另一方面作为一个无线站台与它的无线客户端通信，AP 使用网络地址转换提供共享的局域网/互联网。

在非保护的 Wi-Fi 环境中，攻击者可以借助 Wi-Fi 访问互联网或受害者的内联网，甚至可以访问受害者计算机中的所有文件，并渗透到受害者的计算机可以访问的任何地方。换句话说，在非保护的 Wi-Fi 环境，攻击者可以完全控制受害者的计算机。为了能更好地使用无线网络，保护信息安全，就必须针对 Wi-Fi 的不同应用场景，采取更多、更有效的安全措施。

1. Wi-Fi 的预防措施

在实际应用场景中，使用 Wi-Fi 可以考虑采取以下一些安全预防措施。

① 关闭独立基本服务集（Independent Basic Service Set，IBSS）模式。在 IBSS 模式下，移动单位是几乎不受任何限制的，黑客可以连接并默默访问敏感信息。关闭 IBSS 模式可以消除这种风险。此外，如果离开家庭环境，Wi-Fi 暂时不再使用，也应及时关闭 Wi-Fi 设备。

② 关闭服务集标识符（Service Set Identifier，SSID）广播。通俗地说，SSID 就是无线网络名称。关闭 SSID 广播功能后，SSID 就会被隐藏起来，避免 Wi-Fi 网络受到攻击和破坏。在家庭环境中，通常首次登录笔记本电脑或手机时手动输入 SSID 一次，以后就会被记住。

③ 更改路由器访问。位于接入点的路由器通过账号和密码访问。它们按初始设置工作，但可以在任何时间重新配置，这两个参数应间断性改变。

此外，一般来讲，局部内联网的 IP 地址默认为 192.168.1.1，但也可以被改成其他任何地址，只要 4 个域中的数字范围是 0～224 且没有前导零即可。

通常情况下，某一特定制造商的所有接入点默认值（例如管理员名字和密码均为 admin）是相同的，而且攻击者通常也知晓这些默认值。因此，最好不要采用默认值。相反，对默认值的任何更改都将有助于提高 Wi-Fi 的安全性。

④ 启动加密。在设置 Wi-Fi 设备的加密方式时，一般选用安全性更高的 WPA-PSK（Wi-Fi Protected Access-Preshared Key）或 WPA2-PSK，避免选择安全级别低且易被攻破的加密协议，如有线等效保密（Wired Equivalent Privacy，WEP）。设置该加密方式后，无线路由在传输数据的时候，就会自动给数据包加密。即便有黑客用嗅探器获取了相关电磁波信号，他们也无法获取真实的数据内容。相反，如果不启动加密，则数据在传输时不再加密。因此，没有密码的免费 Wi-Fi，最好不要使用。

⑤ 开启 MAC 地址过滤。通常情况下，Wi-Fi 接入点包含 MAC 地址过滤功能的网关。如果开启 MAC 地址过滤，则只有在 MAC 地址列表中的设备才能访问网络。这些设备可能是打印机、台式计算机、笔记本电脑或具有 Wi-Fi 功能的 PDA 等设备。

2. Wi-Fi 热点的预防措施

随着互联网技术的不断发展，无线网络尤其是 Wi-Fi 网络的使用越来越普遍，作为用户接入的边界设备，Wi-Fi 热点（或接入点）成了加强数据安全与进行用户访问控制的关键节点。一方面，Wi-Fi 热点作为中间转发节点，可以获取用户交互的全部数据，因此对用户数据安全至关重要；另一方面，Wi-Fi 热点作为用户访问网络的接入点，是控制恶意用户接入网络的第一道屏障，是进行网络访问控制的重要基础。

但是，Wi-Fi 热点作为边界网络设备，一般由终端用户负责维护配置。部分用户安全意识不高，在安全配置方面采用风险较高的配置模式，为攻击者获取网络访问权限提供了可乘之机。攻击者在获得 Wi-Fi 热点控制权或者 Wi-Fi 热点预共享密钥的情况下可以进行进一步的攻击，对用户的数据隐私带来极大风险。因此，在连接 Wi-Fi 热点时应注意以下几点。

① 热点合法性。黑客经常在一个真实的公共热点附近设立假冒接入点，企图引诱连接者。通过这种连接，黑客可以捕获敏感信息（如用户名、密码、信用卡号码等），然后非法使用它们。因此，在使用热点之前，务必要确认热点合法性。通常情况下，热点服务处（如候车厅、

咖啡厅等）设有相应的标志。

② 文件加密。通过热点传输包含电子邮件在内的文件之前应采取加密措施。可以使用具有加密功能的专用软件，或利用嵌入在软件中的加密功能，如文字处理软件和电子邮件客户端的加密选项。也可安装加密软件"自动加密所有入站和出站的信息"。

③ 关闭文件共享。当需要连接到一个热点时，应保持文件共享选项关闭，以防止不需要的文件传输。

④ 启用 VPN 功能。通过 VPN 访问网络，可以确保数据传输的安全性。

⑤ 使用防火墙。一个热点可能使用单一的静态 IP 地址服务 200 多个客户端。也就是说，所有客户端都在同一子网中，使得客户端攻击者更容易窥探其他客户端。使用"个人防火墙"可以使这类问题尽量减少。

⑥ 经验法则。不管是用有线还是无线的方式访问外部网络，一些额外的预防措施同样有效。例如，使用最新的防病毒软件、使用最新版本的操作系统、使用基于 Web（HTTPS）的安全电子邮件、对敏感文件的个人密码进行保护，以及设置键盘或鼠标在一定时间里没有活动，则计算机会被锁定等。

4.7 思考题

1. 网络安全包含哪些内容？
2. 如何理解网络安全与信息安全之间的关系？
3. 试列举身边发生的 2～3 个网络安全事件，并分析其产生的原因，同时给出相应的规避措施或技术方案。
4. 网络系统面临哪些安全风险？
5. 网络安全面临的威胁有哪些？
6. 如何理解安全服务和安全机制之间的关系？
7. 对称加密和非对称加密有何区别？请给出它们的应用场景。
8. 常用的身份认证技术有哪些？什么是数字签名？它的主要功能有哪些？
9. 什么是 VPN？常用的 VPN 安全协议有哪几种？
10. 试比较 IPS、IDS、蜜罐技术与防火墙的作用。
11. 什么是恶意代码？其有何危害性？如何防范？
12. 试比较传统意义上的计算机病毒与蠕虫的区别。
13. 无线网安全面临哪些威胁？针对 Wi-Fi 的不同应用场景，可以采取哪些安全防范措施？

第 5 章

数 据 安 全

数据和信息之间是相互联系的。数据是反映客观事物属性的记录，是信息的具体表现形式。数据经过加工处理之后，就成为信息；而信息需要经过数字化转变成数据才能通过网络空间系统进行传输、处理、存储和应用。实际上，本书前面所述内容都是为了完成最终目标：保护数据。

当对数据进行存储、传输或处理时，可能会发生针对数据的攻击。使用安全加密系统可以防止数据传输时被攻击。合理的主机强化及应用程序的安全编码有助于保护所处理数据的安全。这些在前面章节中已有讨论。

本章讨论的重点是保护存储数据的安全，主要涉及数据存储安全、数据备份、容灾备份、数据恢复、数据销毁等。

5.1 数据安全问题实例分析

数据时代与数字世界的来临，使得数据已成为核心资产。2020 年 4 月 9 日，《中共中央 国务院关于构建更加完善的要素市场化配置体制机制的意见》将"数据"与土地、劳动力、资本、技术等传统要素并列为要素之一，提出要加快培育数据要素市场，数据元年序幕正式拉开；此外，数据衍生问题也横亘在前，许多恶意行为者利用混乱的局面，对网络进行严重破坏并从中获利，进而催生了大量的数据泄露事件。

"数据泄露""数据安全"这些字眼总是活跃在我们眼前，不得不引起重视。下面列举近年来发生在国内外的几个典型数据泄露事件。

1. 选民信息泄露

网络风险小组作为 UpGuard 公司下辖的一个研究单位，专门致力于寻找存在配置错误的数据源，从而确保并提升公众对此类问题的认知。2017 年 6 月 12 日傍晚，该研究小组的风险分析师克里斯·维克里（Chris Vickery）发现一套公开云存储库没有任何保护措施和限制，可以随意访问。

该数据存储库存储了 1.1TB 的美国选民数据，涉及约 2 亿名美国登记选民的姓名、出生日期、住址、电话号码以及选民注册细节信息。安全专家们认为这是美国历史上规模最大的选民信息泄露事件。

2. 用户数据泄密

据 2018 年 3 月中旬《纽约时报》等媒体报道，一家数据分析公司 Cambridge Analytica 获得了 Facebook 数千万用户的数据，并进行违规滥用。随后美国联邦贸易委员会（Federal Trade Commission，FTC）对此展开调查，并认为 Facebook 没有保障好用户的数据安全，违反了公司此前有关保护用户隐私的承诺。

经过长达一年半之久的调查后，FTC 最终决定在 2019 年与 Facebook 和解，而除 50 亿美元的和解金外，作为和解协议的一部分，Facebook 还要成立一个独立的隐私委员会，建立更多的隐私保护措施，在运营的每个阶段都要保障用户隐私安全，对公司高管和隐私权相关决定也要实行更多、更透明的问责制度。

3. 我国公开泄露事件

据统计，仅在 2019 年前 9 个月的时间里，我国公开泄露事件已发生 5183 起（较 2018 年同期增长 33.3%），数据泄露条数达 79 亿（较 2018 年同期增长 112%）。这些真实、鲜活的案例背后，可能是公众被迫遭受隐私曝光、骚扰及诈骗，也可能是造成组织商业数据资产的丢失或品牌信誉的崩塌，还可能是带来一些更严重的数据泄露后果，甚至让社会稳定和国家安全面临威胁。可见，防止数据泄露，保护数据安全刻不容缓。

5.2　数据安全概述

5.2.1　数据安全的含义

数据安全是指保障数据的合法持有和使用者能够在任何需要该数据时获得保密的、没有被非法篡改过的原始数据。第 1 章已介绍的机密性（confidentiality）、完整性（integrity）和可用性（availability）是数据安全基本要素，简称 CIA。

在网络空间系统中，数据从创建、传输、存储、处理、交换、销毁的全生命周期管理过程中都会涉及各种安全问题，因此，可以将数据安全问题分为以下几类。

1. 数据本身的安全

数据本身的安全主要是指采用现代密码算法对数据进行主动保护，如数据保密、数据完整性、双向强身份认证等。

2. 数据防护的安全

数据防护的安全主要是指采用现代信息存储手段对数据进行主动防护，如通过磁盘阵列、数据备份、异地容灾等手段保证数据的安全。数据本身的安全必须基于可靠的加密算法与安全体系，主要有对称算法与公开密钥密码体系。

3. 数据处理的安全

数据处理的安全是指如何有效地防止数据在录入、处理、统计或打印中出现由于硬件故障、断电、死机、人为的误操作、程序缺陷、病毒或黑客等所造成的数据库损坏或数据丢失的现象。如果某些敏感或保密的数据被不具备资格的人员操作或阅读，会造成数据泄密等后果。

4. 数据存储的安全

数据存储的安全是指数据库在系统运行之外的可读性。一旦数据库被盗，即使没有原来的系统程序，照样可以另外编写程序对盗取的数据库进行查看或修改。从这个角度说，不加密的数据库是不安全的，容易造成商业泄密，所以便衍生出数据防泄密这一概念，这就涉及计算机网络通信的保密、安全及软件保护等问题。

5. 数据销毁的安全

当数据存储设备被淘汰之后，要保证存储设备中的数据真正被彻底清除，而不能被恢复出来。另外，还涉及保存在服务器中不再使用的数据如何真正被删除和销毁的问题。

数据本身的安全、数据防护的安全、数据处理的安全在相关章节已有介绍，本章重点围绕数据存储安全和数据销毁安全展开讨论。

5.2.2　数据安全的威胁因素

威胁数据安全的因素有很多，其中以下几个比较常见。

1. 硬盘驱动器损坏

一个硬盘驱动器的物理损坏意味着数据丢失。设备的运行损耗、存储介质失效、运行环境以及人为的破坏等，都能造成硬盘驱动器设备损坏。

2. 人为失误或有意泄露

由于操作者的操作失误，可能会误删除系统的重要文件，或者修改影响系统运行的参数，以及没有按照规定操作或操作不当导致的系统宕机。

前雇员或在职人员，尤其是肩负重要职位的涉密人员，通常是企业或机构的最先得到及获得最多数据的人员，他们可能出于某种目的有意出卖或带走数据。

【典型案例】

2020 年 8 月，某通公司爆出内部员工泄密案。该公司 5 名员工以每天 500 元的价格外租自己的员工账号，造成 40 多万条个人隐私信息泄露。这些信息包含发件人和收件人的地址、姓名及电话号码等内容，根据犯罪团伙供述，这些信息将被以每条 1 元的价格打包卖到全国及东南亚等电信诈骗高发区。

3. 黑客攻击

主要是指黑客利用系统的漏洞，或者是系统监管不力等原因，使得他们通过网络远程攻击系统。

【典型案例】

2020 年 7 月，推特遭遇史上最严重的黑客攻击。美国多名政要及名人的社交网络账户信息遭泄露，包括前总统贝拉克·侯赛因·奥巴马、亚马逊前首席执行官杰夫·贝索斯、特斯拉首席执行官埃隆·马斯克、微软联合创始人比尔·盖茨及苹果与优步公司等相关人员。黑客共劫持了 130 个账户，下载了其中 8 个账户的数据档案，包括账户所有者的电话号码和定位信息等。

2020 年底，黑客攻击了欧洲药品管理局（EMA），该机构是欧盟负责监督和评估医疗产品的机构。该威胁行为者最终窃取到辉瑞公司和 BioNTech SE 在其 Covid-19 疫苗监管审查期间提交的文件。黑客将文件泄露到互联网上，给政府和制药公司都带来了巨大的损失。

4. 病毒和恶意软件

计算机感染病毒或植入恶意软件而招致数据被删除或更改，甚至造成重大经济损失。计算机病毒的复制能力强，感染性强，特别是网络环境下，传播更快。

5. 信息窃取或设备被盗

从计算机上复制、删除信息，或者直接把计算机或存储设备盗走。

6. 自然灾害或不可抗拒因素

洪灾、火灾、地震、泥石流、战争、恐怖袭击等可能造成计算机数据的丢失。

7. 电源故障

电源供给系统故障，瞬间过载会损坏在硬盘或其他存储设备上的数据；或者突然停电，导致硬盘故障，系统无法正常启动，硬盘数据丢失或无法正确读出。

8. 磁干扰

重要的数据接触到有磁性的物质，会造成计算机数据被破坏。

5.3 数据存储安全

随着存储系统由本地直连向着网络化和分布式的方向发展，并被网络上的众多计算机共享，存储系统变得更易受到攻击。相对静态的存储系统往往成为攻击者的首选目标，以达到其窃取、篡改或破坏数据的目的。

存储系统作为数据的保存空间，是数据保护的最后一道防线，其安全性至关重要。安全存储主要包括存储安全技术、重复数据删除技术、数据备份及容灾备份等。本节重点介绍存储安全技术与重复数据删除技术，数据备份及容灾备份将在本章后文介绍。

5.3.1 存储安全技术

从原理上来说，安全存储要解决的问题有两个：如何保证文件数据完整可靠不泄密？如何保证只有合法的用户，才能够访问相关的文件？

要解决上述两个问题，需要使用数据加密和身份认证技术，加密和认证是安全存储的基础和核心技术。

1. 数据加密技术

在安全存储中，利用加密技术手段把数据变为乱码（加密）存储，在使用数据的时候，用相同或不同的手段还原（解密）。这样在存储和使用过程中，数据就在密文和明文两种状态间切换，既保证了安全，又能够方便使用。

加密数据后，即使黑客拿到了敏感的业务数据，也无法使用；对内部工作人员，如运维人员和在线测试人员等这些能够直接接触生产数据的角色，也可以起到杜绝违规的作用。

2. 身份认证技术

如何保证以数字身份进行操作的操作者就是这个数字身份合法拥有者，也就是说保证操作者的物理身份与数字身份相对应，身份认证技术就是为了解决这个问题。作为防护数据资产的第一道关口，身份认证有着举足轻重的作用。

在安全存储产品实际部署的时候，需要更高强度的身份认证，确保数据资源能够被合法授权用户访问。

数据加密技术和身份认证技术已分别在 4.5.1 小节和 4.5.2 小节介绍，在此不赘述。

5.3.2 重复数据删除技术

备份设备中总是充斥着大量的冗余数据。为了解决这个问题，节省更多空间，重复数据删除技术便顺理成章地成了人们关注的焦点。采用重复数据删除技术甚至可以将存储的数据缩减为原来的很小占比，从而让出更多的备份空间。这样不仅可以使磁盘上的备份数据保存更长的时间，而且可以节约离线存储时所需的大量带宽。

重复数据删除技术，也称为容量优化保护技术，是基于数据自身的冗余度来检测数据流中的相同数据对象，只传输和存储唯一的数据对象副本，并使用指向唯一数据对象副本的指针替换其他重复副本。相比于传统的数据压缩技术，重复数据删除技术不仅可以消除文件内的数据冗余，还能消除共享数据集内文件之间的数据冗余。

1. 重复数据删除技术分类

基于不同的删除特点或方法，可以对重复数据删除技术进行不同的分类。

（1）按照部署位置的不同来分类

按照部署位置的不同，重复数据删除可分为源端重复数据删除和目标端重复数据删除。源端重复数据删除是先删除重复数据，再将数据传到备份设备。传输的是已经消重后的数据，这能够节省网络带宽，但会占用大量源端系统资源。

目标端重复数据删除是先将数据传到备份设备，存储时再删除重复数据。它不会占用源端系统资源，但会占用大量网络带宽。

（2）按照检查重复数据算法的不同来分类

按照检查重复数据算法的不同，重复数据删除可以分为对象（文件）级和块级的重复数据删除。对象级的重复数据删除保证文件不重复。块级重复数据删除则将文件分成数据块进行比较。

（3）根据切分数据块方法的不同来分类

根据切分数据块方法的不同，重复数据删除又可分为定长块和变长块的重复数据删除。变长块的重复数据删除，数据块的长度是变动的。定长块的重复数据删除，数据块的长度是固定的。

（4）根据应用场合的不同来分类

根据应用场合的不同，重复数据删除可以分为通用型重复数据删除和专用型重复数据删除。通用型重复数据删除是指厂商提供通用的重复数据删除产品，而不和特定虚拟磁带库或备份设备相联系。专用型重复数据删除和特定虚拟磁带或备份设备相联系，一般采取目标端重复数据删除方式。

2. 重复数据删除技术的作用

重复数据删除技术可以提供更大的备份容量，还能实现备份数据的持续验证，提高数据恢复服务水平，方便实现数据容灾等。

（1）更大的备份容量

备份数据中包含太多的冗余部分，在数据全备份中更是如此。尽管增量备份只是备份那些有变化的文件，但增量备份中通常也会包含冗余的数据块。

重复数据删除技术的原理是只保存唯一一份备份数据的数据段。当数据写入备份设备时，数据会被分成可变长度的数据段。重复数据删除设备会实时将该数据段与已经存储的各数据段进行比较。这种方式可以保证每个唯一的数据段只保留一份。因为重复数据删除设备可以在文件内或文件间，甚至数据块内发现重复的文件和数据段，所以实际所需的存储空间也就比原来所要保存的数据量低很多。

（2）数据能得到持续验证

目前，市场上采用重复数据删除技术的产品的区别在于，实施重复数据删除的地点和文件被分割的片段大小不同，但更重要的是数据写入备份设备时是如何完成完整性和一致性检查的。在主存储系统中，逻辑一致性检查总会伴随着风险。如果软件缺陷导致写入错误的数据，就可能破坏数据块指针等。通常情况下，比较理想的解决办法是在卸载文件系统后运行文件系统检查程序（比如 Fsck）。如果文件系统中保存的是备份数据，那么直到进行恢复前，错误是很难被发现的，等到需要恢复时，可能已经没有足够的时间来纠错了。

备份数据是备份工作中最有价值的部分。备份数据不会被经常访问，而一旦需要访问备份数据时，往往意味着发生了人为或系统的故障，需要进行数据恢复。要检查文件系统在恢复操作时的一致性，需要等到下一次系统重启或者让系统下线，这会增加不必要的风险。因此，优秀的重复数据删除设备应具有端到端的验证过程。

（3）更高的数据恢复服务水平

数据恢复服务水平用于衡量将数据备份到备份设备中后，能否准确、快速、可靠地进行数据恢复。以 Oracle 数据库为例，Oracle 数据库通常装载着企业最需要保护的业务数据，企业经常采用全备份或增量备份来保护 Oracle 数据库。全备份方式的备份和恢复执行起来比较快，这是因为增量备份经常要对整个数据库进行扫描，以便发现改变的数据块，而且增量备份方式在恢复的时候还需要一个全备份和多个增量备份，这也会影响恢复速度。

既然如此，为什么很多企业还要采用增量备份的方式呢？这是因为全备份比增量备份需要更多的备份时间和备份空间。具有重复数据删除功能的备份设备可以很好地解决上述问题。

对于以 Oracle 为代表的数据库备份来说，备份时间是由遍历数据块的时间（尤其是增量备份）和数据传输时间组成的。对增量备份来说，数据块的遍历是对数据库进行扫描，以便发现改变的数据块，这需要较长的时间。由于备份设备的性能进一步提高，数据库全备份和增量备份所需的时间已经相差无几。

以磁盘为介质的备份设备具有高性能和在线重复数据删除功能，因此对 Oracle 数据库进行多个全备份时，只会使用很少的存储空间。企业每天进行全备份和数据块级的增量备份所占用的存储空间基本相同。与普通的备份设备相比，使用重复数据删除技术的备份设备进行全备份时，可节省约 95% 的磁盘消耗。

对关键数据进行备份时，采用重复数据删除技术的备份设备可采用全备份来替代增量备份，从而提高数据恢复服务水平。

（4）方便实现备份数据的容灾

以数据复制技术为主流的容灾技术都十分关注数据的实时复制，而备份数据的容灾却少有人关注。由于重复数据删除技术对备份数据有很好的容量优化能力，每天做全备份只需少量的磁盘增量，而通过 WAN 或 LAN 远程传输的正是进行容量优化后的数据，因此可以大大节省网络带宽。

现在，很多企业把备份数据的在线复制当成异地磁带存储的替代解决方案。采用复制解决方案，数据经由 LAN 或 WAN，从本地的主磁盘被复制到远程的磁盘上。为加强保护，企业还可以提高数据同步的频率，或者将远程站点配置成完全的灾难恢复站点，一旦主站点出现需要停机一段时间的情况，可以在远程站点启动业务操作。

由此可见，客户在选择具有重复数据删除功能的产品时，应该从容量优化的算法、持续数据验证、数据服务水平、方便高效的容灾等方面进行考察。

【知识拓展】

更多关于重复数据删除技术方面的研究成果，请扫描二维码阅读。

5.4 数据备份

5.4.1 数据备份的概念

在数据安全中，最可靠的安全保护机制之一就是备份。备份可确保数据文件副本被安全地存储起来，被妥善保管，即使主机的数据丢失、被盗或损坏，也能因备份而恢复。备份可以分为系统备份和数据备份。

系统备份指的是用户操作系统因磁盘损伤或损坏，计算机病毒或人为误删除等原因造成的系统文件丢失，从而可能造成计算机操作系统不能正常引导，因此使用系统备份，将操作系统事先备份起来，用于故障后的后备支援。

数据备份是容灾的基础，它是指为防止系统出现操作失误或系统故障导致数据丢失，而将全部或部分数据集合从应用主机的硬盘或阵列复制到其他的存储介质的过程。

备份至关重要，是否执行备份将决定用户损失的比重。在数据安全事件中，可能会丢失未备份的所有数据。而备份则能解决由下列因素造成的数据破坏或丢失问题。

① 硬盘驱动器故障或火灾、洪水造成的数据损坏。

② 计算机数据已丢失或被盗。

③ 恶意软件格式化硬盘驱动器或进行其他数据破坏。

④ 数据处理和访问软件平台故障。

⑤ 操作系统的设计漏洞或设计者出于不可告人的目的而人为预置的"黑洞"。

⑥ 人为的操作失误。

⑦ 网络供电系统故障等。

无论数据是如何丢失的，公司唯一能依赖的是从最后一次备份中恢复数据。备份有助于实现可用性的安全目标。在存储介质上备份数据可确保在主机发生灾难性故障时，数据仍是可用的。

5.4.2 备份范围

备份范围是备份在硬盘驱动器上的信息量。根据完整度，备份范围有 3 类：只备份数据文件和目录；备份整个硬盘驱动器镜像；映像复制每个正在处理的文件。依据实际应用的不同需求，可选择合适的方法。

1. 文件和目录数据备份

文件和目录数据备份是十分常见的备份类型。顾名思义，这种方法只备份计算机上的数据，不备份程序、注册表设置和其他自定义信息。实际上，文件和目录数据备份甚至不备份所有的数据。它只备份在某些目录中的数据。在备份范围中，它是范围居中的一种方法。

在 Windows 10 计算机上，常用的文件和目录备份方法是备份文档（或找的文档）以及其他高级目录（如用户数据目录 C2018），如图 5-1 所示。这种设置相对简单。但是，许多用户都将活动数据文件存储在桌面或其他位置，因为这些文件通常是用户最新的文件，所以必须确保对这类文件进行备份。

图 5-1　设置要备份的目录

考虑到即使对某些单个数据文件从头重建也需要几个小时或几天时间，所以对数据进行备份是很有必要的。那么，用户和系统管理员应备份哪些目录数据呢？当然是要备份用户和系统管理员认为最需要备份的目录数据文件。如果公司需要重建数据文件，则要备份所有数据文件。

2. 镜像备份

镜像备份会将硬盘驱动器的全部内容复制到备份介质，包括程序、数据、个性化设置和所有其他数据。换句话说，这意味着备份一切。即使整个硬盘驱动器丢失，其内容也可以恢复到同一台计算机或不同的计算机上。文件和目录数据备份不能提供这种程度的丢失保护。

但是，镜像备份是速度最慢的备份。由于速度缓慢，因此大多数公司执行镜像备份的频率要低于文件和目录的数据备份频率。这样做是非常合理的，因为与程序和配置设置相比，数据变化更频繁。

当然，在安装新程序或修改其他程序的配置之前，执行映像备份始终是很保险的。

3. 映像复制

第三种备份范围是映像复制。在映像复制中，每隔几分钟都会将被处理的每个文件副本备份写入硬盘驱动器或其他位置（如 USB 驱动器）。这非常重要，因为使用文件和目录数据备份或镜像备份，当灾难发生时，自最近备份以来的所有数据可能都会丢失。丢失数据的时段范围可能从几个小时到几天，有时甚至更长。而有了映像复制，就能恢复这个时段所丢失的数据。

通常，映像复制的存储空间非常有限。当超出存储空间时，会删除最旧的文件，以为最新的文件腾出空间，这样做不会造成多大影响，因为大多数据映像复制区域的恢复都会在几分钟或几天内完成。公司只要有几天的映像复制备份空间就足够了，但这样做的前提是：公司要定期进行文件和目录数据备份及镜像备份，或者这两种备份的频率要高于映像复制才行。

5.4.3 数据备份方式

数据备份方式有很多，常见的备份方式如下。

1. 实时磁带备份

实时磁带备份是指通过远程磁带库、光盘库备份，即将数据传送到远程备份中心制作完整的备份磁带或光盘。这种方式采用磁带备份数据，生产机实时向备份机发送关键数据。

2. 数据库备份

数据库备份是指在与主数据库所在生产机相分离的备份机上建立主数据库的副本。

3. 网络数据备份

网络数据备份是指对生产系统的数据库数据和所需跟踪的重要目标文件的更新进行监控与跟踪，并将更新日志实时通过网络传送到备份系统，备份系统则根据日志对磁盘进行更新。

4. 远程镜像备份

通过高速光纤通道线路和磁盘控制技术将镜像磁盘延伸到远离生产机的地方，镜像磁盘数据与主磁盘数据完全一致，更新方式为同步或异步。

5.4.4 数据备份技术

数据备份技术（redundancy technique）是指利用备份系统实现数据备份和恢复的技术。一般说来，各种操作系统都附带备份程序。但是随着数据的不断增加和系统要求的不断提高，附带的备份程序根本无法满足日益增长的需要。要想对数据进行可靠的备份，必须选择专门的备份软硬件，并制定相应的备份及恢复方案。

备份不等于简单的文件复制，也不等于文件的永久归档。总体来讲，备份有 3 个重要的特点。

① 备份最大的忌讳就是在备份过程中因介质容量不足而更换介质，因为这会降低备份数据的可靠性。相对于内存和磁盘存储介质昂贵的价格，通常配置价格相对低廉的大容量磁带存储介质。

② 备份的目的是防备万一发生的意外事故，如自然灾害、病毒侵入、人为的破坏等。这些意外事故不可能每天都发生，因此使用备份数据的频率不是很高。从这个意义上来讲，备份数据的存取速率不是一个很重要的因素。没有必要为了追求并不重要的高速度而成倍地增加对备份的投资。

③ 可管理性是数据备份过程中一个很重要的因素，因为可管理性与备份的可靠性紧密相关。拥有最佳可管理性的备份技术当然要提供自动化备份方案。如果一种数据备份技术不能提供这种自动化方案，那么它就可能不算是好的备份技术。

下面介绍几种常见的网络数据备份系统。

1. Host-based 备份

基于主机的备份系统是十分简单的一种数据保护方案。这种结构中磁带库直接接在服务器上，而且只为该服务器提供数据备份服务。在大多数情况下，这种备份大多数是采用服务器上自带的磁带机或备份硬盘，而备份操作往往也是通过手动操作的方式进行的。如图 5-2 所示，虚线表示数据流。它适合下面的应用环境。

① 无须支持关键性的在线业务操作。

② 维护少量网络服务器（一般小于 5 个）。

③ 支持单一操作系统。

④ 需要简单和有效的管理。

⑤ 适用于每周或每天一次的备份频率。

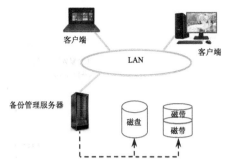

图 5-2　Host-based 备份结构示意

基于主机的备份系统适用于小型企业用户进行简单的文档备份。它的优点是备份管理简单，数据传输速度快；缺点是可管理的存储设备少，不利于备份系统的共享，不能满足现在大型的数据备份要求，而且不能提供实时的备份需求。

2. LAN-based 备份

在 LAN-based 备份系统中，数据的传输是以网络为基础的。如图 5-3 所示，首先配置一台服务器作为备份管理服务器，它负责整个系统的备份操作。然后在生产服务器上安装备份代理。备份服务器接受运行在生产服务器机上的备份代理程序的请求，将数据通过 LAN 传递到它所管理的、与其连接的本地磁带机资源上。这一方式提供一种集中的、易于管理的备份方案，并通过在网络中共享磁带机资源提高效率。

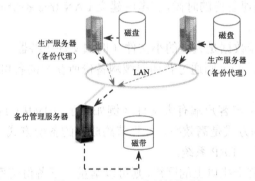

图 5-3　LAN-based 备份结构示意

LAN-based 备份结构的优点是节省投资、磁带库共享、集中备份管理，组网较简单，适用于数据量不是很大的应用场合。它的缺点是对网络传输压力大。当需要备份的数据量较大或备份频率较高，且备份时间窗口紧张时，网络容易发生堵塞，局域网的性能下降快。

3. LAN-free 备份

为彻底解决传统备份方式需要占用 LAN 带宽问题，研究人员提出了一种基于存储区域网（Storage Area Network，SAN）的备份解决方案，如 LAN-free 和 Server-free。它们采用一种全新的体系结构，将磁带库和磁盘阵列各自作为独立的光纤节点，多台主机共享磁带库备份时，数据流不再经过网络而直接从磁盘阵列传到磁带库内，是一种无须占用网络带宽的解决方案。

LAN-free 备份，是指数据无须通过局域网而直接进行备份，即用户只需将磁带或磁带库等备份设备作为独立的光纤节点连接到 SAN 中，各生产服务器通过备份代理软件就可把需要备份的数据直接发送到共享的备份设备上，不必再经过局域网链路，如图 5-4 所示。

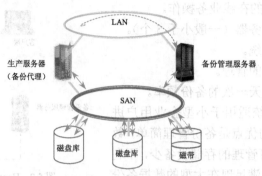

图 5-4　LAN-free 备份原理

图中实线表示备份数据的传递路径，虚线表示控制信息元数据的传递路径。备份数据通过 SAN 直接从生产服务器传递到存储设备中，而控制信息则经过 LAN 从生产服务器传递到备份管理服务器，实现了控制流和数据流分离的目的。

但是数据仍然会通过生产服务器的本地磁盘、内存到光纤通道交换机（fiber channel switch）这一步，仍然会消耗备份代理的资源。因此有了 server-free 备份来尽可能地减少生产服务器的压力。

在实际设计和实施高速备份的时候，在考虑建立 LAN-free 备份的模式之前需要考虑如下一些方面可能产生的影响。

① 如果用户的客户端数据是大量的小文件（例如文件服务器、打印服务器类型的系统，文件的大小通常是 KB 级别），则通过普通局域网备份所获得的备份效果或许能比通过 SAN 更好。

② 一般说来，如果用户客户端有大文件（例如大于 10MB）或者有大量的数据（大于 50GB），则用 LAN-free 的方式是高效率，并且节约成本的备份方式。典型的系统包括数据库服务器、邮件服务器，还有 ERP 系统。

③ 如果用户环境中有千兆以上的网络，则可以衡量一下备份速率和备份管理难度对实际生产系统产生的影响，相对说来 LAN-free 的备份模式管理难度稍大。

4. Server-free 备份

在 Server-free 备份技术中，数据不流经生产服务器的总线和内存，如图 5-5 所示。生产服务器使用 SAN 的文件服务器存储空间（设备），现在需要备份生产服务器的数据，则只需将文件服务器存储空间的数据直接备份到磁带。此时备份管理服务器只需要发出 SCSI 扩展复制命令，剩下的事情就是文件服务器存储空间和磁带之间的事情了，这样就减轻了生产服务器的很多压力，使它可以专注于对外提供应用服务，而不需要再消耗大量 CPU、内存、I/O 资源在备份的事情上了。

还有一种方式即网络数据管理协议（Network Data Management Protocol，NDMP），它是一种支持智能数据存储设备、磁带库设备及备份应用程序互相通信以完成备份过程的通信协议。生产服务器只需向支持 NDMP 的存储设备发送 NDMP 指令，即可让存储设备将自己的数据直接发送到其他设备上，而不需要流经生产服务器。

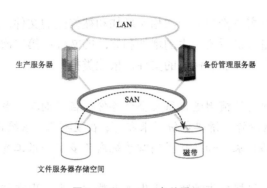

图 5-5 Server-free 备份原理

5.4.5 数据备份策略

选择存储备份软件、存储备份技术（包括存储备份硬件及存储备份介质）后，就需要确定数据备份的策略。备份策略指确定需备份的内容、备份时间及备份方式。要根据实际情况来制定不同的备份策略。目前被采用较多的备份策略主要有以下 3 种。

1. 全量备份

全量备份（full backup）也叫正常备份，是普遍使用的一种备份方式。它是指对某一个时间点上的所有数据或应用进行完全复制。实际应用中就是用一盘磁带对整个系统进行完全备份，包括其中的系统和所有数据。这种备份方式最大的好处就是只要用一盘磁带，就可以恢复丢失的数据。

全量备份的一个关键要求是，备份窗口必须足够大，以容纳每次备份时对系统上所有数据的完整读取。这对小型组织来说是可接受的，但对于许多数据正在增长的大型企业或业务部门来说，是非常不现实的。实际上，由于大多数业务的数据一直在快速增长，而备份窗口却不断缩减，因此企业试图减少所需的完整备份数量的现象越来越普遍。

全量备份的优点是全面、完整。如果发生数据损坏，可以通过故障前的备份完全恢复数据。其缺点是备份的数据大量重复，占用大量的备份空间，增加了硬件成本，同时，备份所花费的时间也较长。

2. 差异备份

差异备份（differential backup）是指在一次全量备份后到进行差异备份的这段时间内，对那些增加或者修改文件的备份。在进行恢复时，只需根据第一次全量备份和最后一次差异备份进行恢复。

【典型案例】

在星期一，网络管理员按惯例进行系统全量备份；在星期二，系统内只多了一个资产清单，于是管理员只需将这份资产清单备份下来即可；在星期三，系统内又多了一份产品目录，于是管理员不仅要将这份目录，还要连同星期二的那份资产清单一并备份下来。如果在星期四系统内又多了一张工资表，那么星期四需要备份的内容就是：工资表+产品目录+资产清单。

这种方式可大大节省备份所需的存储空间和备份所花费的时间。如果需要恢复数据，只需用两个备份就可以恢复到灾难发生前的状态。

3. 增量备份

增量备份（incremental backup）是指在一次全量备份或上一次增量备份或上一次差分备

份后，以后每次的备份只需备份与前一次相比增加和被修改的文件。这就意味着，第一次增量备份的对象是进行全量备份后所产生的增加和修改的文件；第二次增量备份的对象是进行第一次增量备份后所产生的增加和修改的文件，依此类推。

【典型案例】

在星期一，网络管理员按惯例进行系统全量备份；在星期二，系统内只多了一个资产清单，于是管理员只需将这份资产清单备份下来即可；在星期三，系统内又多了一份产品目录，于是管理员只需备份产品目录。如果在星期四系统内又多了一张工资表，那么星期四只需要备份工资表。

如果系统在星期四的早晨发生故障，丢失大批数据，那么现在就需要将系统恢复到星期三晚上的状态。这时管理员需要首先找出星期一的那盘全量备份磁带进行系统恢复，然后找出星期二的磁带来恢复星期二的数据，最后找出星期三的磁带来恢复星期三的数据。

很明显这比第一种策略要麻烦得多。另外这种备份可靠性也差。在这种备份下，各磁带间的关系就像链子一样，一环套一环，其中任何一盘磁带出了问题都会导致整条链子脱节。

这种备份方式显著的优点就是：没有重复的备份数据，备份的数据量不大，备份所需的时间很短。但增量备份的数据恢复是比较麻烦的。它必须具有上一次全量备份和所有增量备份磁带（一旦丢失或损坏其中的一盘磁带，就会造成恢复的失败），并且它们必须沿着从全量备份到依次增量备份的时间顺序逐个反推恢复，因此这就极大地延长了恢复时间。

4. 差异备份与增量备份的区别

通过上面的概念分析可以知道，差异备份与增量备份的区别在于它们备份的参考点不同：前者的参考点是上一次全量备份，后者的参考点是上一次全量备份、差异备份或增量备份，如图 5-6 所示。

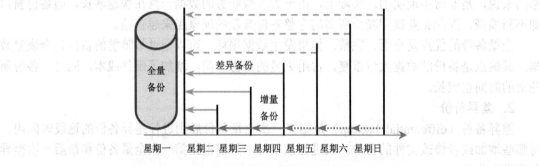

图 5-6　差异备份和增量备份示意图

5. 不同备份类型组合

（1）全量备份与差异备份

以每周数据备份计划为例，可以在星期一进行全量备份，在星期二至星期五进行差异备份。如果星期五数据被破坏，则只需要还原星期一的全量备份和星期四的差异备份。这种策略备份数据需要较多的时间，但还原数据使用的时间较少。

（2）全量备份与增量备份

在文件和目录数据备份中，全量备份将记录计算机上所有数据，需要很长的时间，因此，大多数公司每周只做一次左右的全量备份。但公司一般每天都执行增量备份。增量备份只保存自最新备份（全量备份或增量备份）以来更改的数据。

例如，如果在每周星期一进行全量备份，则星期二的增量备份只保存自星期一全量备份以来更改的信息。依此类推，星期三的备份只会保存自星期二增量备份以来更改的数据。星期四的增量备份将保存自星期三增量备份以来更改的数据……。在接下来的星期一，将再次完成全量备份。

先进行定期全量备份，然后进行更频繁的增量备份，这样做的最大好处是增量备份所需的时间较短。对于具有许多数据目录的大型硬盘驱动器而言，每天的备份速度非常重要。因此，几乎所有公司都混合使用全量备份和增量备份。

但是，恢复增量备份必须要仔细进行。继续前面所讨论的示例，假设硬盘驱动器在星期四出了故障。恢复程序必须先恢复星期一的全量备份，然后恢复星期二的增量备份，再恢复星期三的增量备份。换句话说，全量备份和增量备份必须按照创建备份的顺序还原备份。否则，较旧的文件会覆盖较新的文件。

通常，会保留几代全量备份，以便检到之前意外更改的文件。在每周备份的情况下，意味着要保留数周甚至数月的全量备份。然而，通常，在下次全量备份之后，会丢弃该全量备份之前的增量备份。

5.5 容灾备份

5.5.1 容灾与备份

容灾与备份实际上是两个概念，容灾是为了在遭遇灾害时能保证信息系统能正常运行，帮助企业实现业务连续性的目标；备份是为了应对灾难来临时造成的数据丢失问题。在容灾备份一体化产品出现之前，容灾系统与备份系统均是独立的。容灾备份产品的最终目标是帮助企业应对人为误操作、软件错误、病毒攻击等"软"性灾害以及硬件故障、自然灾害等"硬"性灾害。

容灾备份系统是指在相隔较远的异地，建立两套或多套功能相同的 IT 系统，互相可以进行健康状态监视和功能切换，当一处系统因意外（如火灾、地震等）停止工作时，整套系统可以切换到另一处，使得该系统功能可以继续正常工作。

容灾技术是系统的高可用性技术的一个组成部分，容灾系统更加强调处理外界环境对系统的影响，特别是灾难性事件对整个 IT 节点的影响，提供节点级别的系统恢复功能。

5.5.2 容灾系统及分类

容灾系统就是为计算机信息系统提供的一个能应付各种灾难的环境。当计算机信息系统在遭受如火灾、水灾、地震等不可抗拒的自然灾难以及计算机犯罪、计算机病毒、掉电、网络/通信失败、硬件/软件错误和人为操作错误等人为灾难时，容灾系统可保证用户数据的安全性（即数据容灾），同时，还能提供不间断的应用服务（应用容灾）。可以说，容灾系统是数据存储备份的最高层次。

从对系统的保护程度来分，可以将容灾系统分为两类，即数据容灾和应用容灾。

1. 数据容灾

数据容灾，是指建立一个异地的数据系统，该系统是本地关键应用数据的一个可用副本。

在本地数据及整个应用系统出现灾难时,系统至少在异地保存有一份可用的关键业务的数据。该数据可以是本地生产数据的完全实时副本,也可以是比本地数据略微早的数据,但一定是可用的。采用的主要技术是数据备份和数据复制技术。

数据容灾技术,又称为异地数据复制技术,按照其实现的技术方式来说,主要可以分为同步传输方式和异步传输方式(各厂商在技术用语上可能有所不同),另外,也有"半同步"传输方式。

半同步传输方式基本与同步传输方式相同,只是在读操作占 I/O 比例比较大时,其相对同步传输方式可以略微提高 I/O 的速度。

而根据容灾的距离,数据容灾又可以分成远程数据容灾和近程数据容灾。

2. 应用容灾

应用容灾,是在数据容灾的基础上,在异地建立一套完整的与本地生产系统相当的备份应用系统(可以互为备份),在灾难情况下,远程系统迅速接管业务运行。数据容灾是抗御灾难的保障,而应用容灾则是容灾系统建设的目标。

建立一个应用容灾系统是相对比较复杂的,不仅需要一份可用的数据副本,还要有包括网络、主机、应用,甚至 IP 地址等资源,以及各资源之间的良好协调。主要的技术包括负载均衡、集群技术。

数据容灾是应用容灾的基础,应用容灾是数据容灾的目标。在构建容灾系统时,要建立多层次的广域网络故障切换机制。

本地高可用容灾系统指在多个服务器运行一种或多种应用的情况下,应确保任意服务器出现任何故障时,其运行的应用不能中断,应用和系统应能迅速切换到其他服务器上运行,即本地系统集群和热备份。

在远程容灾系统中,需要实现完整的应用容灾时,既要包含本地系统的安全机制、远程的数据复制机制,还要具有广域网范围的远程故障切换能力和故障诊断能力。也就是说,一旦故障发生,系统要有强大的故障诊断和切换策略制定机制,确保快速的反应和迅速的业务接管。实际上,广域网范围的高可用能力与本地系统的高可用能力应形成一个整体,实现多级的故障切换和恢复机制,确保系统在各个范围的可靠和安全。

集群系统是在冗余的通常可用性系统基础之上,运行高可靠性软件而构成的。高可靠性软件用于自动检测系统的运行状态,在一台服务器出现故障的情况下,自动地把设定的服务转到另一台服务器上。

当运行服务器提供的服务不可用时,备份服务器自动接替运行服务器的工作而不用重新启动系统,而当运行服务器恢复正常后,按照使用者的设定以自动或手动方式将服务切换到运行服务上运行。备份服务器除了在运行服务器出现故障时接替其服务,还可以执行其他应用程序。

因此,一台性能充分的主机可同时作为某一服务的运行服务器和另一服务的备份服务器使用,即两台服务器互为备份。一台主机可以运行多个服务,也可作为多个服务的备份服务器。

5.5.3 容灾系统等级划分

依据备份/恢复的范围、灾难恢复计划的状态、应用站点与灾难备份站点之间的距离、应用站点与灾难备份站点之间是如何相互连接的、数据是怎样在两个站点之间传送的、允许有多少数据被丢失、怎样保证更新的数据在灾难备份站点被更新、灾难备份站点可以开始灾难备份工作的能力 8 个方面所达到的程度不同，国际标准 SHARE 78 将容灾系统定义成 7 个等级。

（1）0 级：无异地备份

第 0 级容灾方案数据仅在本地进行备份，没有在异地备份数据，未制定灾难恢复计划。这种方式是成本最低的灾难恢复解决方案，但不具备真正灾难恢复能力。

在这种容灾方案中，常用的是备份管理软件加上磁带机，可以是手工加载磁带机或自动加载磁带机。它是所有容灾方案的基础，从个人用户到企业级用户都广泛采用这种方案。其特点是用户投资较少，技术实现简单。缺点是一旦本地发生毁灭性灾难，将丢失全部的本地备份数据，业务无法恢复。

（2）1 级：实现异地备份

第 1 级容灾方案是将关键数据备份到本地磁带等介质上，然后送往异地保存，但异地没有可用的备份中心、备份数据处理系统和备份网络通信系统，未制定灾难恢复计划。灾难发生后，使用新的主机，利用异地数据备份介质将数据恢复。

这种方案成本较低，运用本地备份管理软件，可以在本地发生毁灭性灾难后，恢复从异地运送过来的备份数据到本地，进行业务恢复。但难以管理，即很难知道什么数据在什么地方，恢复时间长短依赖于何时硬件平台能够被提供和准备好。这种方案作为异地容灾的手段，过去被许多进行关键业务生产的大企业所广泛采用。目前，这种方案在许多中小网站和中小企业用户中采用较多，而对于要求快速进行业务恢复和海量数据恢复的用户来说，是不能够被接受的。

（3）2 级：热备份站点备份

第 2 级容灾方案是将关键数据进行备份并存放到异地，制订有相应灾难恢复计划，具有热备份能力的站点灾难恢复方案。一旦发生灾难，利用热备份主机系统将数据恢复。它与第 1 级容灾方案的区别在于异地有一个热备份站点，该站点有主机系统，平时利用异地的备份管理软件将运送到异地的数据备份介质上的数据备份到主机系统。当灾难发生时可以快速接管应用，恢复生产。

有了热备中心，用户投资会增加，相应的管理人员要增加。该方案技术实现简单，利用异地的热备份系统，可以在本地发生毁灭性灾难后，快速进行业务恢复。但这种容灾方案由于备份介质是采用交通运输方式送往异地，异地热备中心保存的数据是上一次备份的数据，因此可能会有几天，甚至几周的数据丢失。这种数据丢失的情况对于关键数据来说是不能容忍的。

（4）3 级：在线数据恢复

第 3 级容灾方案是通过网络将关键数据进行备份并存放至异地，制订有相应灾难恢复计划，有备份中心，并配备部分数据处理系统及网络通信系统。该等级方案的特点是用电子数据传输取代交通工具传输备份数据，从而可提高灾难恢复的速度。

这一等级方案的特点是利用异地的备份管理软件将通过网络传送到异地的数据备份到主机系统。一旦灾难发生，需要的关键数据通过网络可迅速恢复，通过网络切换，关键应用恢复时间可降低到天级或小时级。这一等级方案由于备份站点要保持持续运行，对网络的要求较高，因此成本相应有所增加。

（5）4 级：定时数据备份

第 4 级容灾方案是在第 3 级容灾方案的基础上，利用备份管理软件自动通过通信网络将部分关键数据定时备份至异地，并制订相应的灾难恢复计划。一旦灾难发生，利用备份中心已有资源及异地备份数据恢复关键业务系统运行。

这一等级方案的特点是备份数据采用自动化的备份管理软件备份到异地，异地热备中心保存的数据是定时备份的数据，根据备份策略的不同，数据的丢失与恢复时间达到天级或小时级。由于对备份管理软件设备和网络设备的要求较高，因此投入也会增加。但由于该级别备份的特点，业务恢复时间和数据的丢失量还不能满足关键行业对关键数据容灾的要求。

（6）5级：实时数据备份

第 5 级容灾方案在前面几个级别的基础上使用了硬件的镜像技术和软件的数据复制技术，也就是说，可以实现在应用站点与备份站点的数据都被更新。数据在两个站点之间相互镜像，由远程异步提交来同步，因为关键应用使用了双重在线存储，所以在灾难发生时，仅仅很小部分的数据被丢失，恢复的时间被降低到了分钟级或秒级。由于对存储系统和数据复制软件的要求较高，因此所需成本也大大增加。

这一等级的方案因为既能保证不影响当前交易的进行，又能实时复制交易产生的数据到异地，所以是目前应用最广泛的一类。正因为如此，许多厂商都有基于自己产品的容灾解决方案。例如：存储厂商 EMC 等推出的基于智能存储服务器的数据远程复制；系统复制软件提供商 VERITAS 等提供的基于系统软件的数据远程复制；数据库厂商 Oracle 和 Sybase 提供的数据库复制方案等。

但这些方案有一个不足之处就是异地的备份数据是处于备用（standby）备份状态而不是实时可用状态，这样灾难发生后需要一定时间来进行业务恢复。更为理想的应该是备份站点不仅仅是一个分离的备份系统，而且还处于活动状态，能够提供生产应用服务，可以提供快速的业务接管，而备份数据则可以双向传输，数据的丢失与恢复时间达到分钟级甚至秒级。据了解，目前 DSG 公司的 RealSync 全局复制软件能够提供这一功能。

（7）6级：零数据丢失

第 6 级容灾方案是灾难恢复中最昂贵的方式，也是恢复速度最快的方式。它是灾难恢复的最高级别，利用专用的存储网络将关键数据同步镜像至备份中心，数据不仅在本地进行确认，而且需要在异地（备份）进行确认。因为，数据是镜像地写到两个站点的，所以灾难发生时异地容灾系统保留了全部的数据，可实现零数据丢失。

这一方案在本地和远程的所有数据被更新的同时，利用双重在线存储和完全的网络切换能力，不仅可保证数据的完全一致性，而且存储和网络等环境具备应用的自动切换能力。一旦发生灾难，备份站点不仅有全部的数据，而且应用可以自动接管，实现零数据丢失。通常在这两个系统中的光纤设备连接中还提供冗余通道，以备工作通道出现故障时及时接替工作，当然由于对存储系统和存储系统专用网络的要求很高，因此用户的投资巨大。

采取这种容灾方式的用户主要是资金实力较为雄厚的大型企业和电信企业。但在实际应用过程中，因为完全同步的方式对生产系统的运行效率会产生很大影响，所以适用于生产交易较少或非实时交易的关键数据系统，目前采用该级别容灾方案的用户还很少。

5.5.4　容灾系统的方案选择

面对各种可能的灾难，企业需要方便、灵活地同步基于异构环境下驻留在不同数据库中的数据，这就需要建设对各种情况都可以抵御或者化解的本地和异地的容灾系统。

但是，一些计算机信息系统对于容灾机制的考虑还有欠缺，不少计算机信息系统只是做了简单的本地磁盘的不同分区或者是相同系统上不同磁盘的数据备份，严格意义上只是数据备份系统，称不上容灾系统。例如，数据库系统中常用的镜像备份，也就是文件复制方式；基于操作系统文件系统复制的方式；基于高端联机存储设备（磁盘阵列）的数据写操作同步的方式等。在一般灾难来临时，可以在一定意义上保证数据的完整性，但很难保证用户数据的可靠性和安全性，更不用说能向用户提供透明的不间断服务了。真正的容灾必须满足 3 个要素。

首先，系统中的部件、数据都具有冗余性，即一个系统发生故障，另一个系统能够保持数据传送的顺畅。

其次，具有长距离性，因为灾害总是在一定范围内发生，因而充分长的距离才能够保证数据不会被一个灾害全部破坏。

最后，容灾系统要追求全方位的数据复制，也称为容灾的"3R"（Redundance、Remote、Replication）。

而国际标准 SHARE 78 对容灾系统的定义有 7 个层次：从最简单的仅在本地进行磁带备份，到将备份的磁带存储在异地，再到建立应用系统实时切换的异地备份系统等，恢复时间也可以从几天到小时级到分钟级、秒级或零数据丢失等。

目前针对这 7 个层次，都有相应的容灾方案，所以，用户在选择容灾方案时应重点区分它们各自的功能特点和适用范围，根据数据的重要性以及需要恢复的速度和程度，来设计选择并实现哪个层次的容灾方案。

5.6 数据恢复

数据恢复（data recovery）是指通过技术手段，将保存在台式机硬盘、笔记本电脑硬盘、服务器硬盘、存储磁带库、移动硬盘、U 盘、数码存储卡等设备上丢失的电子数据进行抢救和恢复的技术。

所谓数据恢复技术，是指当计算机存储介质损坏，导致部分或全部数据不能访问时，通过一定的方法和手段将数据找回，使信息得以再生的技术。数据恢复技术不仅可恢复已丢失的文件，还可以恢复物理损伤的磁盘数据，以及不同操作系统的数据。数据恢复是计算机存储介质出现问题之后的一种补救措施，它既不是预防措施，也不是备份。在一些特殊情况下，数据将很难恢复，如数据被覆盖、低级格式化、磁盘盘片严重损伤等。

数据恢复技术主要分为以下几种。

1. 软恢复

软恢复主要是恢复操作系统、文件系统层的数据。相关数据丢失主要是软件逻辑故障、病毒木马、误操作等造成的，物理介质没有发生实质性的损坏，一般来说这种情况下是可以修复的，一些专用的数据恢复软件都具备这种能力。在所有的软损坏中，系统服务区出错属于比较复杂的，因为即使同一厂家生产的同一型号硬盘，系统服务区也不一定相同，而且厂家一般不会公布自己产品的系统服务区的内容和读取的指令代码。

2. 硬恢复

硬恢复主要针对硬件故障而丢失的数据，如硬盘电路板、盘体、电动机、磁道、盘片等损坏或者硬盘固件系统问题等导致的系统"不认盘"，恢复起来一般难度较大。这时要注意不要尝试对硬盘反复加电造成更大面积的损伤，这样还有可能能恢复大部分数据。

3. 数据库系统或封闭系统恢复

数据库系统或封闭系统往往自身就非常复杂，且有一套自己的完整保护措施，一般的数据问题都可以靠自身冗余保证数据安全。如 SQL Server、Oracle、Sybase 等大型数据库系统，以及 macOS、嵌入式系统、手持终端系统、仪器仪表等完成特定功能的独立且封闭系统往往恢复都有较大的难度。

4. 覆盖恢复

覆盖恢复难度非常大，一般民用环境下因为需要投入的资源太大，往往得不偿失。但是在尖端国防军事等国家统筹项目中或者由个别掌握尖端科技的硬盘厂商能做到覆盖恢复，具体技术都涉及核心机密，无法探知。

5.7 数据销毁

在某些时候，必须进行数据销毁。首先，公司必须安全地销毁不再需要的备份介质。其次，当计算机报废或易主时，必须对计算机上的数据进行销毁。比如，有些二手计算机上包含敏感的个人、公司甚至国家的安全数据。

实际上，删除有 4 种类型（或四级），即标称删除、基本文件删除、擦除或清除、销毁。选择何种删除类型取决于删除数据的原因。并不是某类删除类型一定比另一类删除类型更好。事实上，妥善销毁数据与安全保存数据所花费的精力相当。

1. 标称删除

对基于 Windows 的系统而言，常见的删除类型是标称删除。当用户选择文件再按 Delete 键时，就发生了标称删除。所选择的文件根本没有被删除，只是被移到了回收站。

一般只需一定的操作就能恢复回收站中的文件，不需要额外的文件恢复软件。

2. 基本文件删除

在基于 Windows 的系统中，当用户清空回收站时，会发生基本文件删除。指向某些扇区的指针被删除，但是这些扇区中的数据仍然存在。基本文件删除只删除了对扇区的引用，是逻辑删除，而不是物理删除。

基本文件删除相当于删除部分书的目录。是从目录中删除对章节的引用，但章节内容保持不变。只要数据没有被覆盖，就可以使用特殊的数据恢复软件对数据进行恢复。即使重新格式化或分区也无法安全地删除数据。硬盘保持可操作并仍能复用。许多用户将硬盘送给他人或丢弃之前，仅使用基本的文件删除，这种做法是错误的。因为没有安全地对文件进行删除，所以其他人可以恢复硬盘中的大多数文件。

需注意的是，攻击者可以使用基本文件删除将重要数据带离组织。攻击者只需将数据放在 USB 设备或其他外部存储设备上，然后，使用基本文件删除将数据删除。即使公司扫描 USB 设备或其他应用存储设备（通常不进行扫描），只会看到空白。攻击者回到家中，能恢复以前删除的所有文件。防止这类攻击的方法是在攻击者离开组织之前，强制性擦除其存储介质上所有可用空间。

3. 擦除或清除

安全的文件删除（称为擦除或清除）是对数据进行逻辑和物理擦除。因此，数据无法恢复。如果文件已被安全地删除，则恢复软件也无法恢复文件。硬盘仍然可用，但先前的数据则无法恢复。

在磁盘重新使用、离开组织或被销毁之前，必须对其进行完全擦除。硬盘器擦除软件通常用一个或多个伪随机数来覆盖所有文件和可用空间。

只是安全删除现有文件是不够的。在标有可用空间的硬盘中，可能还包含已逻辑删除但未进行物理删除的文件。这就是必须擦除整个硬盘的原因。

此外，还可加密整个硬盘。在加密整个硬盘后，再擦除硬盘，之后销毁加密密钥。

在过去，即使在擦除硬盘上的数据后，也能恢复数据。当然，恢复数据要借助特殊的实验室设备。清理意味着必须清除存储介质，使特殊的实验室方法也无法恢复已清除的数据。随着存储介质的变化（轨道密度），现在，借助实验室设备也很难进行数据恢复，由于特殊实验室方法不再有效，因此清理与擦除没有了区别。清理和擦除是一码事。

最近，对较新的固态盘（Solid State Disk，SSD）的研究表明，仅使用擦除进行安全删除还远远不够。对 SSD 可能需要新的清理过程，使实验室方法也不能恢复 SSD 的数据。到目前为止，销毁是唯一使 SSD 数据无法恢复的方法。

4. 销毁

对于媒介来说，最好的方法似乎就是物理切碎。现在许多办公粉碎机可以切碎光盘和纸张。公司应该实施这样的策略，在丢弃任何光盘之前，必须切碎光盘。

对于硬盘驱动器，有时会建议进行物理销毁。但是任何尝试这样做的人，可能都会惊叹硬盘驱动器的坚固性。美国国家标准与技术研究院（NIST）建议销毁用于存储分类材料的所有媒介。

物理销毁能保证数据不可恢复和不可复用。存储介质不能复用，因此需要考虑更换磁盘的成本，当然还要考虑销毁媒介的相关成本。这些成本可能包括对切碎、熔化或消磁（退磁）存储媒介所支付的费用。

5.8 思考题

1. 如何理解数据和信息的含义？
2. 数据在存储时可能会遭受哪些攻击？
3. 如何保护存储的数据的安全？
4. 列出数据丢失的方式（增加你所认识的数据丢失方式）。
5. 你是否曾用实验备份来恢复过文件？请说明。
6. 为什么大多数公司每天晚上都不会执行全量备份？
7. 假如某公司在某天晚上进行全量备份，将这次备份标记为 ALGdiff。在后续的 3 个晚上，进行增量备份，分别标记为 Beijing、Shanghai 和 Guangzhou。在恢复时，应按什么样的顺序恢复？
8. 容灾和备份有何差别？
9. 你认为社交网络会对数据安全产生什么样的影响？给出你的理由。
10. 列举一些有效的数据销毁方法。

第 6 章

软件安全

软件作为信息技术的主要载体，已日益渗透到社会政治、军事、经济、文化乃至生活的各个方面和各个层次，成为国家和社会关键基础设施的重要组成部分。随着软件的应用需求越来越多，复杂程度越来越高，可用性要求越来越强，软件也越来越庞大，其安全问题越来越突出，直接关乎国家基础设施的安全，关乎个人安全乃至国家安全。

因此，本章将以软件安全的相关基本概念为基础，分析软件漏洞产生的原因，详细讨论软件安全开发模型、软件安全需求分析、软件安全设计、软件安全编码、软件安全测试及软件安全部署等几个方面的安全技术。

6.1 软件安全实例分析

在人们的观念里，硬件为有形的实体，看得见、摸得着，属固定资产，比较容易评估价值；而软件是无形的、不可见的逻辑实体，看不见、摸不着，不容易评估价值，通常被认为是随硬件附赠的。所以有的人常常认为硬件比软件重要，不把软件当回事。而事实上，软件在某种程度上比硬件更重要，离开软件，硬件就会失去其应有的价值。

随着物联网、云计算、大数据、移动互联网、可穿戴设备和无人驾驶汽车等各种新兴 IT 技术的推广和应用，人们的日常工作和生活对软件的依赖程度不断增加，软件已无处不在。然而，软件是人写的，所以不完美，总会存在缺陷。国际上由于软件安全问题所导致的重大灾难、事故和严重损失屡见不鲜。下面用几个实例加以说明。

1. 1991 年宰赫兰导弹事件

美国爱国者导弹防御系统首次应用在海湾战争对伊拉克飞毛腿导弹的防御战中。尽管对此系统赞赏的报道不绝于耳，但还是在 1991 年的海湾战争中出现了失利。

1991 年 2 月，伊拉克发射的一枚飞毛腿导弹准确击中美国在沙特阿拉伯的宰赫兰基地，当场炸死 28 个美国士兵，炸伤 100 多人，造成美军在海湾战争中唯一一次伤亡超过百人的损失。

在后来的调查中发现，症结在于一个软件缺陷，使基地的爱国者反导弹系统失效，未能在空中拦截飞毛腿导弹。当时，负责防卫该基地的爱国者反导弹系统已经连续工作了 100h，每工作一个小时，系统内的时钟会有一个毫秒级的延迟。爱国者反导弹系统的时钟寄存器设计为 24 位，因而时间的精度也只限于 24 位的精度。在长时间的工作后，这个微小的精度误差被渐渐放大。在工作了 100h 后，系统时间的延迟约为 0.33s。对一般人来说，0.33s 是微不足道的。但是对一个需要跟踪并摧毁一枚空中飞弹的雷达系统来说，这是灾难性的——侯赛因飞毛腿导弹空速达 4.2 倍音速（约 1500m/s），这个"微不足道"的 0.33s 相当于大约 500m 的误差。由于时钟误差没有能够准确地跟踪它，因此基地的反导弹并没有被发射。

2．1996 年欧洲阿丽亚娜 5 型火箭爆炸

阿丽亚娜 5 型火箭由欧洲航天局研制，火箭高 52.7m，重约 740t，研制费用为 70 亿美元，研制时间为 1985—1996 年，约 1 万名软件研发工程师参与开发。

1996 年 6 月 4 日，在欧洲阿丽亚娜 5 型火箭的首次发射中，由于惯性参考系统软件的数据转换溢出错误，引发了一系列的错误，导致惯性导航系统对火箭控制失效，使得火箭在发射 40s 后爆炸，造成 25 亿美元的经济损失。

3．1999 年火星极地登陆者号探测器失踪事件

1999 年 12 月 3 日，美国航天局的火星极地登陆者号探测器试图在火星表面着陆时失踪，故障评估委员会（Failure Review Board，FRB）进行了故障调查，认定出现故障的原因极可能是一个数据位被意外置位。

故障评估委员会在测试中发现，在许多情况下，当探测器的脚迅速撑开准备着陆时，机械震动也会触发着陆触点开关，设置致命的错误数据位。设想探测器开始着陆时，计算机极有可能关闭着陆推进器，这样火星极地登陆者号探测器飞船下坠 1800m 之后冲向地面，撞成碎片。

结果是灾难性的，但背后的原因却很简单。登陆探测器经过了多个小组测试，其中一个小组测试飞船的脚折叠过程，另一个小组测试此后的着陆过程。前一个小组不去注意着地数据位是否置位——这不是他们负责的范围；后一个小组总是在开始测试之前复位计算机、清除数据位。双方独立工作都做得很好，但合在一起就不是这样了。

4．2019 年波音 737 MAX 客机半年内带走 346 条生命

2018 年的 10 月 29 日，印度尼西亚狮子航空公司一架波音 737 MAX 客机在爪哇岛北部海域坠毁，机上 189 人全部遇难。2019 年 3 月 10 日，埃塞俄比亚航空公司一架波音 737 MAX 客机，在起飞 6min 后就失去联系并坠毁，机上 157 人全部遇难。这两起事故都是起飞后不久，飞机首先出现操纵困难，继而机头朝地呈现俯冲状态后坠毁。

调查发现，波音 737 MAX 客机在空速不可靠或者飞机的迎角探测错误的情况下，会触发错误的保护逻辑，使得飞机的机动特性增强系统（Maneuvering Characteristics Augmentation System，MCAS，也称自动防失速系统）误启动，直接导致飞机失控。同时，在调查过程中，还发现 737 MAX 的软件系统存在另一个对飞行安全具有重要影响的问题。据美联社报道，受空难和外界环境影响，2020 年超过 1000 架波音 737 MAX 客机的订单被取消。

从以上列举的安全事件分析来看，一个非常简单而细微的软件错误，都有可能导致灾难性后果。因此，软件安全问题至关重要，不容忽视。

6.2 软件安全概述

6.2.1 软件及软件安全

1．软件的基本概念

软件是指计算机程序、数据和文档的集合。程序是完成特定功能和性能要求的指令序列；数据是程序运行的基础和操作的对象；文档是与程序开发、维护和使用有关的图文资料。

2. 软件的特点

软件具有以下特点。

① 软件是无形的、没有物理形态的，只能通过运行状况来了解其功能、特性和质量。

② 软件是设计开发出来的，而不是生产制造出来的，无法实现自动化生产。也就是说，软件涉及大量的脑力劳动，人的逻辑思维、智能活动和技术水平是软件产品的关键。

③ 与硬件不同，软件在运行和使用过程中没有磨损、老化问题，但存在缺陷，需要维护和技术更新。

④ 软件的开发和运行必须依赖于特定的计算机系统环境，对硬件有依赖性。为了减少依赖，开发中提出了软件的可移植性。

⑤ 软件具有可复用性，软件开发出来很容易被复制，从而形成多个副本。

⑥ 软件规模越大，其复杂性增加得越大。

⑦ 软件的开发成本较高。软件开发是一项经济活动，在一定的成本和时间限制下，满足用户的需求是软件开发的目标。软件开发的成本只是整个软件工程项目成本的一小部分，软件维护成本将占据工程的很大一部分成本。据统计，软件维护的费用占工程项目总费用的70%～80%。为什么？请读者加以思考。

3. 软件安全

软件安全属于软件领域里一个重要的子领域。在以前的"单机时代"，软件安全问题主要是操作系统容易感染病毒，单机应用程序软件安全问题并不突出。但是自从互联网普及后，软件安全问题愈加突显，使得软件安全性上升到一个前所未有的高度。

软件安全一般分为两个层次，即应用程序级别的安全和操作系统级别的安全。应用程序级别的安全，包括对数据或业务功能的访问，在预期的安全性情况下，操作者只能访问应用程序的特定功能、有限的数据等。操作系统级别的安全是确保只有具备系统平台访问权限的用户才能访问，包括对系统的登录或远程访问。

本章所讨论的软件安全主要是应用程序的安全，包括两个层面。一是应用程序本身的安全。一般来说，应用程序的安全问题主要是由软件漏洞导致的，这些漏洞可以是设计上的缺陷或是编程上的问题，甚至是开发人员预留的后门。二是应用程序的数据安全，包括数据存储安全（在第 5 章讨论）和数据传输安全（在第 4 章讨论）两个方面。本章重点讨论应用程序本身的安全。

6.2.2 软件质量与软件安全

软件质量与软件安全一直都紧密相连，息息相关。从大量的软件安全事件发生的原因来看，许多安全问题的根源就是质量问题。软件产品质量是软件安全最基本的、最起码的、最重要的要求。这个问题不解决，软件安全问题就得不到根本的解决。下面分别介绍与软件质量相关的一些基本概念。

1. 软件危机

软件危机（software crisis）泛指在计算机软件的开发和维护过程中所遇到的一系列严重问题。这些问题皆可能导致软件产品的寿命缩短，甚至"夭折"。软件危机表现在以下几个方面：

① 软件开发的进度和成本难以预估和控制，软件往往延期交付，且超预算；

② 软件的质量和可靠性差，无法满足用户需求；

③ 项目无法管理，且代码难以维护；

④ 软件缺乏合适的文档资料。

软件危机产生的主要原因首先在于软件系统的规模越来越大，复杂程度越来越高，开发难度越来越大，软件可靠性问题也越来越突出；其次在于软件开发是一项高难度、高风险的活动，其质量依赖于开发人员的逻辑思维、智能活动和技术水平，具有高失败率。此外，软件危机与缺乏正确、科学的软件开发与维护方法有直接的关系。

为了解决软件危机，1968 年北大西洋公约组织（North Atlantic Treaty Organization，NATO）在一次专门讨论软件危机的国际会议上正式提出"软件工程"的概念。"软件工程"的基本思想是用"工程"的概念来组织管理和开发软件，使得软件开发过程变得可管理、可控制，并保证软件开发的质量。

2. 软件质量和软件质量保证

概括地说，软件质量（software quality）就是"在规定条件下使用时，软件产品满足明确和隐含要求的能力。"基本上可用两种途径来保证软件质量，一是保证软件的开发过程，二是评价最终软件的质量。《系统与软件工程 系统与软件质量要求和评价（SQuaRE）第 10 部分：系统与软件质量模型》（GB/T 25000.10—2016）分别给出了软件质量模型和如何使用软件质量模型来描述软件质量。

软件质量模型将系统/软件产品质量属性划分为 8 个特性：功能性、性能效率、兼容性、易用性、可靠性、信息安全性、维护性和可移植性。每个特性由一组相关子特性组成。这些特性关系到软件的静态性质和计算机系统的动态性质。

使用软件质量模型将软件质量划分为 5 个特性：有效性、效率、满意度、抗风险和周境覆盖。每个特性又可进一步细分为一些子特性，这些特性关系到软件在特定的使用周境中的交互结果。其中，使用周境是指用户、任务、设备（硬件、软件和原材料）及使用某产品的物理和社会环境。

软件质量保证（Software Quality Assaurance，SQA）是建立一套有计划、有系统的方法，向管理层保证所有项目能够正确地采用拟定的标准、步骤、实践和方法。软件质量保证的目的是使软件过程对管理人员来说是可见的。它通过对软件产品和活动进行评审和审计来验证软件是合乎标准的。软件质量保证组在项目开始时就一起参与建立计划、标准和过程。这些将使软件项目满足机构的要求。

3. 软件保障

通常软件保障包括软件质量（软件质量工程、软件质量保障和软件质量控制等功能）、软件安全性、软件可靠性、软件验证与确认，以及独立验证与确认等学科领域。

软件保障（Software Assurance，SA），也可译为软性确保，是用于提高软件质量的实践、技术和工具。

美国国家安全系统委员会（Committee on National Security System，CNSS）把软件保障定文为对软件无漏洞和软件功能预期化的确信程度；美国国土安全部（Department of Homeland Security，DHS）对软件保障的定义强调可确保的软件必须具备可信赖性、可预见性和可符合性；美国国家航空航天局（National Aeronautics and Space Administration，NASA）把软件保障定义为有计划、有系统的一系列活动，目的是确保软件生命周期过程和产品符合要求、标准和流程。

我国国家标准《信息技术 软件安全保障规范》（GB/T 30998—2014）给出的软件保障的定义是：确保软件生存周期过程及产品符合需求、标准和规程要求的一组有计划的活动。

可以看出，软件保障是指提供一种合理的确信级别，确信根据软件需求，软件执行了正确的、可预期的功能，同时保证软件不被直接攻击或植入恶意代码。2004年美国第二届国家软件峰会所确定的国家软件战略认为，软件保障目前包括4个核心服务，即软件的安全性、保险性、可靠性和生存性。

软件保障已经成为信息安全的核心。它是多门不同学科的交叉，其中包括信息确保、项目管理、系统工程、软件获取、软件工程、测试评估、保险与安全、信息系统安全工程等。

4. 软件可靠性

软件可靠性（software reliability）是指软件产品在规定的条件下和规定的时间区间完成规定功能的能力。它包括两方面的含义：

① 在规定的条件下，在规定的时间区间内，软件不引起系统失效的概率；

② 在规定的时间区间内，在所述条件下，程序执行规定功能的能力。

其中，概率是系统输入和系统使用的函数出现错误的概率。

规定的条件是指直接与软件运行相关的使用该软件的计算机系统的状态和软件的输入条件，或统称为软件运行时的外部输入条件；规定的时间区间是指软件的实际运行时间区间；规定功能是指为提供给定的服务，软件产品所必须具备的功能。

由上述定义可知，软件可靠性不但与软件存在的缺陷、差错有关，而且与系统输入和系统使用有关。提高软件可靠性就是要减少软件中的缺陷或错误，提高软件系统的健壮性。

5. 软件安全、软件质量和可靠性的关系

软件安全、软件质量和可靠性紧密相关，但又略有不同。软件质量和可靠性关心的是一个程序是否意外出错。若出错，这些错误往往是由一些随机输入、系统交互或者使用错误代码引起的，它们服从一些形式的概率分布。

提高软件质量常用的方式，是采用某些形式的结构化设计，并通过测试来尽量识别和消除程序中的 bug，一般包括可能的输入变化和常见的错误测试，目的是在平常的使用中让 bug的数目最少。但是，软件安全关心的不是程序中 bug 的总数，而是这些 bug 是如何被触发导致程序失败的。

软件可靠性通常涉及软件安全性的要求，但是软件可靠性要求不能完全取代软件安全性的要求。

6. 可信软件

"可信"是在传统的安全、可靠等概念基础上发展起来的一个相对较新的学术概念。一般来讲，可信是指一个实体在实现给定目标时，其行为与结果总是可以预期的。它强调目标与实现相符，强调行为和结果的可预测性和可控性。

软件的可信是指即使软件在运行过程中出现一些特殊情况，软件的动态行为和结果总是与用户的预期相符，这样的软件就是可信软件。这里的特殊情况包括：

① 硬件环境（计算机、网络）发生故障；

② 低层软件（操作系统、数据库）出现错误；

③ 其他软件（病毒软件、流氓软件）对其产生影响；

④ 出现有意（攻击）、无意（误操作）的其他情况。

可信软件概念强调软件的可用功能正确、不少、不多；强调软件的可靠性（容错）高、安全性（机密性、完整性）高、响应时间（从输入到输出）小、维护费用（监测、演化）少。可信软件将成为软件技术发展和应用的必然结果。

【知识拓展】

更多关于《信息技术 软件安全保障规范》的内容，请扫描二维码阅读。

6.2.3 软件安全相关概念

在软件的开发和使用过程中，人们经常会提到一些与软件安全紧密相关的概念，如软件错误（software error/mistake）、软件缺陷（software defect/flaw/bug）、软件故障（software fault）、软件失效（software failure）、软件漏洞（software vulnerability）等，那么这些概念与软件安全的关系是什么呢？

根据 ISO/IEC/IEEE 24765:2010《系统和软件工程—词汇表》（*Systems and software engineering-Vocabulary*），软件中的错误、缺陷、故障和失效可以用图 6-1 来区别它们在软件生命周期各个阶段的表现。

图 6-1 软件中的错误、缺陷、故障和失效在软件生命周期各个阶段的表现

软件错误是指在软件开发过程中出现的不符合期望或不可接受的人为差错，其可能导致软件缺陷的产生。在软件开发过程中，人是主体，难免会犯错误。软件错误主要是一种人为错误，相对于软件本身而言，是一种外部行为。

软件缺陷是指由于人为差错或其他客观原因，导致软件隐含能导致其在运行过程中出现不希望或不可接受的偏差，例如软件需求定义以及设计、实现等错误。在这种意义下，软件缺陷和软件错误有着相近的含义。当软件运行于某一特定的环境条件时出现故障，这时称软件缺陷被激活。软件缺陷存在于软件内部，是一种静态形式。

软件故障是指软件出现可感知的不正常、不正确或不按规范执行的状态。例如，软件运行过程中因为程序本身有错误而造成的功能不正常、死机、数据丢失或非正常中断等现象。

软件失效是指软件丧失完成规定功能的能力的事件。软件失效通常包含 3 方面的含义：软件或其构成单元不能在规定的时间内和条件下完成所规定的功能，软件故障被触发及丧失对用户的预期服务时都可能导致失效；一个功能单元执行所要求功能的能力终结；软件的操作偏离软件需求。

结合本章讨论的主题，仅讨论软件错误、软件缺陷和软件漏洞。

1. 软件错误

软件错误是软件开发生命周期各阶段中错误的真实体现。在生命周期中的前一阶段到下一阶段，错误的影响是发散的，所以要尽量把错误消除在开发前期阶段。软件错误是软件安全的一个子集，软件错误可能包含以下几种情况。

（1）需求分析定义错误

由于软件开发生命周期需求分析过程的错误而产生的需求不正确或需求的缺失。例如，用户提出的需求不完整，用户需求的变更未被及时消化，以及软件开发者和用户对需求的理解不同等。

（2）设计错误

由于设计阶段引入不正确的逻辑决策、决策本身错误或者由于决策表达错误而导致的系统设计上的错误。例如，缺少用户输入验证，这会导致数据格式错误或缓冲区溢出漏洞。

（3）编码错误

在编码的过程中，若编程人员经验不足，有可能出现处理的结构和算法错误，缺乏对特殊情况和错误处理的考虑；也有可能出现潜在的语法错误、变量初始化错误等。

（4）测试错误

如数据准备错误、测试用例错误等。

（5）配置错误

由于软件在应用环境中配置不当而产生错误。例如，数据库管理员采用默认口令。

（6）文档错误

如文档不齐全，文档相关内容不一致，文档版本不一致，以及缺乏完整性等。

2. 软件缺陷

软件缺陷也俗称软件 bug，是指计算机软件或程序中存在的某种破坏正常运行能力的问题、错误，或者隐藏的功能缺陷。缺陷会导致软件产品在某种程度上不能满足用户的需要。

IEEE 软件工程标准术语汇编（IEEE 729—1983）对缺陷有一个标准的定义：从产品内部看，缺陷是软件产品开发或维护过程中存在的错误、毛病等各种问题；从产品外部看，缺陷是系统所需要实现的某种功能的失效或违背。

缺陷的表现形式不仅体现在功能的失效方面，还体现在以下几个方面：

① 软件没有实现产品规格说明所要求的功能模块；

② 软件中出现了产品规格说明指明不应该出现的错误；

③ 软件实现了产品规格说明没有提到的功能模块；

④ 软件没有实现虽然产品规格说明没有明确提及但应该实现的目标；

⑤ 软件难以理解，不容易使用，运行缓慢等最终用户体验不佳的情况。

3. 软件漏洞

软件漏洞通常被认为是软件生命周期中与安全相关的设计错误、编码缺陷及运行故障等。本书并不对软件漏洞、软件缺陷及软件错误等概念严格区分，下面统一采用软件漏洞来描述软件缺陷和软件错误。

软件漏洞一方面会导致有害的输出或行为，例如，导致软件运行异常；另一方面漏洞也会被攻击者所利用来攻击系统，例如，攻击者通过精心设计攻击程序，准确地触发软件漏洞，并利用该漏洞在目标系统中插入并执行精心设计的代码，从而获得对目标系统的控制权，进而实施其他攻击行为。

由此可见，软件系统或产品在设计、实现、配置和运行等过程中，由操作实体有意或无意产生的缺陷、瑕疵或错误都可称为软件漏洞，它们以不同形式存在于软件开发和使用的各个层面和环节之中，且随着软件的变化而改变。漏洞一旦被恶意主体所利用，就会危及软件的安全，从而影响软件的正常运行。

6.3 软件如何产生漏洞

客观地讲，软件中大多数都存在潜在的漏洞。可以说，只要给足够的时间，没有找不出安全缺陷的超凡软件。然而，大多数开发人员都极其不相信自己开发出来的软件存在安全问题。事实上，这些漏洞只是因为开发人员尚未发现而已。

因此，在软件开发的过程中，软件漏洞的产生几乎是不可避免的。那么软件漏洞是如何产生的呢？总的说来，软件漏洞的产生方式可归纳为两种特性：程序代码特性、开发过程特性。

① 程序代码一个直观的特性是长度，另外还有算法和语句结构等，程序代码越长，结构越复杂，其可靠性越难保证，漏洞也越容易隐藏。

② 开发过程特性包括采用的工程技术和使用的工具，也包括开发过程管理以及开发者个人的业务水平等。

但是，从整个软件生命周期来看，软件漏洞产生的原因主要与软件本身、团队工作、技术问题和项目管理问题等几个方面有关。

1. 软件本身

需求不清晰，导致设计目标偏离客户的需求，从而引起功能或产品特征上的缺陷。

系统结构非常复杂，而又无法设计成很好的层次结构或组件结构，结果导致意想不到的问题或系统维护、扩充上的困难；即使设计成良好的面向对象的系统，由于对象、类太多，很难完成对各种对象、类相互作用的组合测试，而隐藏着一些参数传递、方法调用、对象状态变化等方面的问题。

对程序逻辑路径或数据范围的边界考虑不够周全，漏掉某些边界条件，造成容量或边界错误。

对一些实时应用，要进行精心设计和技术处理，保证精确的时间同步，否则容易引起时间上不协调、不一致带来的问题。

没有考虑系统崩溃后的自我恢复或数据的异地备份、灾难性恢复等问题，从而存在系统安全性、可靠性的隐患。

系统运行环境复杂。不仅用户使用的计算机环境千变万化，包括用户的各种操作方式或各种不同的输入数据，容易引起一些特定用户环境下的问题；在系统实际应用中，数据量很大，从而会引起强度或负载问题。

通信端口多、存取和加密手段的矛盾性等，会造成系统的安全性或适用性等问题。此外，新技术的采用，可能涉及事先没有考虑到的技术或系统兼容的问题。

2. 团队工作

系统需求分析时对客户的需求理解不清楚，或者和客户的沟通存在一些困难。

不同阶段的开发人员相互理解不一致。例如，软件设计人员对需求分析的理解有偏差，编程人员对系统设计规格说明书某些内容重视不够，或存在误解。

对于设计或编程上的一些假定或依赖性，相关人员没有充分沟通。项目组成员技术水平参差不齐，新员工较多，或培训不够等原因也容易引起问题。

3. 技术问题

在技术实现过程中，有可能会存在算法错误（在给定条件下没能给出正确或准确的结果）、语法错误（对于编译性语言程序，编译器可以发现这类问题；但对于解释性语言程序，只能在测试运行时发现）、计算和精度问题（计算的结果没有满足所需要的精度）等；也有可能存在系统结构不合理、算法选择不科学，造成系统性能低下，接口参数传递不匹配导致模块集成出现问题。

4. 项目管理问题

缺乏质量文化，不重视质量计划，对质量、资源、任务、成本等的平衡把握不好，容易挤掉需求分析、评审、测试等的时间，遗留的缺陷会比较多。

系统分析时对客户的需求不是十分清楚，或者和客户的沟通存在一些困难。缺乏有效的项目管理方法和手段。

开发周期短，需求分析、设计、编程、测试等各项工作不能完全按照定义好的流程来进行，工作不够充分，结果也就不完整、不准确，错误较多；周期短，还给各类开发人员造成太大的压力，引起一些人为的错误。

开发流程不够完善，存在太多的随机性和缺乏严谨的内审或评审机制，容易产生问题。如文档不完善，风险估计不足等。

下面将从常见的安全设计问题、编程语言的实现问题、常见的应用程序安全实现问题、开发过程中的问题、软件部署上的问题和平台的实现问题等几个方面加以详细讨论。

6.3.1 常见的安全设计问题

1. 密码技术的错误应用

密码技术的基础内在法则之一就是密钥必须作为秘密存在，否则，整个密码系统就将失效。因此，密钥的管理是密码技术中最具挑战性的工作之一。

在实际编程中，经验不丰富的程序员往往会犯以下两种错误：将密钥编写到应用程序中和错误地处理秘密信息。

将密钥当作一个静态值编写到应用程序中，并试图通过异或编码或其他二进制匹配方式将整个值进行干扰处理，这相当于将整个应用程序当作秘密来对待。事实上是不可行的。攻击者只需要通过少量的反向工程，就可以解密那些存储在应用程序中的数据或者从网络中觉察到的加密数据。

私密信息是指除了向授权访问的用户开放之外，应用程序不应该公开的那些数据。诸如登录密码、登录密码散列值、密钥及会话标识符等的秘密信息是非公开数据中最为关键的信息，这些数据的暴露通常会破坏系统的安全性。另外一些私密数据，比如账户名称、信用卡号以及账户的收支情况等，这些通常都是非常重要而且需要保持私密性的数据，这些数据的暴露就会破坏数据的保密性。

对这些私密信息的恰当处理就是不要把这些信息随意地写到临时文件、日志文件或者交换磁盘空间中。保存过私密数据的缓冲区应该擦除，这样，如果系统为其他的用户会话而重用内存，后来的这个用户就不会看到之前擦除的他人私密信息。如果数据是写入一个文件或数据库中，那么应该对数据进行加密，这样，即使系统安全性遭到破坏，攻击者也不会得到明文的私密信息。

2. 对用户及其许可权限进行跟踪

许多联网的应用程序都需要跟踪用户与事务之间的关联，以便在该事务完成之前，应用程序能够执行一个授权步骤。如果这个用户未获得这个事务或该事务所操作数据的授权，那么应用程序必须返回一个错误。在实际的编程设计中，往往会出现会话管理、身份鉴别和授权薄弱或缺失的现象。

（1）会话管理薄弱或缺失

为用户创建会话后，必须对其进行管理。典型的情况就是 Web 应用程序通过为会话分配一个不可猜测、不可预知的会话标识符并将其存储在 cookie 中，从而进行会话的管理。在会话管理中，应使用密码散列值。如果会话标识符使用简单的增量数字或者时间戳，攻击者就会较容易猜出有效的会话标识符，并使用其他用户已经认证的会话。

如果某个攻击者能够嗅探网络，或者能够有效实施代理攻击的话，这个攻击者就可以访问到其他用户的会话标识符，因此会话标识符在网络上的传输必须使用某种加密的手段，如SSL。此外，应用程序还必须不存在跨站点执行脚本的漏洞，否则用户的 cookie 就有可能被窃取。

（2）身份鉴别薄弱或缺失

由于授权依赖于身份鉴别，因此身份鉴别本身必须是安全的。用户发送到系统的密码必须通过像 SSL 这样的安全连接来传送，否则，密码就可能会被中途截取。身份鉴别步骤不应存在被绕过的可能性。密码的质量必须强制满足，并且，在系统等待输入登录信息时，一般不能允许尝试密码的次数超过 3 次，以防止暴力攻击。

（3）授权薄弱或缺失

对于大多数应用程序来说。正确地实现授权并非易事。应用程序中不能存在让攻击者绕过授权步骤并通过系统执行未获得授权的事务的可能性。

3. 有缺陷的输入验证

缺少输入验证或输入验证存在缺陷，是造成许多极严重漏洞的头号诱因。这些漏洞包括缓冲区溢出、SQL 注入以及跨站点执行脚本等。输入验证非常关键，必须对其缺陷加以纠正。开发人员应该花时间对输入验证例程进行审查，并针对其正确性进行测试。

（1）没有在安全的上下文环境中执行验证

许多客户端-服务器应用程序都在客户端执行输入验证，以提高性能。如果用户输入了错误的数据，客户端验证就可以较快地对数据进行验证，而不需要将数据通过网络发送给服务器来完成验证工作。这是在客户端验证的好处。但是，如果仅在客户端进行验证，那么攻击者通过禁用客户端验证所在的代码部分（如 JavaScript 代码），很容易就可以绕过这个验证步骤。攻击者使用自定义 Web 客户端或者使用 Web 代理服务器，就可以操纵客户端的数据而无须进行客户端验证。

（2）验证例程不集中

设计出一个好的验证例程不容易。程序内位于各层次上的许多验证例程会带来复杂性，难以进行正确性审查。输入验证应该尽可能地在靠近用户输入的位置执行，并且要集中，这样所有的数据都可以经过验证例程，并且能够确保输入验证本身的正确性。当通过一个验证器例程集中对外部数据流进行验证时，必须要注意保持严格的验证。

（3）不安全的组件边界

现在的许多软件都使用多个组件来构建。图表控件就是一个组件的例子，该控件作为一个数据库对象，用作和数据库服务器连接的接口。这些都是现成的对象，一般由组件或数据库厂商提供。开发人员往往会将代码拆分为多个组件，这样就可以在其他的软件项目中重用，或者通过这种组件化的方法简化其程序内部的通信。

例如，一个应用服务器可以有一个配置组件，管理员可以使用它通过独立于应用服务之外的另一个进程来对应用服务器软件进行配置。这个组件可以通过诸如命名管道等进程间通信方式来与应用服务器引擎进行通信。

组件边界是指程序的位置点，各组件在这些位置点上进行通信。典型的情况下，组件间的通信是通过 TCP/IP 套接字、命名管道、文件、共享内存或者通过远程过程调用来完成。如果不对这种通信通道进行身份鉴别，所有在组件间交换的数据就是潜在的敌意数据。因为通信通道很有可能存在被注入的敌意数据。

实际应用中，许多组件接口都假定组件间通信的数据都经过了验证，这就使得组件边界漏洞随时可能发生。因此，应该在每一个组件边界上都执行数据验证，这通常称作"防御性编程"（defensive programming）。组件边界越多，意味着必须正确验证的输入点越多，同时也意味着程序员出错的概率越大。

4. 薄弱的结构性安全

薄弱的结构性安全主要体现在以下几个方面。

（1）大的攻击面

攻击面就是指攻击者可能与计算机进行交互的应用程序边界。对于大多数应用程序来说，这可能是应用程序所具有的网络接口。不过，攻击面也有可能是文件系统、注册表或进程间通信。应用程序与外部通信的方式越多，其攻击面就越大。一般来讲，在两个端口上对网络进行监听的应用程序通常就不如在一个端口上监听的应用程序安全。

当然，攻击面的大小不仅仅是数量的问题，还和攻击面如何实现有关。对于一个程序来说，如果在执行安全性功能（如身份鉴别、授权或输入验证）之前执行的数据输入处理工作越多，那么其攻击面就越大。在执行上述安全性功能之前，进行大量的数据解析或计算，就意味着会有更多的代码，就可能存在更多的攻击者可访问的漏洞。

（2）在过高权限级别上运行进程

当一个漏洞被利用时，攻击者无论是执行任意代码或者是操作该系统的文件系统，其动作都是以那个存在漏洞且处于运行中的进程所具有的权限来执行的。这就是攻击者为什么力求找出那些运行于高权限级别的软件（UNIX 系统上以 root 级别运行，而 Windows 系统上以 Administrator 或 SYSTEM 权限级别运行）的漏洞，并对其加以利用的原因。

因此，最好以尽可能最低的权限级别运行来达到软件所需，这样即使出现漏洞并被利用，也可以限制其破坏带来的影响。

Apache Web 服务器是在低权限级别上运行的一个优秀例子。它在 UNIX 系统上以 nobody 用户身份运行，而 Apache 的配置文件和日志文件设定为不允许 nobody 用户来对其进行更改。nobody 用户不能对系统上的任何 Web 内容进行写操作。这种优秀设计的好处是：当出现一个安全漏洞并被利用的时候，攻击者无法修改 Web 服务器的运行方式，也不能对 Web 服务器上的内容进行更改。

（3）没有纵深防御

安全设计的基本内在法则之一就是不要依赖一种机制来实现安全性。因为那种机制可能会失效，应该并用多种相互独立的安全机制。银行的物理安全就是现实生活中纵深防御的一个例子。

银行的金库不把门开在大街上。银行有一个带锁的前门，一个带锁的室内门，最后才是金库大门。每一层门上都安装了安全摄像机和警报器，在两门之间，房间内可能还会有移动物体传感器。这些安全机制中的任何一种防范都有可能失效。但是，整个安全系统仍然可以用来缓解银行遭抢劫的风险。

当为应用程序设计缓解安全威胁的措施时，设计人员应该使用多种机制与安全威胁抗衡。对于 SQL 注入威胁，设计人员应该使用输入过滤来确保数据（可能最终会作为 SQL 查询的一部分）格式规范；此外，还应该对敏感数据进行加密，这样，即使攻击者获得了数据访问权，他也还需要正确的密钥。事务处理应该在日志中记录 IP 地址，而且，如果可能，还应该记录与之关联的用户名。

引入软件中的每一种威胁缓解措施都有其局限性，还有可能存在缺陷。如果使用了纵深防御，那么，软件即使面临着某项威胁缓解措施的失效，也仍然会是安全的。

（4）失效时的处理不安全

除了攻击者窃得身份凭证之外，应用程序也有可能会企图去做那些其设计中本不打算做的事情。这种非预期的功能主要来源就是错误处理代码。这些代码往往在设计和测试方面有所不足。

为提高应用程序安全，开发人员必须要重视错误处理代码。因为应用程序的大部分输入都有可能试图使得程序不去执行其预定的功能。如果应用程序不能对所有输入都做合适的校验，那么攻击者就会利用错误处理例程中的非预期功能来改变程序的执行。

另一个错误处理问题就是如何报告错误情况。报错的原则是不应向攻击者暴露任何与系统相关的信息。例如，当用户在登录界面输入用户名和密码，系统验证后，不能提示类似"输入的用户名不存在""输入的用户密码错误"等错误信息。当应用程序自身出错时，错误消息中往往包含有堆栈跟踪信息、目录信息及应用程序所连接的软件组件或服务的版本信息等。应用程序应该将错误细节记录到管理员可以读取的日志文件中，而只是简单地告诉用户发生了错误，对用户屏蔽与系统相关的错误细节。

5. 其他设计缺陷

其他设计缺陷主要体现在以下几个方面。

（1）代码和数据混在一起

多层应用程序往往会在进程之间传送命令或其他解释性代码。如果攻击者能够找出修改这类代码的途径，就会找到办法来修改应用程序的执行。Web 应用服务器是一个常见的例子，它会向 Web 客户端发送 JavaScript 代码来执行客户端呈现或者客户端验证。另一个例子是向数据库服务器发送 SQL 查询的应用服务器，SQL 是一种编程语言，由数据库服务器执行。

应用程序的设计应该将用户提供的数据和应用程序要传送给其他系统或者自己执行的代码进行隔离。如果代码是静态的，那就比较简单。但是，往往这些代码是使用用户数据来生成的，是动态的。在这种情况下，就必须要小心地将用户数据加以净化处理（以去除其中的有害成分），这样，就可以避免因攻击者修改由用户数据生成的代码而控制部分系统的执行。

（2）错将信任寄予外部系统

应用程序中输入的每一份数据都可能是潜在的危险之源。软件设计人员往往清楚地知道需要对用户输入的数据保持警觉。然而，这些设计人员却经常忘记应该对应用程序的所有外部数据都保持警觉。

这也许源于一种旧观念，那就是人的输入会出错，必须对其构建防护措施；由其他进程或者系统输入的数据是由计算机生成的，格式规范，并且也是安全的。这种安全的错觉是假定不会有恶意参与者欺骗外部系统的情况。当发生这种情况的时候，从外部系统输入应用程序中的数据就和用户输入一样危险。因此，必须将所有的外部输入都当作危险的情况对待，必须对其进行净化处理，以去除其中的有害数据。

即使使用经过净化的数据，也不要在数据中赋予任何未经保证的信任。如果有可能，要对外部系统进行认证。对于那些可匿名访问的外部系统（如域名服务器），就不能依赖其数据来做任何安全方面的判定。

在一个多层系统中，应用程序跨越多个服务器而运行，每个服务器都应该对其他服务器进行认证，并且使用加密措施来阻止假冒和代理攻击。

（3）不安全的默认值

应用程序应该总是以安全的操作模式作为其默认值。攻击者往往是以这种不安全的默认配置为攻击目标。因此，系统以这种默认的方式来部署后，应立即更改其默认配置以增强其安全性。

（4）未设计使用审计日志

审计日志是安全的应用程序的基本要素。有了审计日志，就能够查明攻击行为。遗憾的是有些应用系统在设计和实现过程中忽视了审计日志功能。

6.3.2 编程语言的实现问题

每一种编程语言都有其特质，如果在编写代码过程中对此没有理解且没有进行相应的处理，就会存在安全缺陷。开发人员必须避免使用某些编程语言的不安全元素，以避免造成实现缺陷。而其他的一些编程语言元素，也只有在理解其安全含意的用法时，才能被安全地使用。

1. 编译型语言 C/C++

在安全领域，存在大量安全漏洞，可追溯到 C/C++语言的不安全使用。C++及其前身 C语言可谓声名狼藉。C 语言是作为"低层"和可移植的语言而设计的。这就使得操作系统易于用 C 语言来编写，而现今流行的操作系统大多数都是用 C 语言编写的。在这些操作系统上，其本地接口也是用 C 语言编写的，故许多在这些系统上运行的应用程序为了获得"低层"可移植语言可提高性能的好处，也都使用 C 和 C++语言来编写。

C 语言具有比任何编程语言都要多的与安全相关的问题，用 C 和 C++语言来编写应用程序也就带来了问题。此外，大部分构成 Internet "管件"的软件——域名服务器、邮件服务器、Web 服务器、路由器软件，甚至于防火墙软件——大多数都是用 C 或 C++语言编写的。所以说，Internet 上有很多安全问题一点都不奇怪。旧的软件似乎从未消逝，这些软件只是一直在增加一些新的功能特性，并持续地重复利用。

（1）C 语言没有安全的本地字符串类型，也没有安全而易用的字符串处理函数

处理字符串型数据是每种编程语言都需要做的事情。在 C 语言中，字符串就是字符的数组，并且以 NULL 终止符表示一个字符串的结尾。例如下面的字符串在内存中的存储示意如图 6-2 所示。

char buffer[]="How are you?"；

| H | o | w | | a | r | e | | y | o | u | ? | \0 |

图 6-2　buffer 字符串在内存中的存储示意

这个字符串的长度要靠程序开发人员来管理。如果程序开发人员"犯懒"，不说明这个长度或者在处理长度上犯错，那么在复制字符串时，就会导致超过缓冲区结尾部分的内存被覆盖。这种情况称作缓冲区超限或溢出，而其特点就是引起灾难性的后果。

C 语言中有一类字符串处理函数，其参数中没有长度值，其中包括 strcpy()和 strcat()。我们称这类函数为无界字符串函数。它们一次一个字符地从源缓冲区复制到或连接到目标缓冲区，直到达到终止的 NULL 字符。如果源缓冲区的长度大于目标缓冲区的长度，就会出现缓冲区超限。程序开发人员负责确保源缓冲区要小于目标缓冲区。通常情况下，编程语言和操作系统软件假定程序开发人员总是做正确的事情，这是不安全的。

另外一组字符串函数 strncpy()和 strncat()利用一个长度参数来确定在源字符串中要复制的最大字符数。对于这类函数，程序开发人员必须要正确地管理字符串长度。即使是偏移 1 位也会导致安全漏洞的出现，这是经常会犯的错误。

在 C 语言中，使用 sprintf()函数也有可能产生内存超限。这个函数所接受的参数指出了目标缓冲区、格式化字符串以及任意多个源缓冲区：

sprintf(target, format, source1，source2, …, sourcen);

格式字符串由静态文本和格式化说明符所组成。格式化说明符%s 用于字符串，而格式化说明符%d 则是用于整数。典型的格式化字符串如下所示：

"Name：%s, count: %d"

下面是一个使用格式化字符串的例子：

sprintf(target, "Name: %s, count: %d", person, num);

这里要求程序员确保目标缓冲区足够大，能够容纳所有格式化字符串中的静态文本，加上 person 缓冲区的最大长度，再加上整数的 11 个字符长度，即最大的整数长度（"−2147483647"）。如果这里的 target（目标缓冲区）太小，那么就将发生缓冲区超限。

这个问题并不只影响栈缓冲区，还会影响存储在堆和可写数据段中的缓冲区。本节中的例子展示了当栈缓冲区发生超限时，溢出的部分会覆盖其他的栈变量。此外，还有其他一些重要的值也存储在栈中，比如函数的返回地址。如果攻击者能够覆盖栈中的某个返回地址，攻击者就能控制这个应用程序。

（2）缓冲区超限会覆盖栈中的函数返回地址

使用 C 语言的另一个问题就是用于从被调用的函数返回到某个位置的返回地址驻留在栈中，紧接在本地变量之后。返回地址是驻留在栈中的一段隐藏的数据，栈中其余部分是传递给这个函数的变量。编译后的程序在调用这个函数之前会将这个数据放在栈中。通过这种方式，程序就会知道当这个函数完成之后转到哪里去。通过将栈中某个变量产生缓冲区溢出，

就可以用恶意的输入来覆盖栈中的这个返回地址。

举例来说，我们来看看下面这段 C 语言代码。

```
void creatfullName (char *firstname, char * lastMame)
{
    char fullName[1024];
    strcpy(fullName, firstName);
    strcat(fullName, "  ");
    strcat(fullName, lastName);
}
```

以上这段代码只是简单地接受提供给它的名字和姓氏，并将其放在一起，中间用一个空格来分隔。其中特别重要的是 fullName 这个变量，它所声明的方式使其驻留在栈中。

问题是，无论 firstName 和 lastName 某个或者两个值都太长的话，都容易使这个 fullName 变量超出 1024 个字符长度。在大多数案例中，通过调用 strcpy()和 strcat()函数会破坏内存栈，这种情形只会简单地导致程序崩溃。然而，如果将这些参数精心构造，它们事实上可以用来向程序发送恶意代码，这些恶意代码就嵌入 firstName 和 lastName 参数中。如果控制这些参数而使得 fullName 栈变量发生缓冲区溢出，通过操纵函数的返回地址，也驻留在这个栈中，就可以造成恶意代码的执行。

这意味着当攻击者使本地变量发生缓冲区超限时，他不仅可以将其他本地变量设置为他所选的值，还可以将函数的返回地址设置为他选择的值。当这个函数返回的时候，就会跳转到攻击者指定的位置，攻击者可以直接控制程序的指令指针，这也称作"栈溢出"（stack smashing）攻击。

在 createfullName()示例中，如果 firstName 或 lastName 输入了精确数量的字符而产生缓冲区溢出，那么就可以改写这个函数的返回地址，并使之指向一个在 firstName 或 lastName 输入中所提供数据中指定的位置。这个数据有可能是具有恶意企图的可执行程序代码。由于函数返回地址只是一个指向代码的指针，因此当函数完成时，这个返回地址就会从栈中取出，并用来作为开始执行后续指令序列的起始位置。

假如后续的指令序列是由攻击者编写的，而服务器则只是盲目地执行，当恶意的程序参数提交完成，且成功地使得输入缓冲区溢出，攻击者实际上就在该站点的 Web 服务器上执行了自己的代码。依靠缓冲区长度，各种不可预料情况都可能随时发生。恶意代码可以读取密码文件的内容，将这个文件通过电子邮件发送出去，也可以修改配置文件，启动 telnet 会话，甚至连接到另一个 Web 服务器并下载更大、更具破坏性的程序，比如远程控制的木马软件。

由此可见，缓冲区超限和改写函数返回地址的组合使用，致使 C 语言成为存在安全隐患的编程语言之一。这两个问题导致了常见的关键性安全缺陷，攻击者可以在其中执行他选择的任意代码。

（3）预防缓冲区溢出

预防缓冲区溢出主要在于用户提供的输入变量值的长度。在前面的例子中，将 firstName 和 lastName 输入的长度限制为 511 个字节，将会保护缓冲区免于发生溢出（511×2=1022，加上 1 个字节的空格和 1 个字节的 NULL 终止符，总共是 1024 个字节）。

此外，建议分别使用 strncpy()和 strncat()函数来替代 strcpy()和 strcat()函数，这是因为 strncpy()和 strncat()函数会对复制到目标缓冲区的字符数进行限制。

预防缓冲区溢出并非一项不可完成的任务。避免使用无界字符串操作就是一种简单的方法。永远使用有界字符串函数，并仔细跟踪目的缓冲区的可用空间。如前所述，即使是使用了有界字符串操作，不正确的用法也会导致缓冲区溢出。更安全的方法就是创建一个新的或者使用一个已有的字符串缓冲区模块，用它来安全而自动地为用户管理缓冲区的分配及其长度。

（4）整数溢出

在 C 语言中，整数的正负标识是默认的，这就意味着既可以主动标识正负号，也可以被动标识。当一个整数值增长超过其最大可能的值并循环到成为一个负数的时候，就会发生整数溢出。

C 语言没有任何措施来预防这种情况的出现。例如，对于目前的 32 位系统，如果给整数 2147483647 加 1，则数值会超出系统的最大整数而发生溢出，而变为-2147483648。如果攻击者能通过用户输入来操纵整数长度的话，就可以让这个值溢出。这将引起程序的处理发生错误。

通常，当在一个整数变量和一个长度值之间进行比较以判断这个整数是不是足够小的时候，容易发生这种错误。具有讽刺意味的是：这种比较往往是试图预防缓冲区超限的，事实上又达不到这个目的。如果这个整数值发生溢出，超过最大整数值而变成一个负数的时候，这种比较会通过。这是因为，负数总是小于一个有效的长度值。例如下面这段代码，假如用户可以操纵其中的变量 len。

```
int copy_buff(char *buff, int len)
{
    char kbuff[100];
    if(len > sizeof(kbuff)){            //[1]
        return -1;
    }
    return memcpy(kbuff, buff, len);    //[2]
}
```

memcpy()函数接受一个无符号整型值作为长度字符。但是，在 memcpy()函数之前，使用符号整数执行了一次边界检查。如果用户能够对程序进行操纵，从而给 len 传递一个负值，那么就可能通过在[1]中的检查，但是在[2]的语句中，调用 memcpy()函数时，len 将被解释为一个大的无符号值。这将导致超越缓冲区 kbuff 的结尾而覆盖内存。

当发生从整数到无符号整数的隐含转换时，这个问题也会出现。这种转换是由 C 语言编译器来完成的。

2. 解释型语言：Shell 脚本和 PHP

脚本语言（如用于 UNIX 的 Shell 脚本或用于 Web 应用程序的 PHP）使得程序编写更加容易。这种方便性是通过将程序员与操作系统环境固有的细节相分离来实现的。通过这种隔离方法，可节省编程时间，同时也有助于使程序独立于操作系统。这种隐含的功能会对安全性产生影响。因而，要安全地使用脚本语言，就必须理解这种影响。

脚本语言都是"高级"语言。由于使用动态内存管理来为变量分配内存空间，因此程序员不需要管理内存分配、回收及数据复制（如字符串复制）的底层细节。其好处就是许多困扰 C/C++的那些缓冲区溢出问题都不存在了。

常见的缓冲区溢出源自 C/C++代码，涉及字符串处理的时候尤其如此。而像 Perl 和 PHP 代码这种风险相对较少。即使这样，也并不是说使用脚本语言或者 Java 的时候就不需要检查输入长度。这类语言中，仍然有可能将字符串变量传递给其他的程序，这就容易引发缓冲区溢出。

有时候，变量仅仅是"经过"一个程序。例如，可以写一段 Perl 脚本，它接受一个窗体输入，比如一个用户名，然后只是简单地将这个输入值交给另一个程序，而这个程序可能是用 C++编写的或者是操作系统自带的，而后者或许也是用 C 或 C++编写的。上述的第二个程序会容易产生缓冲区溢出，所以，攻击者仍然可能搞破坏。只是这个问题不会影响 Perl 脚本，因为在这里它只是将输入中转了一下。因此，无论使用何种语言或何种函数，都要对输入长度进行检查，这很重要。

（1）UNIX/Windows 的 Shell 脚本

当构建应用程序的时候，UNIX 和 Windows 的 Shell 脚本常用作程序组件之间简单快捷的接口。这种黏合程序在 UNIX 平台上使用得更加频繁，而在 Windows 系统中也有这种用法。例如，当程序员需要为 Web 应用程序构建电子邮件功能时，他们通常会写一段小的 Shell 脚本来调用 sendmail 程序，而后者在大部分的 UNIX 类系统中都有。这就省去了从头开始编写电子邮件功能的时间。这些脚本可以像在线"命令"一样简单，其中，某些输入（如电子邮件的消息内容）接收自发起调用的程序，并通过脚本将这个输入传递给另一个程序来处理。

大部分的编程环境都有这样的函数，他们唤起本地操作系统并将命令传递给操作系统来解释。在 C/C++和 Perl 中，这就是 system()或 exec()函数。在 PHP 中是 passthru()函数。如果程序员使用 Shell 命令而不注意像元字符和命令注入这样的常见安全漏洞，那么 Shell 脚本的安全问题往往就在于那个从受影响的大多数程序中转移到其他地方执行的函数。

① 元字符问题。

元字符就是像";"或"|"之类的对命令解释器来说有特殊意义的字符。其中许多都是分隔符，能够使得命令解释器停止将输入作为数据来处理，而开始将输入当作命令来处理。别的字符，例如"$"则用来扩展到从操作系统读取的数据变量中。如果攻击者能够控制发送给操作系统的字符串中的数据，他就能在其中插入元字符来控制程序处理数据的方式。

② 命令注入问题。

攻击者偷偷将元字符藏到数据中并让命令解释程序（command Shell）处理这些元字符，其目标往往就是命令注入。命令解释程序是 UNIX、Windows 及其他操作系统的一部分。通过使用 popen()、system()、exec()等函数，解释型程序和编译型程序都可以与其进行联系。

命令注入的经典案例就是攻击者使用";"字符来使得命令解释程序停止将输入作为数据来解释，而开始将其解释为命令。

例如，使用 UNIX 的 sendmail 命令来发送邮件的 Perl 脚本。这个 Perl 程序创建一个发送到 UNIX Shell（命令解释程序）的命令，该命令由 UNIX Shell 来解释。这段 Perl 程序如下所示：

```
open(MAIL，"| / usr/lib/sendmail $to"）;
print MAIL "To: $to\nFrom: testing@qq.com\n\nTest Message\n";
close MAIL;
```

其中被 UNIX Shell 执行的命令如下：

/usr/lib/sendmail $to

Perl 脚本用其值填充到$to 中。假定用户能够通过用户输入来操纵$to 变量，这个输入可能是用户配置文件的一部分，或者是他直接在用户输入字段输入的内容。他可能插入下列内容来替代其真实的电子邮件地址：

nobod@nobody.org; rm – rf /;

这将导致在 UNIX 上执行下列的命令：

/usr/1ib/sendmail nobod@nobody.org; rm – rf /;

首先，程序将会发送电子邮件，然后就会运行删除命令 rm 删除系统中的所有文件。注入的元字符会导致灾难性的后果。对于程序员来说，对其深入理解至关重要。

（2）PHP

PHP 是一种解释型脚本语言，它运行速度快，且易于使用。它有大量的内建功能，非常适合于 Web 应用开发。

PHP 中用于打开或者引用（include）文件的函数调用要以一个文件名作为参数，这个文件名参数中还可包含访问文件的协议以及文件所在的主机名。然后，PHP 可以使用 FTP 或者 HTTP 来远程检索文件，并将其打开，甚至可以在程序中引用这个文件。

如果攻击者可以操纵传递给 fopen()、readfile()、include()及 include_once()的文件名，那么就可以使程序操作由攻击者的远程站点所提供的数据。

3. 虚拟机语言：Java 和 C#

需将代码编译为字节码并需要虚拟机来运行的语言，通常来讲要比编译成本机代码的语言更安全一些。编译成字节码的典型编程语言有 Java 和 C#。Java 和 C#编程语言在设计的时候，强化了输入安全，意味着它们不能访问任意的内存位置。如果一个 Java 程序试图超越数组边界来访问一个数组，就会抛出一个异常。而如果是程序用 C 语言来做这个操作的话，就能够对内存进行读、写操作，就像这个数组足够大似的。

Java 和 C#使用异常处理技术来处理错误。这是一种非常好的方式，它为错误处理增加了一种结构化方法。但是，这种方法要求程序员要编写一个异常处理函数，如果抛出了异常，需要用这个处理函数来清空程序的状态。

如果在可被攻击者造成异常的地方没有错误处理函数，程序会处于一种不安全状态，这就存在风险。攻击者可以找到并利用程序处于一种非程序员预期状态的这种情况。如果程序员能够随意指示程序来产生异常，他也许就能让程序以他所选择的方式来运行。如果分配了像数据库句柄这样的资源，而没有正确地在异常处理函数里回收这些资源，那么，常见的情形是这种问题最终导致的结果就是拒绝服务。

作为一种简洁处理方法，程序员可以创建一个"空的异常捕获程序块"，用以消除由于没有对异常进行处理而出现的编译时错误。但是，这样做仍然是有问题的，因为实际上异常仍然没有被处理，但编译器却对此保持沉默。即使是出现严重错误，这个程序仍会继续运行。

4. 本机代码

本机代码就是指编译为机器码并直接由处理器来执行的代码。Java 和 C#这样的托管语言编译为字节码，然后由虚拟机来执行这种字节码，而不是直接由处理器来执行。这为托管代码语言的安全特性增色不少，原因就在于虚拟机会强化这些特性。但是，当托管代码使用本机方法调入本机代码时，虚拟机就不再实施这类语言的安全特性。

许多 Java 和 C#应用程序中都使用了本机代码。这其中主要的原因就是有大量的遗留代码都是用 C 这样的语言编写的，而且，从生产率上看，重复利用遗留代码要高于完全用托管代码重写。

例如，我们设想一个用 Java 写的基于 Web 的电子邮件程序。功能说明书中要求进行拼写检查功能。开发团队此前已经写过一个拼写检查的库，不过遗憾的是，这个库是用 C++编写的。开发团队通常会选择重复利用这些代码，因为这些代码是完备的，而且经过了测试。Java 允许程序员声明本机方法，并调入本机代码。

6.3.3　常见的应用程序安全实现问题

在任何平台上使用任何语言编写程序，某些应用程序的安全问题都会出现。其中某些问题是由应用程序的某个组件接受的恶意数据引起的，这种数据在应用程序的另一个组件被当作合法的代码。另外一些安全问题是由于对涉密信息的不当处理而造成的，这些涉密信息必须保持其作为秘密的特征，并且要用不可预测的密码系统来履行加密的使命。

1. SQL 注入

攻击者可用来在一个连接到 SQL 数据库的应用程序上执行他们自己构造的查询，以此来实施 SQL 注入攻击。这种攻击是通过操纵程序的某种输入来完成的，而这个输入本身是程序开发人员用来创建一个 SQL 查询字符串所需要的。因为用户的输入也是 SQL 语句的一部分，所以攻击者能够利用这部分可以控制的内容，注入自己定义的语句，改变 SQL 语句执行逻辑，让数据库执行任意自己需要的指令。通过控制部分 SQL 语句，攻击者可以查询数据库中任何自己需要的数据，利用数据库的一些特性，可以直接获取数据库服务器的系统权限。

在那些读、写用户业务数据的 Web 应用程序中十分常见，例如下面这段代码：

```
String status = request.getParameter("status");
String description = request.getParameter("description");
String query = " select * from results where status=' " + status+" 'and description like '%" + description +"'%' ";


String dbuRL = "jdbc:mysql1://101.21.41.37/resdb?user=admin&password=applelle";
DriverManager.registerDriver(new org.git.mm.mysql.Driver());


Connection connection= DriverManager. getConnection(dbURL);
Statement statement = connection.createStatement();
ResultSet result = statement.executeQuery(query);
```

看一下用 executeQuery()函数传递给 SQL 服务器的那个查询字符串。如果回溯到这个数据产生的地方，就会发现它是由一个静态字符串和 getParameter()函数调用的结果连接而形成的。

getParameter()是 Java 访问 URL 参数的方式，URL 参数是由用户提供的。因此，如果程序开发人员像本例中这样忽视对这个输入的验证，攻击者就可以对其自由支配，从而修改其中的查询值来构造他所需要的查询。这个程序对其生成的 SQL 查询不具备完全的控制权，控制权就可能会落在攻击者手中。

为了预防 SQL 注入攻击，对所有的输入都应该进行过滤。应该使用正则表达式来确保输入字段只包含程序开发人员所需要的字符，而且绝不会有单引号字符出现。除了输入验证之外，还应该在代码中尽量避免使用动态生成的 SQL。在应用程序的所有查询中，最好使用存储好的、预先准备的语句，这些语句会与查询所需变量相连接。

2．跨站点执行脚本

跨站点执行脚本是利用了 Internet 上某些环境（或 Web 站点）的受信任级别高于其他环境（或 Web 站点）的事实。来自非受信环境的攻击者可在受信的环境中注入数据，使之在受信环境中作为脚本来执行。跨站点执行脚本还可以用来访问数据（如用户 cookie）。JavaScript 和 Web 浏览器就是一剂促成跨站点执行脚本攻击的"黏合剂"。

这类攻击通常会涉及一些社会工程问题。社会工程问题意味着操纵受害人去做其在正常情况下不会去做的事情。例如，给用户发送一封含有超链接的假冒邮件。当用户点击这个超链接时，用户就会进入攻击者控制下的 Web 站点。示例如下。

① 张三使用她信任的金融机构的 Web 站点。这个 Web 站点要求她输入自己的用户名和密码。

② 李四编写了一些 JavaScript 代码，用来检索运行了这些代码的已登录用户的 session ID（会话标识符）。

③ 李四给张三发送了一则消息，其中嵌入了这些 JavaScript 代码。

④ 张三阅读了李四的消息。她的 session ID 被发送给了李四。

⑤ 李四使用张三的 session ID 对她进行了会话劫持（session-hijack）攻击。李四现在就能访问那个金融机构的 Web 站点，就像他就是张三一样。

预防跨站点执行脚本攻击的方法就是通过过滤输入中有效的 HTML 和脚本代码来对发送给应用程序的输入进行限制。应用程序输出也应该经过 HTML 编码处理。通过这种方式，就有了两层安全防护，可以预防用户输入 HTML，然后这个输入又被作为输出发送给其他用户。

3．文件上传漏洞

文件上传漏洞是指用户上传一个可执行的脚本文件，并通过此脚本文件获得执行服务器端命令的能力。常见场景是 Web 服务器允许用户上传图片或者普通文本文件保存，而用户绕过上传机制上传并执行恶意代码，从而控制服务器。显然，这种漏洞是获取系统执行命令能力最快、最直接的方法之一。需要说明的是，上传文件操作本身是没有问题的，问题在于文件上传到服务器后，服务器怎么处理和解释文件。

4．XSS

跨站脚本（Cross Site Scripting，XSS）攻击通常指的是利用网页开发时留下的漏洞，通过巧妙的方法注入恶意指令代码到网页，使用户加载并执行攻击者制造的恶意网页程序。这些恶意网页程序通常是 JavaScript 代码，但实际上也可以包括 Java、VBScript、ActiveX、Flash 或者甚至是普通的 HTML 代码。攻击成功后，攻击者可能得到包括但不限于更高的权限（如执行一些操作）、私密网页内容、会话和 cookie 等各种内容。

5．跨站请求伪造

跨站请求伪造（Cross Site request forgery，CSRF），也被称为 one-click attack 或者 session riding，是一种挟制用户在当前已登录的 Web 应用程序上执行非本意的操作的攻击方法。跟跨站脚本相比,跨站脚本利用的是用户对指定网站的信任,CSRF 利用的是网站对用户网页浏览器的信任。

6. 远程命令执行漏洞

远程命令执行漏洞是指用户通过浏览器提交执行命令,由于服务器没有针对执行函数做过滤,导致在没有指定绝对路径的情况下就执行命令。其可能会允许攻击者通过改变$PATH或程序执行环境的其他方面来执行恶意构造的代码。

6.3.4 开发过程中的问题

1. 缺乏安全需求和前提条件的记录文档

美国普渡大学(Purdue University)的尤金·斯帕福德(Eugene Spafford)教授指出:"找出安全漏洞很简单:发现开发人员所设置的前提条件,然后破坏这些前提。"

大多数的功能需求文档都没有包含任何安全方面的需求或攻击用例。因此,程序开发人员无法实现他们未知的安全需求,测试人员也无法进行相应的安全性测试。

此外,一般来讲,许多应用程序框架和 API 在使用过程中都会有一些前提约束条件。如果应用程序框架和 API 提供商缺少安全使用说明文档,程序开发人员在使用这些框架和 API 时会存在潜在的安全隐患。

通常情况下,平台和 API 的文档都会提供源代码示例,以展示如何正确地使用 API 或平台服务。程序开发人员往往只是简单地复制这些示例并将其粘贴到自己的程序中,然后加以改动以满足自己的需要。若这些示例代码没有遵循安全方面的最佳实践,问题就出现了。或许是出于行文简洁的考虑,某些示例的编写者总是走捷径,从而没有使用 API 的安全特性。

这种例子可举 Windows 的 CreateFile AP 文档,传递给 CreateFile()函数的参数中,有一个是安全描述符,它用来描述这个文档应该接受的许可权限。如果这个安全描述符为 NULL,那么所创建的这个文件就继承其所处目录的许可权限作为默认值。文档中 CreateFile()函数的代码示例都在这个域使用 NULL,因此,很多程序开发人员在调用 CreateFile()函数时往往在这个参数域使用 NULL,最后导致创建的整个程序都忽略了安全性。

在编程中忽略安全的问题远远不只是平台提供商,甚至蔓延到教学过程中。大家使用的C 语言程序设计教材中的某些例子就有安全问题。随着安全问题的关注度越来越高,近些年程序语言设计课程中开始强调安全的编码方法。

2. 交流和文档的匮乏

事实证明,开发大型软件程序是一项十分复杂的工程,其工作量远非一个人能承担。如缺乏内部文档、程序开发人员之间缺乏交流,程序开发人员就需要设想别的开发人员会怎样使用他们所写的程序,还需要设想别人写的程序应该怎么用。当这些假设的前提不正确的时候,往往就会产生安全问题。

因此,建议在软件的设计和开发过程中,要开发并坚持执行安全的设计和开发标准。然后,软件测试人员可核查这些标准是否被遵循,是否被实现。

对于创建和测试安全的程序来说,最大的问题之一就是对数据的有效性验证。

① 通过核查边界的最大值(max)、max−1、max+1 以及超大输入,验证输入数据最大允许的长度。

② 验证输入数据内容不允许有非预期的值。

③ 在将输入用于安全相关的判断之前，验证输入数据被转换成为其规范的表示形式。

④ 验证若系统允许的输入正是用于常见攻击模式中的那种输入，不会引起系统中非预期的行为。

3. 在开发过程中缺少安全过程

当今有太多的程序最终有太多的安全缺陷，其最关键的原因之一就是开发人员没有在整个开发周期中始终考虑安全性。这主要是因为在许多大学的计算机程序设计和软件工程教学过程中，没有将安全需求、安全设计、安全编程与安全测试融入构建软件的传统方法中来讲授。

此外，软件安全性薄弱的原因还在于安全并不影响大多数软件在短期（实现市场、性能和功能目标所需要的时间）内的成功。

在整个软件开发周期中忽视安全问题会导致"反应性安全"（reactive security）的现象。只有在产品发布给消费者之后，且消费者和安全研究人员发现这方面问题的时候，才会修补安全问题，这就是所谓的"反应性安全"。

事实上，事后修复安全性问题的开销要远远高过在开发过程中修复的开销。此外，还有一些破坏品牌形象的软开销（无形资产损失），特别是当软件缺陷被在安全方面利用的时候，这种软开销更大。

6.3.5 软件部署上的问题

部署是指拿到软件，并将其在产品系统上进行安装和配置的过程。这既可以由定制企业应用程序的企业内部 IT 员工来完成，也可以由使用打包的软件产品的最终消费者来完成。在这两种情况下，部署软件的人都不属于开发团队，他们需要通过文档或者安全和配置程序的指导来安装软件。

开发人员在开发过程中会设想软件怎样去部署。他们往往会假定软件所使用的文件和注册表键值只会由这个软件修改。而文件和注册表的访问控制机制需要恰当地进行设置，以保护配置文件和注册表项不会被篡改。但经常会出现文件和注册表键值设置为完全可写（world-writeable），这就意味着该系统上的所有用户都可以对其进行更改。

如果开发人员假定配置文件总是格式规范，原因是它只能被这个软件本身修改，那么开发人员或许就会放弃有效性验证的代码。如果攻击者发现了这个许可权限的薄弱性，就可以篡改文件，企图由这个软件引入错误的处理，而这个软件会假定这种修改仍然是格式规范的数据。将文件的许可权限设置为完成正常工作所需的最严格的权限，这是正确部署的第一步。

第二步就是确认程序员所设定的安全前提条件在部署配置中实际都是成立的。为确保这些前提条件都符合，建议用文档记录这些前提，然后进行核查。

部署方面的另一个主要问题就是将软件安装为运行时授予不必要高级权限。许多开发人员在构建软件时都图方便，所以他们构建的软件需要以 UNIX 上的 root 用户或者 Windows 上的 Local System（本地系统）用户的身份来运行。这些用户都是系统中具有最高权限的用户，因此，如果这个软件有漏洞，并且被发现和利用的话，攻击者就能够获得对整个系统的完全控制权。这是当今许多服务器软件产品中存在的主要问题。

即使是开发人员花大量的时间来构建软件，以确保软件可以以最低权限的用户身份来执行，但很多部署脚本依然将软件的运行身份安装成了 root，或者安装这个软件的人将其安装为以 root 身份运行，而没有考虑这其中隐含的安全问题。

Apache Web 服务器之所以比微软早期的 IIS 版本更加安全，其中一个原因就是 IIS 4.0 和 IIS 5.0 版本有一项这样的需求：要求以 Local System 的身份运行。而 Apache 在启动的时候以 root 用户的身份执行，但之后就降低权限，最终它会以一个低权限的用户运行，这个用户在 UNIX 系统上一般是 nobody。

这就意味着，即使是在 Apache 中发生了缓冲区溢出，攻击者最多也只能是在攻陷的系统上以 nobody 用户的身份运行程序。攻击者无法获取系统的控制权，甚至无法更改 Apache 上运行的 Web 内容。一台 Web 服务器即使被攻陷也不会有明显的改变，这展示了强化部署设置的安全能力。而 IIS 4.0 和 IIS 5.0 版本一旦被攻陷，其计算机的磁盘驱动器能被擦除，或者 Web 页面会被更改。

6.3.6　平台的实现问题

平台就是程序运行的环境。操作系统是其主要的组成部分，但平台还可以包括程序与之交互的一些常用的组件。每种操作系统都有其特质，对此必须理解，以免产生不必要的负面效应而导致出现安全漏洞。

程序依赖操作系统来与用户、网络及文件系统进行输入和输出的交互，还要依赖操作系统来产生新的子进程以及与其他进程进行通信。从安全的观点来看，这些操作都是很有风险的。一个设计完善的操作系统会清除默认行为，提供文档来说明安全访问操作系统 API 或服务的方式，并且指导程序员编写安全的程序。遗憾的是，操作系统开发人员往往没有提供文档来说明使用许多现代操作系统隐含的安全问题。隐含的安全问题就留给了漏洞研究人员来发现的一类漏洞。

1.　符号链接

符号链接（symbol link）是文件系统中指向其他文件的文件。符号链接与其指向的文件是等效的。如果程序打开的某个文件是一个符号链接，实际上打开的是这个符号链接所指向的那个文件。系统管理员可以使用符号链接将某个文件的物理位置转移到其他的设备上并保持相同的文件名。在 UNIX 系统中可用符号链接。

还有一种类型的文件系统链接称作硬链接（hardlink）。硬链接实际上就是文件系统中某个文件的另一个目录访问入口。在 UNIX 和 Windows 系统上均可使用硬链接。

使用符号链接和硬链接的问题是，攻击者可以使用程序预计要操作的文件名来创建这样的链接，会把文件名链接到他希望程序写入或删除的文件。通过这种方式，当这样的程序运行的时候，就会为攻击者服务了。例如，如果攻击者知道某个程序总是使用同一个命名为 /tmp/program. scratch 的临时 scratch（草稿）文件，并且每次在程序启动的时候删除该文件，那么，攻击者就会创建一个指向欲删除文件的链接。他可能就创建一个从/tmp/ program.scratch 到 etc/ passwd 的链接。当这个程序运行的时候，就会删掉/etc/passwd 这个文件。

这就意味着程序员每当要创建、打开、删除文件，或更改文件的许可权限时，都必须仔细检查该文件的符号链接，不可以基于文件名来做任何安全方面的判定。如果你不遵循这个原则，那么攻击者就可以欺骗你的程序，使其操作他所选择的文件。如果你的程序是以攻击者没有的权限来运行的，比如作为一个系统用户身份（System Unique IDentification，SUID）程序来运行，那么攻击者就可以借此来发动一次权限提升（privilege escalation）攻击。

2. 目录遍历

许多程序都设计为只对位于目录结构中某一位置之下的文件进行操作。一个特征明显的例子就是通过 CIFS 进行文件共享，CIFS 是 Microsoft Windows 中使用的文件共享协议，其允许计算机通过网络来访问彼此的文件系统。在 Windows 上，你可以将 C:\home\panda 共享为 \\machine\panda。用户仅希望共享存在于 C:\home\panda 下的目录，并不希望将 C:\home\wolf 共享。但是，利用目录遍历，攻击者可通过使用".."符号来上升到文件系统中的上一级目录，从而对文件共享程序进行欺骗，使其允许对不在共享目录下的目录进行访问。

这里给出使用 Web 服务器的一个例子。这个 Web 服务器将 C:\html\配置为其根文档目录。当 http://www.server.com/index.html 这个 Web 请求进来时，这个 Web 服务器会做以下处理。

① 对 URL 进行解析，去掉主机名和协议标识，获得文件名 index.html。

② 在获得的文件名前面附上文档目录：C:\html\index.html。

③ 打开 C:\html\index.html，读取其内容，并将这些内容发送给请求者。

假定发送的 Web 请求是 http://www.server.com/../boot.ini。在这种情况下，Web 服务器就会试图打开文件 C:\html\..\boot.ini，这实际上就是 c:\boot.ini，并将此数据发送给请求者。对于在接收的输入中引用文件的程序来说，这是一种非常常见的问题。

3. 字符转换

一个平台之所以能够支持不同类型的字符编码，是因为通常其中存在许多表示某个字符的方式。字符编码用来去除特殊字符或者用来支持 Unicode 字符集。在 URL 中，经常看到用%20 替换空格，这是因为在 URL 中，空格是不允许出现的字符。

例如，"/"可以用%2f、%255c 或%c0%af 表示；同样，"."可以用%2e、%c0%ae、%e0%80%ae 或%f0%80%80%ae 表示。

如果应用程序接收来自用户的输入，在安全需求中，通常会要求进行安全检查，以确保输入字符串对于这个应用程序的设计来说是有效的。由于要运行安全检查，因此应用程序必须要针对所处的平台进行相应的转换字符。

如果为了检查字符"/"，那么，应用程序需要检查所有可以表示字符"/"的形式。在进行检查之前，应用程序应该最好以其平台所进行转换的方式来执行字符转换。通过这种方式，如果平台软件升级的时候引入了一种新的编码方法，应用程序仍然是安全的。平台升级的时候引入新的编码方法时有发生。按所处平台的方式来执行字符转换称作规范化（canonicalization）。这就是说，以基础格式表示字符。

字符编码是如何引起安全漏洞的呢？典型的例子就是能运行 Web 应用程序。Microsoft 的 IIS 5.0 中有一个安全漏洞，本应只允许执行脚本所在目录下的程序，但攻击者却可以利用其执行服务器上的任何程序。为了确保用户企图执行的文件名确实处于脚本所在的目录下，IIS 需要确认这个文件名中没有"../"这样的字符序列。

"../"会允许攻击者指定一个位于脚本目录之外的程序，这潜在地表示攻击者可以访问这台服务器上的任何地方的程序。一般来讲，让远程匿名用户执行服务器上的任意文件，是非常危险的。IIS 在文件名中检查了"../"，但就是没有考虑到这个"../"会以其他方式编码。最后的结果就是攻击者能够使用下列字符串来执行服务器上的目录列表命令：

> http://1.1.1.1/scripts/..&c1%c1../winnt/system32/cmd.exe?/c+dir+c:\

IIS 5.0 检查了"../"，但在其中没有发现这个字符串，所以它就允许这个 URL 送给服务器进行解析并执行。这就导致运行了 cmd.exe，并执行了目录列表命令。

6.4 软件安全开发模型

在传统的软件开发生命周期（Software Development Life Cycle，SDLC）中，安全测试往往是一种事后反应，而安全检验和测试工作总是被拖延到软件开发完成之后。漏洞是软件的一种突变属性，它在设计和实现的周期中都会出现。因此，要求软件开发有事前、事中及事后的针对性方法。

软件的安全问题很大一部分是由于不安全的设计而引入的。在设计阶段造成的安全缺陷在后期修复的成本相对较高。根据美国国家标准与技术研究院估计，如果是在项目发布后再执行漏洞修复计划，其修复成本约相当于在设计阶段执行修复的数十倍。缺陷发现得越早，修复它的费用就越低。因此，当项目开始之初，就将安全融入软件开发生命周期中显得尤为重要。

软件安全开发主要是从生命周期的角度，对安全设计原则、安全开发方法、最佳实践和安全专家经验等进行总结，通过采取各种安全活动来保证尽可能得到安全的软件。

本节首先讨论软件安全设计原则，然后讨论具有代表性的微软安全开发生命周期（Security Development Lifecycle，SDL）模型和 OWASP 安全软件开发生命周期（Secure Software Development Life Cycle，S-SDLC）模型。

6.4.1 软件安全设计原则

为了更好地进行软件安全开发与设计，一些安全专家和学者根据对软件开发和软件测试中的安全实践经验，总结和提炼了一系列的软件安全设计原则，这些原则对指导软件开发人员，特别是软件架构师和设计师，开发更为安全的软件具有重要意义。本小节在总结一些安全专家和学者提出的软件安全设计原则基础上，概括了 10 条软件安全设计原则，供读者在工程实践中根据情况加以灵活应用。

1. 最小攻击面原则

最小攻击面原则也称减少攻击面原则。一款软件可能导致的攻击面越大，安全风险就越大。减少攻击面的基本策略是减少运行中的软件总量，减少非信任用户可使用的入口点，禁用用户很少使用的服务或协议，关闭不必要的功能，减少攻击者可以利用的漏洞，避免它们带来安全风险。

此外，保证代码与设计尽可能简单、紧凑也是最小攻击面原则的一种体现。软件设计得越复杂，出现漏洞的可能性越大，特别像是逻辑漏洞，这种漏洞没有固定的模式、固定的特征，很难被发现和抵御。更简单的设计意味着程序更易于理解，以及减少的攻击面和更少的弱链接。在攻击面减少的情况下，软件失效的可能性就会越小，发生错误间隔的时间会越长，需要修复的问题也越少。

例如，在软件设计时，重要性较低的功能可关闭；重要等级为中的功能可设置为默认关闭，需要用户配置后才予以开启；重要性高的功能则可以考虑增加一些安全措施进行限制。重用那些经过测试、已证明为安全的现有库和通用组件，而不是用户自己开发的库。

此外，避免设计不必要的功能和不需要的安全机制，然后将它们置于禁用状态，保持安全机制简单，同时，要保持数据模型简单，使数据验证代码和例程不至于过分复杂或不完整。

2. 默认安全性设置原则

默认安全性设置原则是指为系统提供默认的安全措施，包括默认权限、默认策略等，尽可能让用户不需要额外设置就可以安全地应用。默认安全原则也是保持系统简单化的重要方式。

例如，在软件设计时，对任何请求默认加以拒绝；默认需要认证才能访问应用；不经常使用的功能在默认情况下关闭；默认检查口令的复杂性；当达到最大登录尝试次数后，默认状态下拒绝用户访问、锁定账户等。

3. 权限最小化原则

权限最小化原则也称最小授权原则。当授予系统某些资源的访问权时，就有访问权被滥用的风险，解决的方法就是，不要冒险给予其必要访问权限以外的权利。权限最小化原则的实质是任何实体（用户、管理员、进程、应用和系统等）仅拥有其完成规定任务所必需的最小权限，即仅将所需权限的最小集授权给需要访问资源的主体，并且该权限的持续时间也应该尽可能短。这样可以限制事故、错误、攻击带来的危害，将损失尽可能降到最低。

例如，在软件设计过程中将超级用户的权限划分为一组细粒度的权限，分别授予不同的系统操作员/管理员，减小用户的操作权限；对管理员账户分配安全资源的访问权限也要设置为受限访问，而不是超级用户权限。

4. 职责分离原则

职责分离原则也称业务分离原则、权限分离原则。该原则指分配不同的任务给不同职位的人，或者在多个人之间对某个特定的安全操作过程分配相关的特权。

职责分离原则是类似于"不将所有鸡蛋放在一个篮子里"的防御思想。例如：导弹发射时必须至少由两个人发出正确的指令才能够发射；银行网点的柜台个人存取金额超过某个数值时，需要柜台经理和柜员工作人员两人协同完成；财务部门中会计和出纳必须由两人分别担任。

5. 失效安全原则

失效安全原则也称故障保护原则。系统某个功能失效或系统出现故障时自动进入安全模式，也就是说，任何一个系统应该有一个处理功能失效后的应急安全机制。在用户提交的数据响应失败时，数据库端返回的数据库类型和版本等信息对于攻击者绕过安全机制成功实施攻击都是有帮助的，因此，当系统某个功能失效时，尽量不要泄露任何用户不应该知道的有关系统内部的信息。

例如，用户登录失败时，被告知"您的用户名或密码错误"就是一种安全保护模式。

6. 纵深防御原则

纵深防御又称为分层防御，是指在软件设计中采用层次化安全控制和风险缓解/防御方法层层设防。纵深防御原则有助于减少系统的单一失效点，它强调不依赖于单一的安全解决方案，使用多种互补的安全功能，即使一个安全功能失效，还有其他安全防护措施有效，这样不会导致整个应用系统遭受攻击或破坏。

例如，SQL 注入攻击的直接原因是拼接 SQL 参数导致的，因此防止 SQL 注入攻击首先可以采用 SQL 语句预编译的方法。除此之外，可以部署 WAF 系统在外围进行拦截；对数据库的敏感数据加密保存使得即便被黑客攻入，被窃取出去的数据也无法还原出原始信息等。多重防御方法结合使用，就是纵深防御。

7. 保护最薄弱环节原则

保护最薄弱环节原则也常称为保护最弱链接（weakest link）原则，是指保护软件系统中的最弱组件。该原则类似"木桶原理"，系统安全程度等同于最脆弱的环节，系统最薄弱部分就是最易受攻击影响的部分，它们可能是代码、服务或者接口。

攻击者常常试图攻击系统中看起来最薄弱的部分，而不是看起来最坚固的部分。有时软件本身并不是系统最薄弱的环节，而人往往是系统的最薄弱环节。例如，攻击者往往通过钓鱼攻击骗取用户账号与口令，而不是花费时间破解。因此，实践中，应对开发人员或者用户开展安全知识普及、培训和教育，同时，进行风险分析，标识出系统最薄弱的组件。

8. 不信任原则

要严格限制用户、外部部件的信任度，要假设他们都是不安全的。现在的系统越来越复杂，很多都是模块化、组件化的，需要引入第三方的模块或者和第三方的业务系统对接并使用其提供的数据，我们无法掌控第三方系统的安全性，如果其存在漏洞被攻击，需要保证我们自己的系统不会因此而受到影响。因此，应采取不信任原则，不信任第三方系统或组件。

9. 公开设计原则

依据"公开设计"的安全原则，开放源代码后，系统依然是安全的。这一原则的具体表现是应用于加密设计的柯克霍夫（Kerckhoff）原则，即密码的安全性不依赖于对加密系统或算法的保密，而依赖于密钥，只要密钥位数足够长，密钥不被泄露，那加密的数据就是安全的。

利用经过公开审查的、已经证明的、经过测试的行业标准，而不是仅采用用户自己开发的保护机制是值得推荐的做法。

但是，如果这个系统因为是开源或者通过其他手段，黑客能拿到全部或者部分源码，黑客就会深入研究系统的源代码，有可能找到系统的漏洞或者突破口，进而发起进一步的攻击。这就是违反了"开放原则"。在实际中，完全做到"开放设计"的还不太多，也比较困难。但我们应该逐渐形成这样的意识，尽可能从保护源代码的思维转为开放设计的思维，理想的目标就是即使把所有源代码开放，黑客也无法攻破系统。

10. 最少共用机制原则

最少共用机制原则是指尽量减少依赖于一个以上用户甚至于所有用户的通用机制。设计应该根据用户角色来划分功能或隔离代码，因为这可以减小软件的暴露概率，提高安全性。

例如，在软件设计过程中，建议不使用成员与管理员和非管理员之间共享的函数或库，而推荐使用两个相互区分的功能，每一个功能为每一个具体的角色服务。同时，尽可能不要采用文件及变量等共享资源。

6.4.2 安全开发生命周期

安全开发生命周期（SDL）是微软提出的一种从安全角度指导软件开发过程的管理模型，其主要目的是帮助开发人员构建更安全的软件和解决安全合规要求的同时降低开发成本的软件开发过程，试图从安全漏洞产生的根源上解决问题，通过对软件工程的控制，保证产品的安全性。

自2004年起，微软将SDL作为全公司的计划和强制政策，其核心理念就是将安全考虑集成在软件开发的每一个阶段，即需求分析、设计、编码、测试和维护。从需求、设计到发布产品的每一个阶段都增加了相应的安全活动，以减少软件中漏洞的数量并将安全缺陷降低到最低程度。SDL 是侧重于软件开发的安全保证过程，旨在开发出安全的软件。

SDL 执行流程分为以下 7 个部分：安全培训、安全需求、安全设计、安全实施、安全测试、发布审核、安全响应，每个部分包括若干相应的安全活动。其流程和相关活动如图 6-3 所示。

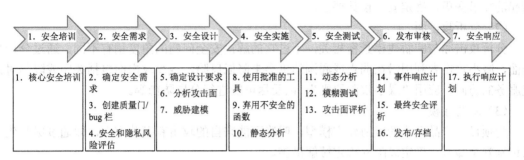

图 6-3　SDL 流程及相关活动

1.　安全培训

微软安全专家迈克尔·霍华德（Michael Howard）认为安全培训是 SDL 最核心的概念，软件由设计人员设计，代码由开发人员编写。同样，大部分软件本身的安全漏洞也由设计及编码人员引入，所以对软件开发过程中的技术人员进行安全培训至关重要。

开发团队的所有成员都必须接受适当的安全技术培训，了解相关的安全知识和安全制度，增强安全意识。培训对象包括开发人员、测试人员、项目经理、产品经理等。

2.　安全需求

安全需求包括 3 个活动，即确定安全需求、创建质量门/bug 栏，开展安全和隐私风险评估。

（1）确定安全需求

在项目确立之前，需要提前与项目经理或者产品所有者（owner）进行沟通，确定安全的要求和需要做的事情。确认项目计划和里程碑，尽量避免因为安全问题而导致项目延期发布。

（2）创建质量门/bug 栏

质量门和 bug 栏用于确定安全和隐私质量的最低可接受级别，即建立相应的质量标准。

bug 栏是应用于整个开发项目的质量门，用于定义安全漏洞的严重性阈值。例如，应用程序在发布时不得包含具有"关键"或"重要"评级的已知漏洞。bug 栏一经设定，便绝不能放松。

（3）安全和隐私风险评估

安全风险评估（Security Risk Assessment，SRA）和隐私风险评估（Privacy Risk Assessment，PRA）是必需的过程，必须包括以下信息。

① （安全）项目的哪些部分在发布前需要威胁模型？

② （安全）项目的哪些部分在发布前需要进行安全设计评析？

③ （安全）项目的哪些部分需要并不属于项目团队且双方认可的小组进行渗透测试？

④ （安全）是否存在安全顾问认为有必要增加的测试或分析要求已缓解安全风险？

⑤ （安全）模糊测试要求的具体范围是什么？

⑥ （安全）隐私影响评级如何？

3．安全设计

安全设计包括确定设计要求、分析攻击面、威胁建模 3 个活动。

（1）确定设计要求

在设计阶段应仔细考虑安全和隐私问题，在项目初期确定好安全需求，尽可能避免安全引起的需求变更，确定安全设计要求。

（2）分析攻击面

分析攻击面与威胁建模紧密相关，不过它的解决安全问题的角度稍有不同。通过分析攻击面，减小攻击者利用潜在弱点或漏洞的机会来降低风险，减少攻击面包括关闭或限制对系统服务的访问，应用"最小权限原则"，以及尽可能进行分层防御等。

（3）威胁建模

为项目或产品面临的威胁建立模型，明确可能来自的攻击有哪些方面，即通过威胁建模来识别安全漏洞，确定风险并确定缓解措施。

4．安全实施

安全实施的主要任务是使用批准的开发工具、弃用不安全函数和静态分析。

（1）使用批准的工具

开发团队使用的编辑器、链接器等相关工具，可能会涉及一些与安全相关的环节，因此在使用工具的版本上，需要提前与安全团队进行沟通。定义并发布已批准工具及其相关安全检查的列表。

（2）弃用不安全函数

许多常用函数可能存在安全隐患，应当禁用不安全的函数和 API，使用安全团队推荐的函数。

（3）静态分析

静态分析是指静态应用安全检测，在软件编译之前完成，以验证安全编码策略的使用。它可以通过各种测试方法（例如数据流、控制流图、污染和词法分析）帮助开发人员在软件开发的早期及时发现不同的漏洞，以避免漏洞后期带来的风险和损失。

5．安全测试

安全测试包括动态分析、模糊测试以及攻击面评析 3 个活动。

（1）动态分析

动态分析是静态分析的补充，用于测试环节验证程序的安全性。通过执行动态分析，开展安全性检测，对完全编译的软件在运行环境下验证，以测试完全集成和正在运行的代码的安全性。

（2）模糊测试

模糊测试（fuzzing test）是一种专门形式的动态分析，它通过故意向应用程序引入不良格式或随机数据诱发程序故障。模糊测试策略的制定，以应用程序的预期用途，以及应用程序的功能和设计规范为基础。安全顾问可能要求进行额外的模糊测试，或者扩大模糊测试的范围和增加持续时间。

（3）攻击面评析

项目经常会因为需求等因素导致最终的产出偏离原本设定的目标，因此在项目后期对攻击面进行评析是有必要的，能够帮助及时发现问题并修正。

6. 发布审核

发布审核包括制定事件响应计划、组织最终安全评析、实施产品发布和存档 3 个活动。

（1）事件响应计划

建立标准事件响应流程，准备事件响应计划，以应对随着时间的推移可能出现的新威胁。

受 SDL 要求约束的每个软件在发布时都必须包含事件响应计划。即使在发布时不包含任何已知漏洞的产品，也可能在日后面临新出现的威胁。如果产品中包含第三方的代码，也需要留下第三方的联系方式并加入事件响应计划，以便在发生问题时能够找到对应的人。

（2）最终安全评析

最终安全评析（Final Security Review，FSR）是在发布之前仔细检查对软件执行的所有安全活动。通过 FSR 将得出以下 3 种不同结果。

① 通过 FSR。在 FSR 过程中确定所有安全和隐私问题都已得到修复或缓解。

② 通过 FSR 但有异常。在 FSR 过程中确定所有安全和隐私问题都已得到修复或缓解，并且/或者所有异常都已得到解决。无法解决的问题将记录下来，在下次发布时更正。

③ 需上报问题的 FSR。如果团队未满足所有 SDL 要求，并且安全顾问和产品团队无法达成可接受的折中，则安全顾问不能批准项目，项目不能发布。团队必须在发布之前解决所有可解决的问题，或者上报高级管理层进行抉择。

（3）发布/存档

在通过 FSR 或者虽有问题但达成一致后，产品可以完成发布。但发布的同时仍需对各种问题和文档进行存档，为紧急响应和产品升级提供帮助。

7. 安全响应

安全响应的主要活动是执行安全事件响应计划，实施漏洞扫描、安全威胁预警。

从以上的过程可以看出，微软的 SDL 的过程实施非常细致。微软这些年来也一直帮助公司的所有产品团队，以及合作伙伴实施 SDL，效果相当显著。

6.4.3 安全软件开发生命周期

开放互联网应用安全研究项目（The Open Web Application Security Project，OWASP）是一个非盈利的全球性安全组织，致力于应用软件的安全研究。目前 OWASP 全球拥有 130 个分会近万名会员，共同推动了安全标准、安全测试工具、安全指导手册等应用安全技术的发展。

OWASP 安全软件开发生命周期（Secure Software Development Life Cycle，S-SDLC）是由 OWASP 中国团队独立发布并主导研究的项目，并在全球范围内正式发布。S-SDLC 被越来越多的企业所重视，纷纷开始实施。

S-SDLC 是一套完整的面向 Web 和 App 开发厂商的安全工程方法。旨在帮助软件企业降低安全威胁，提升软件安全质量。S-SDLC 的理念来源于微软 SDL，最终目标是帮助用户减少安全问题，并使用该方法从每个阶段提高总体安全级别。

S-SDLC 定义了安全软件开发的流程以及各个阶段需要进行的安全活动，包括活动指南、工具、模板等，主要包括如下内容。

① 培训：提供安全培训体系，包含安全意识培训、安全基础知识培训、安全开发生命周期流程培训和安全专业知识培训。

② 需求阶段：对软件产品的风险进行评估，建立基本的安全需求。

③ 设计阶段：提供安全方案设计及威胁建模。

④ 实现阶段：提供主流编程语言的安全编码规范、安全函数库以及代码审计方法。

⑤ 测试阶段：基于威胁建模的测试设计、模糊测试、渗透测试。

⑥ 发布/维护阶段：建立漏洞管理体系。

S-SDLC 定义的安全软件开发的流程如下。

1. 安全培训

根据行业企业实际需求，定制安全培训。

2. 安全需求

在项目需求分析阶段引入安全需求，使系统具备一定的安全功能而提高系统安全性是此阶段安全活动的目标。本阶段的安全需求由业务需求提出方提出，研发团队和安全团队共同参与完成安全需求分析。

安全人员需要从业务的角度思考安全风险，然后通过自身丰富的安全攻防经验，更好地挖掘和规避安全风险问题，形成安全需求清单。

3. 安全设计

在设计阶段，仔细考虑系统的安全设计和用户隐私问题。

4. 安全开发

定制开发者的开发规范，并将安全技术方案开发规范中让安全方案实际落地，便于开发者写出安全的代码。

5. 安全测试

基于 OWASP 测试指南（第 4 版）测试框架，构建 Web 应用安全测试规范，输出渗透测试报告。

6. 安全部署/运维

加强漏洞、补丁安全事件管理，建立漏洞管理体系。对操作系统、数据库、中间件制定安全加固规范，建立安全基线。

6.5 软件安全需求分析

为了开发出能真正满足用户需求的软件产品，首先必须知道用户的需求。对软件需求的深入理解是软件开发工作获得成功的前提条件。需求分析的任务是解决应用系统"做什么"的问题，需求分析直接影响开发生命周期的后续阶段。

需求分析的内容是针对待开发软件提供完整、清晰、具体的要求，确定软件必须实现哪些任务。具体分为功能性需求、非功能性需求与设计约束 3 个方面。

1. 功能性需求

功能性需求即软件必须完成哪些事、必须实现哪些功能，以及为了向用户提供有用的功能所需执行的动作。功能性需求是软件需求的主体。开发人员需要亲自与用户进行交流，核实用户需求，从软件帮助用户完成事务的角度上充分描述外部行为，形成软件需求规格说明书。

2. 非功能性需求

作为对功能性需求的补充，软件需求分析的内容还应该包括一些非功能需求。主要包括软件使用时对性能方面的要求、运行环境要求，软件设计必须遵循的相关标准、规范，用户界面设计的具体细节，未来可能的扩充方案等。

3. 设计约束

一般也称作设计限制条件，通常是对一些设计或实现方案的约束说明。例如，要求待开发软件必须使用 Oracle 数据库系统完成数据管理功能，运行时必须基于 Linux 环境等。

6.5.1 需求分析流程

需求分析阶段的工作流程可以分为以下 4 个步骤。

1. 获取需求，识别问题

开发人员从功能、性能、界面和运行环境等多个方面识别目标系统要解决哪些问题，要满足哪些限制条件，这个过程就是对需求的获取。开发人员通过调查研究，要理解当前系统的工作模型和用户对新系统的设想与要求。

此外，在获取需求时，还要明确用户对系统的安全性、可移植性和容错能力等其他要求。比如，多长时间需要对系统做一次备份，系统对运行的操作系统平台有何要求，发生错误后重启系统允许的最长时间是多少等。

获取需求是需求分析的基础。为了能有效地获取需求，开发人员应该采取科学的需求获取方法。在实践中，获取需求的方法有很多种，比如问卷调查、访谈、实地操作、建立原型系统等。

问卷调查法是采用调查问卷的形式来进行需求分析的一种方法。通过对用户填写的调查问卷进行汇总、统计和分析，开发人员便可以得到一些有用的信息。采用这种方法时，调查问卷的设计很重要。一般在设计调查问卷时，要合理地控制开放式问题和封闭式问题的比例。

开放式问题的回答不受限制，自由灵活，能够激发用户的思维，使他们能尽可能地阐述自己的真实想法。但是，对开放式问题进行汇总和分析的工作会比较复杂。

封闭式问题的答案是预先设定的，用户从若干答案中进行选择。封闭式问题便于对问卷信息进行归纳与整理，但是会限制用户的思维。

访谈是指通过开发人员与特定的用户代表进行座谈，进而了解到用户的意见，是最直接的需求获取方法。为了使访谈有效，在进行访谈之前，开发人员要首先确定访谈的目的，进而准备一个问题列表，预先准备好希望通过访谈解决的问题。在访谈的过程中，开发人员要注意态度诚恳，并保持虚心求教的姿态，同时还要对重点问题进行深入的讨论。被访谈的用户身份可能多种多样，开发人员要根据用户的身份特点，进行提问，给予启发。当然，进行详细的记录也是访谈过程中必不可少的工作。访谈完成后，开发人员要对访谈的收获进行总结，明确已解决的和有待进一步解决的问题。

为了深入地了解用户需求，有时候开发人员还会以用户的身份直接参与现有系统的使用，在亲身实践的基础上，更直接地体会现有系统的弊端以及新系统应该解决的问题，这种需求获取方法就是实地操作。通过实地操作得到的信息会更加准确和真实，但是这种方法会比较费时间。

当用户本身对需求的了解不太清晰的时候，开发人员通常采用建立原型系统的方法对用户需求进行挖掘。原型系统就是目标系统的可操作的模型。在初步获取需求后，开发人员会快速地开发一个原型系统。通过对原型系统进行模拟操作，开发人员能及时获得用户的意见，从而对需求进行明确。利用原型系统获取需求的方法和步骤如图 6-4 所示。

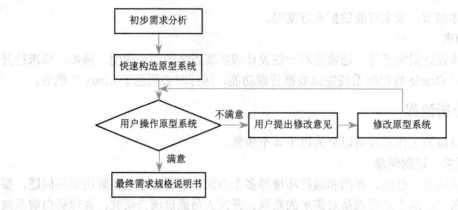

图 6-4   利用原型系统获取需求的步骤

2. 分析需求，建立目标系统的逻辑模型

在获得需求后，开发人员应该对问题进行分析、抽象，并在此基础上建立目标系统的逻辑模型。模型是对事物高层次的抽象，通常由一组符号和组织这些符号的规则组成。常用的模型图有数据流图、E-R 图、用例图和状态转换图等，不同的模型可从不同的角度或不同的侧重点描述目标系统。绘制模型图的过程，既是开发人员进行逻辑思考的过程，也是开发人员更进一步认识目标系统的过程。

3. 将需求文档化

获得需求后要将其描述出来，即将需求文档化。对于大型的软件系统，需求阶段一般会输出 3 个文档：系统定义文档（用户需求报告）、系统需求文档（系统需求规格说明书）、软件需求文档（软件需求规格说明书）。

对于简单的软件系统而言，需求阶段只需要输出软件需求文档（即软件需求规格说明书）就可以了。软件需求规格说明书主要描述软件的需求，从开发人员的角度对目标系统的业务模型、功能模型和数据模型等内容进行描述。作为后续的软件设计和测试的重要依据，需求阶段的输出文档应该具有清晰性、无二义性和准确性，并且能够全面和确切地描述用户需求。

4. 需求验证

需求验证是对需求分析的成果进行评估和验证的过程。为了确保需求分析的正确性、一致性、完整性和有效性，提高软件开发的效率，为后续的软件开发做好准备，需求验证的工作非常必要。

在需求验证的过程中，可以对需求阶段的输出文档进行多种检查，比如一致性检查、完整性检查和有效性检查等。同时，需求评审也是在这个阶段进行的。

6.5.2   安全需求设计

在传统需求分析过程中往往会忽略安全需求，给后续的软件设计、编码、测试工作留下安全隐患，导致最后开发的软件缺乏安全保障。因此，从需求分析开始，就要将安全需求以文档的形式记录，这在需求规格说明书中是非常重要的。安全需求不仅有助于软件安全设计、安全编码以及安全测试用例的开发，而且还能帮助确定技术选型和识别风险区域。

在需求分析过程中，首先，软件开发人员应坚持要求将相关的安全需求与每项功能需求一起进行描述，并以文档的形式记录下来。在每项功能需求描述中，都应该包含名叫"安全需求"的条目，以在文档中记录所有特定功能需求所需的特有安全需求，这些安全需求有别于系统范围的安全策略或安全规范。

其次，软件开发人员应注重安全缺点预防。安全缺点预防是指在安全错误传播到后续开发阶段之前检测并规避这些安全错误的技术和过程。安全缺点预防在需求阶段是最为有效的，在这个阶段，对所要求的内容（检查发现的安全错误需求）进行更改，修正缺点，其修正的开销较低。如果隐藏到后面的开发阶段再发现，修正的成本就会成倍增加。如果开发人员能在软件开发生命周期的开始就保持安全意识，有助于识别出安全需求的遗漏点、矛盾点、模糊点以及其他可能影响项目安全性的问题。

此外，软件开发人员还应确保需求的可跟踪性。需求的可跟踪性可确保每一项安全需求都可以与系统中所有用到该安全需求的部分相关联。对于这项安全需求的每一次改动，都能识别系统中所有受这次改动所影响的部分。

需求的可跟踪性还可以帮助开发人员收集每项需求相关的信息，以及当某项需求发生变更时可能影响的系统其他部分的信息，比如设计、编码、测试等。当有需求变更通告时，开发人员能够确保所有受影响的领域都得到相应的调整。

针对一般的常用应用软件安全需求分析，下面给出一些常见的安全需求示例。

① 该应用程序将存储敏感的用户信息，这些信息必须得到与 HIPAA 法案兼容标准[①]的保护。为达到该目标，无论在哪里存储，都必须使用强加密来保护所有敏感的用户数据。

② 该应用程序将通过可能不受信任的或不安全的网络来传输敏感的用户信息。为保护这些数据，必须对通信信道进行加密，以防止窃听；必须使用双向密码验证来防止代理攻击。

③ 该应用程序将通过网络发送私密数据。因此，要求进行通信加密。

④ 该应用程序必须对合法用户保持可用性。必须对远程用户的资源使用进行监视和限制，以防止或者缓解拒绝服务攻击。

⑤ 该应用程序支持具有不同权限等级的多用户使用。该应用程序为用户分配了多种权限等级，并定义了每一权限等级所授权执行的操作。需要定义并测试各种不同的权限等级，需要定义绕过授权攻击的缓解措施。

⑥ 该应用程序将接受用户的输入，并将使用 SQL。需要定义 SQL 注入攻击的缓解措施。

⑦ 必须对用户的输入进行长度和字符有效性验证（必须定义合法的字符数据元素）。

⑧ 该系统需要对各个用户及其身份鉴别保持跟踪。要求密码有关的涉密信息必须安全地存储。

⑨ 该应用程序使用 C 或 C++编写（假定）。代码必须以这样的方式编写：始终跟踪并检查缓冲区长度；用户输入不能更改格式化字符串；整数值不允许溢出。

⑩ 该应用程序将以 HTML 形式呈现用户生成的数据，必须具备 XSS 攻击的缓解措施。

⑪ 该应用程序需要记录审计日志（作为本需求的组成部分，定义所有需要记录日志的功能）。要检验审计日志的安全性。

---

① HIPAA 法案是美国健康保险携带和责任法案（Health Insurance Portability and Accountability Act）的英文缩写。在 HIPAA 法案的相关标准中，将安全标准分为管理流程、物理防护、技术安全服务、技术安全机制 4 类，以保护信息系统的机密性、一致性和可用性。

⑫ 该应用程序将与其他受信的应用程序进行连接，必须对这些连接进行有效性检验并提供保护。

⑬ 该应用程序将使用密码系统，且生成的涉密信息必须使用安全的随机数生成器。

⑭ 该应用程序将使用多线程或多进程，需要对其进行保护以防止出现竞争状态。

⑮ 该应用程序将打开文件并通常会通过非受信的链接来交换文件数据，例如通过Internet 打开一个媒体文件，对所有从这个文件读取的数据不加信任，并对其进行有效性检验。

⑯ 该应用程序需要安全部署，即软件需要使用安全的默认值来安装。需要设置适当的文件许可权限（在需求中通过给出特定的例子来定义"适当的"的含义），并且在应用程序配置中使用安全设置（在这里列出这些设置）。

以上仅仅是安全需求的一些典型示例。有了安全需求，软件设计人员、编码人员和测试人员就可以开始做相应的安全设计、安全编码，可以开始编写相应的安全测试用例。

6.6 软件安全设计

当软件需求分析阶段完成后，就进入软件设计阶段，它是整个系统开发过程中最为核心的部分。从生命周期的角度，软件设计可以看作从软件需求规格说明书出发，根据需求分析阶段确定的功能，设计软件系统的整体结构、划分功能模块、确定每个模块的实现算法等内容，形成软件的具体设计方案，即从整体到局部，从总体设计到详细设计的过程。

6.6.1 软件设计过程

从软件工程管理的角度，软件设计可以分为总体设计和详细设计两个子阶段。

1. 总体设计

总体设计，也称概要设计，是指根据需求规格说明书确定软件和数据的总体框架，完成概要设计报告。主要包括以下两个过程。

（1）系统设计过程

首先进行系统设计，从数据流图出发设想完成系统功能的若干种合理的物理方案，分析员仔细分析、比较这些方案，并且和用户共同选定最佳方案。

（2）结构设计过程

在用户或使用部门接受最佳方案后，设计人员要进一步为这个最佳方案设计软件结构，确定软件由哪些模块组成，以及这些模块之间的动态调用关系。通常，设计出初步的软件结构后还要进行多方改进，从而得到更合理的结构。

2. 详细设计

详细设计是将总体设计的结果进一步细化成目标软件的算法表示和数据结构，简单地说就是构造出软件实现的"蓝图"。经过详细设计阶段的工作，应该得出对目标系统的精确描述，完成系统详细设计报告。从而使软件开发人员能够依照详细设计报告，在编码阶段用某种程序设计语言把这个描述转换成程序，以实现软件的功能和性能。所以说，好的设计是开发高质量软件的基础。

软件设计的各个工作以需求阶段产生的需求规格说明为基础，这些软件设计工作本身是不断迭代和精化的过程。因为软件设计人员一般不可能一次就完成一个完整的设计，在设计过程中需要不断添加设计要素和设计细节，并对先前的设计方案进行修正。

在设计工作完成后，应该形成概要设计规格说明书和详细设计规格说明书。然后，对设计过程和设计规格说明进行评审，如果评审未通过，则再次修订设计计划，并对设计进行改进和完善；如果评审均通过，则进入后续编码实现阶段。其工作流程如图 6-5 所示。

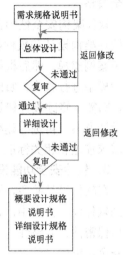

图 6-5　软件设计过程示意

6.6.2　软件安全设计

简单地说，软件安全设计就是将软件的安全需求转化为软件的功能结构的过程，以实现软件产品本质的安全性。软件安全设计对于软件安全有着举足轻重的作用，大多数软件安全问题都是由于软件设计上的安全性考虑不足或不完整导致的。

结合传统的软件设计过程，软件安全设计的主要内容包括软件架构安全性设计、软件架构安全性验证及软件安全功能设计。

1. 软件架构安全性设计

为了达到控制软件复杂性、提高软件系统质量、支持软件开发和复用的目的，可将软件架构分为逻辑架构、物理架构和系统架构 3 类。

① 逻辑架构：描述软件系统中各个组件之间的关系，比如外部系统接口、用户界面、商业逻辑元器件、数据库等。

② 物理架构：描述软件组件在硬件上的部署方式。

③ 系统架构：说明系统的非功能性特征，如可扩展性、可靠性、灵活性和性能等。

软件架构设计对于开发高质量软件具有较大作用。一般而言，软件架构的设计首先需要理清业务逻辑的功能要求，了解业务逻辑的变化性要求，包括可维护性和可扩展性，分离概要业务逻辑层。接着，设计业务逻辑层和系统其他部分的接口与交互关系，按照职责分离原则设计包、类、方法和消息，设计业务逻辑算法。然后，使用自底向上和自顶向下相结合的方式，不断渐进地迭代架构设计。

软件架构安全设计首先需要进行系统描述，包括系统功能、安全要求、系统部署和技术需求，确定软件系统的安全级别。接着，设计软件应具备的安全功能，根据软件具体安全需求的不同，设计的安全功能包括加密、完整性验证、数字签名、访问控制及安全管理等。在架构安全设计过程中，还需要解决软件安全功能的易用性、可维护性和独立性问题。

2. 软件架构安全性验证

一旦软件架构安全性设计完成，在进入编码开发阶段之前，需要对软件（安全）架构设计方案进行审查，以确保设计能够满足软件的安全需求。这不仅包括功能方面的设计审查，也包括安全设计审查。尽早进行安全审查可以防止形成不安全的软件架构和安全性欠缺的设计，同时也有助于消除软件生命周期后期可能出现的应用程序行为混乱。

设计审查需要考虑安全政策和软件部署的目标环境，同时也需要对应用系统进行全局审查。网络和主机的安全保护措施都需要明确，保护措施之间不会相互矛盾，否则会削弱保护强度。需要特别关注软件安全设计基本原则和软件核心安全需求的设计，以确保保密性、完整性和可用性。此外，还需要逐层对软件架构进行分析以保证纵深防御控制措施到位。

一般，从攻击面评估、威胁建模和滥用案例建模、安全体系结构和设计检查等几个方面对软件的安全设计进行审查和验证，以确保软件不仅能实现预期的功能，而且不会违反任何安全策略。

软件架构安全性验证的基本过程如图 6-6 所示。首先，针对软件架构设计和软件架构安全性设计方案，进行威胁建模和滥用案例建模，然后根据软件的安全需求描述和相关标准，对架构模型进行检查，如果不符合软件的安全需求描述和相关标准，则需要修改设计错误，更新软件架构设计和软件架构安全性设计方案，再进行建模、审查，如此反复，直至符合所有安全需求描述和相关标准。

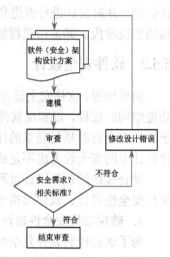

图 6-6 软件架构安全性验证过程

3. 软件安全功能设计

在软件设计阶段，将要考虑如何将前一阶段的安全需求纳入到软件设计方案中，将它们转化为可实现的功能组件，具体包括保密性、完整性、可用性、认证性、授权和可审计性等核心安全需求的设计。

针对满足等级保护 3 级以上的应用系统，下面给出几个安全功能设计示例。

（1）应用系统用户身份认证功能设计

① 认证方式。根据等级保护 3 级对用户认证的要求，应用系统应至少采用两种认证方式，因此，可以考虑采用以下认证方式。

● 用户名、口令认证。

● 一次性口令、动态口令认证。

② 密码的存储和传输安全策略设计。明确禁止明文传输用户登录信息及身份凭证、禁止在数据库或文件系统中明文存储用户密码、禁止在 cookie 中保存用户密码，同时，应在数据库中存储用户密码的哈希值，在生成哈希值的过程中加入随机值。

③ 密码使用安全策略设计。应该考虑密码的长度、复杂度和更换周期等。例如，密码长度应大于 8 位，必须同时含有大小写字母、数字，并规定密码有效期一个月，一个月之后必须更换。

④ 采用图形验证码，增强身份认证安全，抵御恶意登录、字典攻击。

⑤ 设计账号锁定功能，限制连续失败登录。例如，一般设定连续输入登录不超过 5 次，否则，就锁定账户，让其失效，无法继续登录。

⑥ 应通过加密和安全的通信通道来保护验证凭证，并限制验证凭证的时效。

⑦ 应禁止同一账户同时多个地址或多台计算机在线。

（2）应用系统审核功能设计

用户访问应用系统时，应对登录行为、业务操作及系统运行状态进行记录与保存，保证操作过程可追溯、可审计，确保业务日志数据的安全。

① 应明确审计日志格式，可采用 syslog 方式和简单网络管理协议方式。

② 审计日志应包括审计功能的启动和关闭，应用系统的启动和停止，配置变化，访问控制信息（如由于超出尝试次数的限制而引起的拒绝登录），用户权限的变更，用户密码的变更，

用户试图执行角色中没有明确授权的功能，用户账户的创建、注销、锁定和解锁，用户对数据的异常操作事件等。

③ 审计日志应包含用户 ID 或引起这个事件的处理程序 ID，事件的日期、时间（时间截），事性类型，事件内容，事件是否成功，请求的来源（例如请求的 IP 地址）等。

④ 审计日志应禁止包含用户敏感信息（如密码信息等），用户完整交易信息，用户的隐私信息（如银行卡信息、密码信息和身份信息）等。如果必须要包含，则应进行模糊化处理。

⑤ 宜加强业务安全审计，防止业务日志欺骗。

⑥ 应保证业务日志安全存储与访问，禁止将业务日志保存到 Web 目录下，应对业务日志记录进行数字签名来实现防篡改，日志保存期限应与系统应用等级相匹配。

此外，在软件安全功能设计过程中，还应考虑权限访问控制功能、会话安全管理功能、配置安全管理功能、异常管理功能、数据库安全设计功能、接口功能安全设计等等。在实际中，应结合业务背景，对应用系统的安全功能开展设计，确保应用系统的安全性和可靠性能满足用户需求。

6.7 软件安全编码

编码作为软件生命周期中的一个阶段，是对软件设计的进一步具体化。虽说程序的质量主要取决于软件设计的质量，但是，编码阶段所选用的程序设计语言、安全功能的编码实现、编码规范和编译方式等，都将对程序的安全性产生重要影响。不仅如此，软件的版本管理、代码分析及代码评审等工作也是整个编码过程中不可或缺的环节。

6.7.1 软件安全编码的主要工作

1. 充分了解编程语言的特点，选择合适的编程语言，开展安全编码工作

WhiteSource 是一家研究开源软件安全的公司，该公司对 C、C++、Java、PHP、Python、JS、Ruby 等 7 种编程语言的安全性通过定性和定量两种方式分析表明，C 语言的漏洞数量是这 7 种语言中最多的，但并不能说 C 语言是最不安全的，漏洞数量与编程语言没有直接的关系。

在选择软件系统的编程语言时，应该根据编程语言的特点（部分编程语言已在 6.3.2 小节有描述），结合软件开发人员的技术背景和用户要求，选择合适的编程语言，利用一些成熟的安全编码规则确保编码的安全。

2. 版本（配置）管理

软件版本管理或控制不仅能够保证软件开发团队正在使用的程序版本是正确的，同时在必要的情况下也能提供回退到上一个版本的功能。另外，软件版本管理还可提供跟踪所有权和程序代码变化的能力。

如果软件的每一个版本都能够被跟踪和维护，那么安全管理专家就可以通过对每一个版本的攻击面分析所隐含的安全问题，把握软件安全的演化趋势。版本控制也可以降低漏洞再生的可能性。如果没有适当的软件版本管理，已经修复的漏洞补丁在无意中会被覆盖，从而出现漏洞再生的问题。

配置管理贯穿于软件开发、部署和运维过程，对软件安全的保证具有直接影响。在软件编码阶段，配置管理较多地关注源代码的版本管理和控制。当软件完成部署处于运行状态时，

配置管理应包括软件配置参数、操作、维护和废弃等一系列详细内容。

3. 代码检测

这里的代码主要是指源代码。代码检测是指对代码质量进行检查，以发现是否存在可利用漏洞的过程。根据代码检测时代码所处的状态，可以将代码检测分为两种类型，即代码静态检测和代码动态检测。

代码静态检测是指不在计算机上实际执行所检测的程序，而是采用人工审查或类似动态分析的方法，通常借助相关的静态分析工具完成程序源代码的分析与检测。

代码动态检测是指实际运行代码时进行检测的方法。通常依靠系统编译程序和动态检查工具实现检测，但完成后可能仍会存在与安全相关的、在编译阶段发现不了的、运行阶段又很难定位的错误。

有关代码的静态检测、动态检测、渗透测试和模糊测试的详细技术细节不在本书讨论的范围。

4. 安全编译

编译是指将程序员编写的源代码转换为计算机可以理解的目标代码的过程。安全编译包括以下 3 个方面的含义。

① 采用最新的集成编译环境，并选择使用这些编译环境提供的安全编译选项和安全编译机制来保护软件代码的安全性。例如在 VS 中编译时，开启/GS 选项对缓冲区的安全进行检查。

② 代码编译需要在一个安全的环境中进行。编译环境的完整性对于保证最终目标代码的正确性是很重要的。可以采用以下一些保证措施。

● 在物理环境上，对代码编译系统实施安全访问控制，防止人为的破坏和篡改。
● 在逻辑上，使用访问控制列表防止未授权用户的访问。
● 使用软件版本控制方法，保证代码编译版本的正确性。
● 尽量使用自动化编译工具和脚本，保证目标代码的安全性。

③ 对应用环境的真实模拟也是软件编译需要考虑的问题。很多软件在开发和测试环境中运行得很好，而到了生产环境中就会出现很多问题，主要原因就是开发和测试环境与实际生产环境不匹配。由于应用环境比较复杂，因此要开发出能够适应所有环境的应用软件并不是一项简单的工作，对环境的适配也是反映软件应用弹性的一个重要指标。

6.7.2 软件安全编码的基本原则

在编码阶段，除了遵循 6.4.1 小节讨论的软件安全设计原则之外，还应遵循以下安全编码原则。

1. 输入验证

在设计程序时必须验证来自所有不可信数据源的输入。正确的输入验证能减少大量软件漏洞。在设计程序时，必须对多数外部的数据源抱着怀疑的态度，其中包括命令行参数、网络接口、环境变量、用户控制的文件等。

2. 留意编译器警告

程序员应当使用编译器的最高警告等级，并启用编译器的警告和错误提示功能。在编译过程中，应当处理和解决所有的警告，确保不将任何一个警告带入程序的最终编译版本中。应当使用静态和动态的分析工具来检测和清除安全缺陷。

3. 根据安全策略设置软件架构

设计者应创建一个软件架构，并在设计软件的过程中实施和强化安全策略。例如，如果系统在不同的时间要求不同的特权，就不妨考虑将系统分解成能够互联通信的不同的子系统，每一个子系统都有自己适当的特权。这种"分而治之"的方法可以有效地提高系统的安全性。

4. 保持简单性

程序越复杂，控制会越复杂，就会增加代码出错的可能。要尽量使程序短小精悍，代码中的每个函数应该具有明确的功能，在编写函数代码时，应在保持功能完整实现的前提下控制该函数内代码量的多少。对于复杂的功能，应将该功能分解为更小、更简单的功能，确保软件仅包含所要求或规定的功能。

5. 净化发送给其他系统的数据

净化是指从用户输入的数据中清除恶意数据，如清除用户提交表单时的恶意的或错误的字符。

程序设计者必须对传送到复杂的子系统（如命令外壳、关系数据库、购买的商业软件组件）的所有数据进行净化。攻击者有可能通过使用 SQL 注入命令或其他注入攻击来调用这些组件中没有被使用的功能。这未必是输入验证问题，因为被调用的复杂的子系统并不理解调用过程中的前后关系。因为调用程序理解前后关系，所以我们要在调用子系统之前对数据进行净化。

6. 使用有效的质量保证技术

良好的质量保证技术可以有效地发现和清除漏洞。模糊测试、渗透测试、源代码审计等都可以结合起来使用，以此作为一个有效的质量保证项目的一部分。独立的安全检查可以使系统更安全。有资质的外部审查人员可以提供独立的观点，例如，外部人员有助于确认和纠正一些错误的设想。

7. 采用安全编码标准

针对应用软件开发语言和应用平台，设计和制定相应的安全编码标准，并应用和遵循这些标准。多数漏洞很容易通过使用一些规范编码的方法来避免，例如对代码进行规范缩进显示，可以有效避免出现遗漏错误分支处理的情况。

8. 最少反馈

最少反馈是指在程序内部处理时，尽量将最少的信息反馈到运行界面，即避免给不可靠用户过多的可利用信息，防止其据此猜测程序的运行处理过程。最少反馈可以用在成功执行的流程中，也可以用在发生错误执行的流程中。典型的例子是用户名和口令认证程序。

9. 检查返回

当调用的组件函数返回时，应当对返回值进行检查，确保所调用的函数"正确"处理，结果"正确"返回。这里的正确是指被调用的组件函数按照规定的流程和路径运行完成，其中包括成功的执行路径，也可能包括错误的处理路径。当组件函数调用成功时，应当检查返回值，确保组件按照期望处理，并且返回结果符合预期；当组件函数调用错误时，应当检查返回值和错误码，以得到更多的错误信息。

6.7.3 安全编码实践

下面结合 Web 应用系统开发，针对数据输入和信息输出功能，介绍几种常见的安全编码方法，包括输入验证、数据净化、错误信息输出保护以及其他安全编码实践。

1. 输入验证

输入验证是一个证明输入数据的准确性并符合规范要求的过程。对于任何不可信任数据源的输入进行验证，是应对输入漏洞一种手段。

（1）验证内容

程序默认情况下应对所有的输入信息进行验证，不能通过验证的数据应被拒绝。除了用户从人机界面输入的数据之外，还需要对来自不可信来源的文件、第三方接口数据、命令行及配置文件等的输入信息进行验证。

当输入数据包含文件名、路径名和 URL 等数据时，应先对输入内容进行规范化处理后再进行验证。

（2）验证方法

应根据情况综合采用多种输入验证的方法，包括以下几种：

① 检查数据是否符合期望的类型；

② 检查数据是否符合期望的长度；

③ 检查数值数据是否符合期望的数值范围，比如检测整数输入的最大值与最小值；

④ 检查数据是否包含特殊字符，如<、>、"、'、%、(、)、&、+、\、\'、\"等，同时要考虑同一字符的不同编码方式问题；

⑤ 应使用正则表达式进行白名单检查，尽量避免使用黑名单法。

（3）验证端点

仅在客户端进行验证是不安全的，很容易被绕过。因此在客户端进行验证的同时，在服务器也应进行验证。

（4）其他需要考虑的问题

应建立统一的输入验证接口，为整个应用系统提供一致的验证方法。如日志数据中包含输入数据，应对输入数据进行验证，禁止攻击者能够写任意的数据到日志中。

在软件中设置适当的字符集（如 Unicode 字符集）和输出语言环境，采用 XML 格式将数据转换为标准格式，以避免任何标准化方面的问题。

2. 数据净化

数据净化是将一些被认为是危险的数据转化为无害形式的过程。输入和输出的数据都可以被净化。输入验证后再次净化数据是纵深防御的体现。

（1）输入数据净化

输入数据净化是对用户输入的数据（指通过人机界面输入的数据或从文件导入的数据）进行处理之前将其进行转换的过程。可以通过以下几种方法实现。

① 剥离。

从用户输入数据中将有害的字符清除。例如，攻击者在输入表单域中输入以下文本进行 XSS 攻击试探。

```
<script> alert(" hello")</ script>
```

通过清除可能有害的字符，如<、>、(、)、;、/等可以使得攻击者的输入不被执行。

② 替代。

将用户输入数据用安全的可替换表达式替换。例如，攻击者在输入表单域中输入以下内容进行 SQL 攻击试探。

> 1' or '1'='1

通过将单引号用双引号代替，攻击者输入的内容会引起 SQL 语法错误，达到禁止恶意代码执行的目的。

③ 文本化。

将用户输入数据用文字格式进行转化处理。例如，将 Web 应用的输入数据转换为纯文本格式来替代 HTML 格式，这意味着将用户输入信息作为文字来处理，将输入的任何数据都转换为非执行代码。

（2）输出数据净化

输出数据净化是指在输出数据结果正式提交给客户端显示之前对输出数据按照特定的方式进行处理的过程。与输入数据净化技术中的替代技术很相似，输出数据净化也是通过对输出数据格式进行编码转换，使得恶意脚本被过滤。另外，对应用系统输出的数据进行脱敏处理，以防止系统敏感信息泄露。

Web 应用中两种重要的编码转换方法如下。

① HTML 实体编码。

在 HTML 实体编码中，元字符和 HTML 标签被编码为（或者替代为）相应的字符引用等价物。例如，在 HTML 实体代码中，字符"<"被编码为相应的 HTML 等价物"<"，而">"被编码为">"。

② URL 编码。

在 URL 编码中，针对那些传输数据中作为 HTTP 查询的部分参数和值进行编码，在 URL 中不允许的字符也可以用 Unicode 字符集进行编码。例如，字符"<"被编码为相应的 URL 等价物"%3C"，而">"被编码为"%3E"。

有时，输入净化操作可能由于业务的原因而无法进行，这种情况下最好在数据正式传送给客户端之前对输出数据进行净化处理。净化操作时，至关重要的是要保证数据的完整性，例如，如果"O'Ali"是用户输入的"姓"，将单引号用双引号替换，就变成"O" Ali"，这个姓的写法就不准确了。

另外，对数据进行多次编码可能会对输出到客户端的响应有影响，例如，对输入数据进行一次编码，并在最终输出之前对已经编码的输出数据再次编码（称为双编码）可能会产生一些不期望的行为。比如，一个用户输入值"AT&T"，一次性对其进行编码得到"AT&T"，其中"&"是&符号的编码格式。如果已经被编码的文本再次被编码，就会产生"AT&amp;T"，浏览器就会显示"AT&T"而不是"AT&T"，这是不正确的。

3. 错误信息输出保护

通过应用系统人机界面输入适当的数据，然后从应用系统获取反馈的对应错误处理消息，是攻击者获得敏感信息的一种途径。因此，编码时应限制返回给用户与业务处理无关的信息，禁止把重点保护数据返回给不信任的用户，避免信息外泄。

例如，常用"用户名不匹配或者口令不正确"来替代明确地显示"用户名不正确"或"口令不正确"出错信息。实际上，可以用一个更加简洁的等价错误信息如"登录无效"来代替。

编码中应当采用下列几种方法对错误信息的输出进行保护。

① 使用简洁的、只包含必要信息的错误消息。系统产生的与堆栈信息和代码路径相关的错误必须被抽象为通用的用户友好的错误消息。

② 对错误信息进行规整和清理后再返回到客户端。禁止将详细错误信息直接反馈到客户端，详细错误信息是指包含系统信息、文件和目录的绝对路径等信息。

③ 使用将错误和例外事件重定向到一个预先定制的默认错误处理页面，并根据用户登录地点（本地或是远程）的上下文情境来确定显示合适的错误消息详细内容，例如"访问的网页不存在"、返回"404 错误"。

4. 其他安全编码实践

安全编码方法涉及的内容较多，主要内容如下。

① 内存管理。包括几个重要的内存管理措施，如引用局部性、垃圾回收、类型安全和代码访问安全等，这些措施可以帮助软件实现适度的内存安全控制。

② 例外管理。对所有的例外都必须要明确处理，最好采用统一的方法来处理，以防止敏感信息泄露。

③ 会话管理。要求会话具有唯一的会话令牌，并对用户活动进行跟踪。

④ 配置参数管理。组成软件的配置参数需要被管理和保护，避免被攻击者利用。

⑤ 并发控制。一些常用的预防竞争条件或者 TOC/TOU（Time Of Check/Time Of Use）攻击的保护方法主要包括避免竞争窗口、操作的原子性和交叉互斥。

⑥ 标签化。使用用户唯一的身份符号代替敏感信息的过程，既可保存需要的相关信息，又不会对安全造成破坏。

⑦ 沙箱。通过沙箱将运行的软件与主机操作系统隔离，避免未经测试的、不可信的、未经验证的代码和程序被执行，尤其是要避免那些由第三方发布的程序直接在主机操作系统上运行。

⑧ 安全的 API。要避免使用那些容易受到安全破坏的、被禁用和被弃用的 API，多采用安全性较高的 API。

⑨ 防篡改技术。防篡改技术可保证完整性，保护软件代码和数据免受未授权的恶意修改。几种典型的防篡改技术有代码混淆、抗逆向工程和代码签名。

6.8 软件安全测试

安全测试是在软件产品的生命周期中，特别是产品开发基本完成到发布阶段，对产品进行检验，以验证产品是否符合安全需求定义和产品质量标准的过程。也就是说，安全测试是建立在功能测试的基础上进行的测试。因此，下面首先介绍软件传统测试过程，然后分析安全测试与传统测试的对比，最后讨论软件安全测试方法。

6.8.1 软件传统测试过程

软件测试是软件开发过程中重要且不可缺少的阶段，其主要目标是对软件产品和阶段性工作成果进行质量检验，力求发现其中的各种缺陷，并督促修正缺陷，从而控制和保证软件产品的质量。

从软件的生存周期看，测试往往指对已完成编码的软件产品进行测试，而实际上，测试的准备工作在需求分析和设计阶段就开始了，测试工作贯穿整个软件生命周期，其工作过程大致如下。

1. 制订测试计划

从需求分析阶段，开启测试项目。根据用户需求报告中关于功能要求和性能指标的规格说明书，定义相应的测试需求报告，即制定黑盒测试的最高标准，后面所有的测试工作都将围绕着测试需求来进行，符合测试需求的应用程序是合格的，反之是不合格的。同时，还要适当选择测试内容，合理安排测试人员、测试时间及测试资源等。

输入：需求文档、需求跟踪表、开发计划。

输出：测试计划。

2. 测试准备

在计划制定好之后，在执行之前，必须将测试所需的人力资源、硬件资源、软件资源、文档资源、测试数据以及环境和人文资源准备充分。

将测试计划阶段制定的测试需求分解、细化为若干个可执行的测试过程，并为每个测试过程选择适当的测试用例（测试用例的质量直接影响测试结果的有效性）。

输入：测试计划。

输出：测试方案、测试用例、缺陷定义、测试策略。

3. 测试执行

测试组根据测试计划和测试日程安排进行测试，并输出测试结果。

执行测试开发阶段建立的测试过程，并对所发现的缺陷进行跟踪管理。测试执行一般由单元测试、组合测试、集成测试、系统测试及回归测试等步骤组成，测试人员应本着科学负责的态度"一步一个脚印"地进行测试。

输入：测试用例、测试规范。

输出：测试报告、测试进度表。

4. 测试评估

由测试结果评估小组或评估人员对测试结果进行评测、分析，并输出分析结果。

结合量化的测试覆盖域及缺陷跟踪报告，对于应用程序的质量和开发团队的工作进度及工作效率进行综合评价。

显然，黑盒测试只有严格按照步骤进行，才可能对应用程序的质量进行把关。

5. 文档收集

将从测试计划开始到评估结束的所有文档进行整理收集。对整个测试过程进行总结，并对测试结果进行总结，输出测试报告。

6. 测试总结报告

提交测试结果，归还所借相关资源，文档入库，关闭测试项目。整个项目测试工作结束。

6.8.2 安全测试与传统测试的对比

传统测试关注的主要是验证功能需求。其目的通常是要回答这样一个问题："应用程序是否满足设计用例和需求文档中列出的要求？"在次一级的水平上，传统的测试还关注操作性需求，例如性能、压力表现、备份以及可恢复性等。然而，人们对操作性需求却往往理解不够全面，或者规定得太过勉强，可实施性或可操作性不强，这使得这些需求很难被验证。在传统测试环境中，安全需求的规定很少，或者干脆就忽略了，根本没有安全测试既定要求。

在传统的软件测试环境中，软件测试人员基于应用程序需求来构建测试用例和测试计划。

在这种情况下，各种测试技术和策略被用于系统地演练应用程序的每项功能，从而确保其正常运行。

例如，一个财务应用程序应该接受一个银行账户的输入并显示该账户的收支情况，其人机界面如图 6-7 所示。这样一项看似简单明了的需求，如果进行详尽测试的话，也会需要大量测试用例。例如，该需求需要一些以正常用户使用方式运行该功能的测试用例，还要增加一些针对"银行账户"字段的输入约束来进行变化和转换的测试用例，而正是这些行为可能会"终止"系统。

图 6-7　账户输入人机界面

这种功能性测试验证合法的输入产生预期的输出结果（肯定测试），并验证系统能够得体地处理非法输入（比如通过显示有用的错误信息）。系统还应该检查那些非预期的系统行为，比如验证服务器没有崩溃（否定测试）。

在测试"银行账户"约束的用例中，需求中应该表明账号必须精确地包含 12 个数字字符。一个简化的测试用例应如下。

① 肯定约束：在"银行账户"字段输入精确的 12 个数字字符，单击"确定"按钮，并评估系统的行为。

② 否定约束：在"银行账户"字段输入 11(max−1)个数字字符，单击"确定"按钮，并评估系统的行为。系统应显示一个错误消息。尝试在"银行账户"字段输入 13(max + 1)个数字字符。系统应该不允许用户输入多于 12 个数字字符。

如果系统像设计的那样运转，且在处理约束条件时不会"终止"，测试人员通常会继续进行下一个测试用例。一般来讲，如果系统没有像测试用例里定义的那样产生预期的输出，测试人员就会编写一份软件缺陷报告，而缺陷跟踪系统一般会将其发送给相应的程序员，这样程序员就可以修正相应问题。

尽管传统的测试能处理大部分的应用程序需求，并且可验证用例结果，但往往并不对应用程序未设定允许的用例和行为进行测试。而能恰当地围绕各类安全问题的攻击用例及其相关的测试用例（例如基于攻击模式的用例）则一般都不会予以考虑。

在前述示例中，一种要检查的攻击模式示例就是要检查系统是否存在所谓 SQL 注入的常见应用程序攻击所针对的漏洞。这类应用可能存在这样的可能，即当攻击者能把 SQL 命令作为正常用户输入的一部分而输入的时候，这些 SQL 命令就被作为 SQL 查询的一部分发送给 SQL 服务器。有一种简单的办法可以检查用户输入是否被用来构建一个动态生成的 SQL 查询，那就是将一个单引号作为输入字符的一部分输入。

在"银行账户"字段输入 12 个字符，这 12 个字符由一个单引号后面跟 11 个数字组成，使用 Web 代理来输入这些数据。如果存在输入验证的话，这种验证一般是在浏览器端由 JavaScript 代码来完成的，而我们所用的 Web 代理可以绕过这种输入验证。观察应用程序返回的错误信息，如果这个错误信息中包含的输出看起来像从数据库服务器或数据库驱动程序中产生的，如下所示：

Microsoft OLE DB Provider for ODBC Drivers error '80040e07'

那么，很可能这个系统就没能正确地对 SQL 注入攻击进行防护。

基于安全需求缺乏或测试用例不完善，或者根本就不进行这种测试，是造成应用程序安全缺陷的典型原因，而这些安全缺陷又会导致安全漏洞的出现。仅就这一个窗体字段，就需要进行许多安全测试，例如，跨站点执行脚本、元字符以及整数溢出等。

由此可见，传统测试主要是从最终用户的角度出发，发现缺陷并修复，保证软件满足最终用户的要求。安全测试则是从攻击者的角度出发，发现漏洞并修复，保证软件不被恶意攻击者破坏。通常普通用户不会去寻找软件漏洞，而恶意攻击者往往会想方设法寻找软件中的安全漏洞。安全测试和传统测试的最主要区别就是安全测试人员要像攻击者一样寻找系统的"软肋"。

软件测试用例是根据需求分析阶段的软件需求规格说明书和其他开发文档等设计的。安全测试用例则是通过安全需求、攻击模式归纳以及已公布的漏洞等从攻击者的角度设计的。测试用例中测试数据的选择也不相同，传统测试一般选取正向数据，而安全测试更多的是考虑反向数据，即攻击者可能会精心构造的具有攻击性的数据。

6.8.3　软件安全测试方法

安全测试是指有关验证应用程序的安全等级和识别潜在安全性缺陷的过程。应用程序级安全测试的主要目的是查找软件自身程序设计中存在的安全隐患，并检查应用程序对非法侵入的防范能力。安全指标不同，测试策略也不同。

一般来说，对安全性要求不高的小型应用软件，其安全测试可以混在单元测试、集成测试、系统测试里一起做。但对安全性有较高需求的应用软件，则必须做专门的安全测试，以便在被破坏之前识别并预防软件的安全问题。

目前，软件安全测试方法和测试手段有很多。下面将介绍从是否关心软件内部结构和具体实现的角度、是否执行代码角度、测试的执行过程、软件开发的过程划分的测试方法和测试手段。

1. 从是否关心软件内部结构和具体实现的角度划分

从是否关心软件内部结构和具体实现的角度划分可以分为白盒测试、黑盒测试和灰盒测试。

（1）白盒测试

白盒测试常用于质量保证领域。有时也称作明盒测试、开盒测试，或简单地就叫作信息充分的测试。在白盒测试中，对于测试人员来说，所有关于被测试系统的信息都是已知的。测试人员能够访问源代码和设计文档，这使得测试人员能够高效地工作。它可以进行威胁建模或者进行逐行的代码审查，查找信息来指导测试数据的选择。

白盒测试是找出安全漏洞最为有效的方法。因为系统安全性不是依靠隐蔽式安全获得的，而隐蔽式安全是希望攻击者永远不会发现有关系统工作方式的信息，隐蔽式安全不是真正的安全。对于一个设计和实现安全的系统，即使所有与系统相关的信息对外是开放的、透明的，而该系统也应该依然是安全的。这就是优秀的密码算法能公开发布而接受审查的原因，它们并不依靠保密来获得安全性。

在进行白盒测试之前，应该遵循这个过程开展工作。进行这项工作将可以揭示软件的攻击面，并可了解软件中设置了哪些功能来缓解这些攻击面所带来的风险。白盒测试要测试这些缓解措施。

例如，使用安全机制来应对会话标识符随机性不足的问题。在通过威胁建模过程发现这项缓解措施之后，安全测试人员可以检查用来生成会话标识符的代码。这种做法通常是不够的，因为微小的错误是很难通过代码检查判断出来的，而这些微小错误可造成随机的弱点和漏洞。白盒测试应该自动执行创建新会话的过程，并记录此过程生成的这些会话的标识符。然后，可将这些标识符进行数学分析，从而了解它们是否真正是随机的。

（2）黑盒测试

黑盒测试指以局外人的身份对系统进行分析，使用工具来检测系统的攻击面，并探查系统的内部信息的方法。在没有系统内部知识的情况下，测试人员要获得系统的情况。这时候，信息泄露对于黑盒测试人员来说尤为重要，这是因为，对于操作那些没有信息泄露的系统来说，这些泄露出来的信息有助于测试人员获得系统更多的情况。

许多测试人员都非常信赖黑盒测试技术，并用它作为白盒测试的补充。如果把规格说明书和设计文档看得过重，测试人员就可能遗漏系统中未被正确实现的或在文档中未提及的那些功能。这些规格说明书之外的功能可能会是安全缺陷的藏身之处，必须找出这些缺陷。

黑盒测试可让测试人员探查所有的攻击面，并为那些设计中没有的功能生成测试数据。一种常见的错误就是在软件作为产品发布之前，没有去除那些仅用于调试的命令；另一种常见问题是在最后时刻抛出未在设计文档中正确记录的功能。黑盒测试可以找出这些情况下存在的缺陷，而白盒测试可能就不会注意这些问题。

（3）灰盒测试

理想的情况下，在安全测试期间，会一起使用白盒和黑盒两种测试技术。白盒测试用于发现在设计和开发中详细说明的那些功能中的缺陷；当无法了解应用程序内部信息的时候，使用黑盒测试来找出缺陷，这种组合有时称为灰盒测试。

应用程序安全测试人员通常都会执行灰盒测试来找出应用程序中的漏洞。起因于设计的缺陷和起因于未说明的功能的缺陷同等重要。由于安全测试人员可以使用源代码，因此应该加以利用以提高生产率。

将软件在调试器中运行并加以测试是一种理想的方式，通过这种方式可混合使用黑盒测试和源代码，从而使测试人员获得灰盒测试带来的好处。在 Windows 领域，如果可以使用调试符号和源代码，开发人员套件（Microsoft Developer Studio）是一种典型的调试器。它使得测试人员可以轻松地在栈和内存之间巡查，对诸如类和结构这样的复杂变量进行考查。在 UNIX 领域，通常使用 gdb 来进行这类工作。

当软件在调试器中运行的时候，可引入常见的黑盒测试工具（如侦探程序或自动化的回归测试套件）来用于执行中的程序。测试人员可以在危险的代码行处设置断点，从而查看这些代码是否受程序外部输入的影响。这些危险的代码行可以通过代码审查、简单地使用字符串查找（grep）或搜索代码来找出。

危险代码的一个例子就是 C 语言中在格式化字符串中有%s 的 sprintf 语句。如果复制到目标缓冲区的源缓冲区太大，就会出现缓冲区溢出的条件。但是，并不是有这种条件的 sprintf 语句都可以被发现并利用。灰盒测试能让你找出那些真正可被利用的代码。

```
SomeFunction(char *input)
{
    char dest[50];
```

```
            sprintf(dest, "The output is %5",input);
        }
```

上述这段代码就可能存在被利用的问题，但有时你并不能从源代码中轻易判断。要依据输入变量来获得用户输入路径的情况可能会复杂一些。可以在这种或者其他类似的代码行设置一个断点，然后运行侦探程序或其他自动化测试来查看是否命中了某个断点。如果命中了某个断点，就可以检查对应的栈，查看到达这个点的是什么控制流以及是否对这个输入设置了有效性检验。如果没有设置有效性检验，这个测试输入就可以用来判定使用引发可利用条件的数据是否能影响这些存在漏洞的代码。

如果在代码开发期间发现了问题，立即修补潜在可利用性的代码，成本开销是最低的。但是，出于对打补丁开销的考虑，许多开发团队很不喜欢修补那些已经发布到用户手中的或者已经进入产品中的代码中"可能"有问题的那些安全缺陷。用于发现漏洞的灰盒方法能为开发团队提供关键的可利用性信息，这可以帮他们就是否修补代码中潜在的漏洞做出有根有据的决定。

2. 从是否执行代码角度划分

从是否执行代码角度来划分，可以分为静态安全测试、动态安全测试。静态安全测试也称静态的代码安全测试，动态测试包括动态的渗透测试和程序数据扫描。

（1）静态的代码安全测试

主要通过对源代码进行安全扫描，根据程序中数据流、控制流、语义等信息与其特有软件安全规则库进行匹对，从中找出代码中潜在的安全漏洞。静态的源代码安全测试是非常有用的方法，它可以在编码阶段找出所有可能存在安全风险的代码，这样开发人员可以在早期解决潜在的安全问题。而正因为如此，静态的代码安全测试比较适用于早期的代码开发阶段，而不是测试阶段。

（2）动态的渗透测试

动态的渗透测试也是常用的安全测试方法，它使用自动化工具或者人工的方法模拟黑客的输入，对应用系统进行攻击性测试，从中找出运行时刻所存在的安全漏洞。这种测试的特点就是真实有效，一般找出来的问题都是正确的，也是较为严重的。但渗透测试一个致命的缺点是模拟的测试数据只能到达有限的测试点，覆盖率很低。

（3）程序数据扫描

一个有高安全性需求的软件，在运行过程中数据是不能遭到破坏的，否则就会导致缓冲区溢出类型的攻击。数据扫描的手段通常是进行内存测试，内存测试可以发现许多诸如缓冲区溢出之类的漏洞，而这类漏洞使用除此之外的测试手段一般都难以发现。例如，对软件运行时的内存信息进行扫描，看是否存在一些导致隐患的信息，当然这需要专门的工具来进行验证，手动做是比较困难的。

3. 从测试的执行过程划分

从测试的执行过程来划分，可以分为反向安全性测试和正向安全性测试。

（1）反向安全性测试

大部分软件的安全测试都是依据缺陷空间反向设计原则来进行的，即事先检查哪些地方可能存在安全隐患，然后针对这些可能的隐患进行测试。因此，反向测试过程是从缺陷空间出发，建立缺陷威胁模型，通过威胁模型来寻找入侵点，对入侵点进行已知漏洞的扫描测试。好处是可以对已知的缺陷进行分析，避免软件里存在已知类型的缺陷，但是对未知的攻击手段和方法通常会无能为力。

① 建立缺陷威胁模型。建立缺陷威胁模型主要是从已知的安全漏洞入手，检查软件中是否存在已知的漏洞。建立威胁模型时，需要先确定软件牵涉哪些专业领域，再根据各个专业领域所遇到的攻击手段来进行建模。

② 寻找和扫描入侵点。检查威胁模型里的哪些缺陷可能在本软件中发生，再将可能发生的威胁纳入入侵点矩阵进行管理。如果有成熟的漏洞扫描工具，那么直接使用漏洞扫描工具进行扫描，然后将发现的可疑问题纳入入侵点矩阵进行管理。

③ 入侵矩阵的验证测试。创建好入侵矩阵后，就可以针对入侵矩阵的具体条目设计对应的测试用例，然后进行测试验证。

（2）正向安全性测试

为了规避反向设计原则所带来的测试不完备性，需要一种正向的测试方法来对软件进行比较完备的测试，使测试过的软件能够预防未知的攻击手段和方法。

① 标识测试空间。对测试空间的所有的可变数据进行标识，由于进行安全性测试的代价高昂，因此要重点对外部输入层进行标识。例如，需求分析、概要设计、详细设计、编码这几个阶段都要对测试空间进行标识，并建立测试空间跟踪矩阵。

② 精确定义设计空间。重点审查需求中对设计空间是否有明确定义以及需求牵涉的数据是否都标识出了它的合法取值范围。在这个步骤中，最需要注意的是"精确"两字，要严格按照安全性原则来对设计空间做精确的定义。

③ 标识安全隐患。根据找出的测试空间和设计空间以及它们之间的转换规则，标识出哪些测试空间和哪些转换规则可能存在安全隐患。例如，测试空间越复杂，则测试空间划分越复杂或可变数据组合关系越多，也越不安全。还有转换规则愈复杂，则出问题的可能性也愈大，这些都属于安全隐患。

④ 建立和验证入侵矩阵。安全隐患标识完成后，就可以根据标识出来的安全隐患建立入侵矩阵。列出潜在安全隐患，标识出存在潜在安全隐患的可变数据以及安全隐患的等级。其中对于那些安全隐患等级高的可变数据，必须进行详尽的测试用例设计。

正向测试过程是以测试空间为依据寻找缺陷和漏洞，反向测试过程则是以已知的缺陷空间为依据去寻找软件中是否会发生同样的缺陷和漏洞，两者各有其优缺点。反向测试过程主要的优点是成本较低，只要验证已知的可能发生的缺陷即可，但缺点是测试不完善，无法将测试空间覆盖完整，无法发现未知的攻击手段。正向测试过程的优点是测试比较充分，但工作量相对来说较大。因此，对安全性要求较低的软件，一般按反向测试过程来测试即可，对于安全性要求较高的软件，应以正向测试过程为主，反向测试过程为辅。

4. 从软件开发的过程划分

从软件开发的过程划分有单元测试、集成测试、确认测试、系统测试、验收测试、回归测试。这些测试方法重点是测试软件功能是否满足需求规格说明书中描述的用户需求。

① 单元测试，又称模块测试，是针对软件设计的最小单位——程序模块或功能模块，进行正确性检验的测试工作。其目的在于检验程序各模块是否存在各种差错，是否能正确地实现其功能，满足其性能和接口要求。

② 集成测试，又叫组装测试或联合测试，是单元测试的多级扩展，是在单元测试的基础上进行的一种有序测试。集成测试旨在检验软件单元之间的接口关系，以期望通过测试发现

各软件单元接口之间存在的问题，最终把经过测试的单元组成符合设计要求的软件。

③ 确认测试，又称有效性测试。确认测试的任务是验证软件的功能和性能及其他特性是否与用户的要求一致。对软件的功能和性能要求在软件需求规格说明书中已经明确规定，它包含的信息就是软件确认测试的基础。

④ 系统测试，是为判断系统是否符合要求而对集成的软硬件系统进行的测试活动，它是将已经集成好的软件系统，作为基于整个计算机系统的一个元素，与计算机硬件、外设、某些支持软件、人员、数据等其他系统元素结合在一起，在实际运行环境下，对计算机系统进行一系列的组装测试和确认测试。

⑤ 验收测试，以用户为主的测试，软件开发人员和质量保证人员参加，由用户设计测试用例。不是对系统进行全覆盖测试，而是对核心业务流程进行测试。

⑥ 回归测试，是指修改了代码后，重新进行测试以确认修改没有引入新的错误或导致其他代码产生错误。

6.9　软件安全部署

安全地部署和维护应用程序的过程应放在生命周期的最后。当然，需要在开始的时候就为应用程序能被安全地部署而进行设计。安全部署意味着软件安装时使用了安全的默认值，文件许可权限经过了适当的设置，并且在应用程序的配置中使用了安全的设置。

此外，必须对安全的部署进行经常性地监控，同时，必须对漏洞进行管理。

在使用 SSDL 完成软件的开发之后，重要的是要设置补丁管理过程，从而使得能够对安全漏洞进行管理。

跟踪并对从内部或从外部识别出的安全漏洞排定优先级、软件开发生命周期之外进行的源代码审计以及当在组件外部识别出大量安全漏洞时进行渗透测试，这些都是维护一个安全的应用程序环境的重要组成部分。

6.10　思考题

1．试分析软件漏洞、软件错误、软件缺陷和软件 bug 几个概念之间差别。

2．如何理解软件安全与软件质量之间的关系？

3．试从软件设计、编程语言、运行平台等几个方面分析，软件漏洞是如何产生的？

4．常见的应用程序安全实现问题有哪些？如何规避？

5．软件安全漏洞与软件开发过程的管理、软件的安装部署有关系吗？请举例加以分析说明。

6．试对比分析安全开发生命周期和安全软件开发生命周期的异同点。

7．如何获得安全需求分析？安全需求如何体现在软件需求规格说明书中？

8．软件安全设计的主要内容有哪些？

9．如何理解和应用安全编码的基本原则？

10．如何做好软件的安全测试工作？

第 7 章

社 会 工 程

黑客要突破主机系统的层层防护，成功入侵主机系统，需要通过各种技术手段寻找主机系统的缺陷或漏洞。但是，随着网络安全防护技术及安全防护产品的日益成熟，很多入侵的技术手段难以奏效。在这种情况下，更多的黑客或攻击者将攻击方式转向社会工程攻击，通过利用人性的弱点，获取主机系统的访问权限或漏洞，进而实施攻击。近年来，利用社会工程的攻击手段日趋成熟，攻击的成功率也越来越高，已成为网络空间安全最大的威胁之一。

为了帮助读者更好地认识社会工程攻击，本书将社会工程单独作为一章，重点介绍社会工程的基本概念、社会工程攻击手段以及防范方法。

7.1 社会工程攻击的典型案例

社会工程是信息时代发展起来的一门"欺骗的艺术"，不论是虚拟的网络空间还是现实的日常生活场景，凡是涉及信息安全的方面，都有社会工程的应用。

本节将介绍生活中几种常见的有关社会工程攻击的案例，以帮助大家提高对生活中利用社会工程实施攻击的警惕性。

1. 利用社会工程手段获取用户手机号

社会工程其实是一种与计算机技术相结合的行骗方法，而社会工程的实施者就可以看作一个精通计算机的骗子。

为了方便大家理解，这里将通过一个虚拟例子，说明攻击者是如何通过社会工程获取用户手机号码的。

假设攻击者试图入侵某公司的内部办公系统，但无法破解管理员的登录密码。攻击者可能先利用一些手段获得管理员的手机号，再想办法得到管理员的登录密码。

攻击者要想成功获取管理员的手机号，可能按照以下方法进行。

（1）搜集管理员网络信息

攻击者利用社会工程，详细地收集管理员在网上的各种信息。比如，管理员常用的邮箱，通常来说，经常在网络上活动的管理员，当它们注册一些论坛或博客站点服务时，都会用到邮箱。因此，攻击者可以将这些邮箱地址作为关键字，在百度等搜索引擎中搜索相关信息。

从搜索结果中可以看到许多有用的信息，如管理员注册了哪些博客、论坛。同样，攻击者也可以用管理员的其他邮箱地址、QQ 号等信息作为关键字在网上进行搜索，也可以搜索到不少信息。

此外，还可以在当下流行的社交类型的网络上搜索更详细的信息，以获得管理员的真实资料。管理员通常都会在注册信息中填写真实的家庭住址、出生日期、手机号码和 QQ 号码等信息，通过这种方式可以了解管理员的手机号码或其他重要信息。

（2）获得手机号码

如果从网络搜索的信息中可以直接得到管理员的手机号码，攻击者就可以利用这个手机号码进行欺骗。但如果只得到了管理员的出生日期、家庭住址或 QQ 号码，攻击者一般先将管理员加为 QQ 好友，再通过其他方法骗取管理员的手机号码。

2. 利用社会工程手段获取系统口令

攻击者在得到管理员的手机号码后，就可以利用身份伪造去骗取系统口令。身份伪造是指攻击者利用各种手段隐藏真实身份，以一种取得目标信任的身份出现来达到目的。

大多数攻击者能够以目标内部的身份自由出现，获取情报和信息，或采取更高明的手段，如伪造身份证、ID 卡等，在没有专业人士或系统检测的情况下，要识别其真伪是有一定难度的。

在各种社交类型的网络上搜索管理员信息，得到管理员的手机号码后，就可以假装是管理员所在公司的一个新员工，然后利用得到的手机号给管理员发信息，告诉他"我是你的新同事某某，是新的某部门的经理，这是我的手机号码"。再寻找话题与管理员聊天，使其对自己说的话深信不疑。最后，再告诉管理员，某某经理让我在公司内部办公系统上下载一份文档，但我忘记问他公司的内部办公系统设的密码，你可以把口令告诉我吗，我急需这份文档。当管理员听到这些话后，可能就会相信你所说的，并将口令告诉你。这样，你就顺利地从管理员口中获得系统口令了。

当然，这种做法可能有一定的运气成分，但像这种疏忽大意且防备心理不强的人非常多，社会工程攻击正是利用这一特点实现对目标的攻击。

3. 利用社会工程手段进行网络钓鱼

网络钓鱼（phishing，与钓鱼的英文单词 fishing 发音相近，又名钓鱼法或钓鱼式攻击）是通过发送大量声称来自银行或其他知名机构的欺骗性垃圾邮件，意图引诱收信人给出敏感信息（如用户名、口令、账号、ATM PIN 或信用卡详细信息）的一种攻击方式。

典型的网络钓鱼攻击将收信人引诱到一个通过精心设计与目标组织的网站非常相似的钓鱼网站上，并获取收信人在此网站上输入的个人敏感信息，通常这一攻击过程不会让受害者警觉。图 7-1 就是社会工程攻击者假冒工商银行（wap.icdc×××.com、www.95588×××.com）发给用户的两个垃圾短信，如果用户随手点击短信中貌似工商银行的网址，试图访问网上银行时，网站会弹出和官方网站相似的登录框。一旦用户输入账号、密码、身份证号并点击登录，这些机密信息就会被不法分子偷偷上传到指定的服务器。而且，不法分子还会谎称用户需要升级密码器，以诱导用户输入密码器中的密码来进行"验证"。实际上，这个"密码器"内嵌恶意代码，用户输入的密码会被不法分子直接获取。

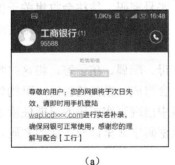

（a）

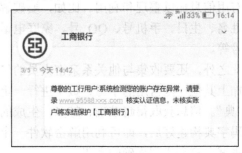

（b）

图 7-1　假冒工商银行的钓鱼短信及网址

为了让用户误以为访问的是工商银行官方网站，不法分子对工商银行官网进行了全面"山寨"，如图 7-2 所示。这些网站多数会使用和官方网站类似的域名（如 icbc×××.com），或者包含和银行客服电话一样的数字（如×××95588.com、95588×××.com）。而且，其界面与官方网站的极为相似，识别难度很高。

图 7-2 "山寨"工商银行官网首页

网络钓鱼是社会工程攻击的一种形式，是一种在线身份盗窃方式。简单地说，它是通过伪造信息获取受害者的信任并且响应。由于网络信息是呈"爆炸式"增长的，人们面对各种各样的信息往往难以辨别真伪，依托网络环境进行钓鱼攻击是一种容易让人们上当的攻击手段。

在实际生活中，人们常会遇到钓鱼事件，并且如此拙劣的手段仍能频频得手，主要是因为网络钓鱼充分利用了人们的"心理漏洞"。首先，人们收到攻击者发送的影响力很大的邮件时，很多人都不会怀疑信件的真实性，而会下意识地根据要求打开邮件里面指定的 URL 进行操作。其次，打开页面后，很多人通常不会注意浏览器地址栏中显示的地址，而只是留意页面内容，这正是让钓鱼者有机可乘的原因。

4. 利用社会工程手段盗用密码

利用社会工程手段获取密码的方法很简单，就是有针对性地收集被害人的相关信息，并对相关信息进行整理加工，以达到快速、高效地破解密码的目的。收集信息的方法一般为普通收集，即对平常可见的信息进行系统的收集，越全面越好。

另一个方法就是借助功能强大的搜索引擎，搜索他本人和相关人员的人名，从搜索结果中筛选有用信息加以整理和利用。比如，要破解某个人的账号密码，往往会收集关于他的信息，如姓名、生日、手机号、QQ 号、家庭电话、学号、身份证号、家乡及所在地的邮政编码和区号等。

除此之外，还要收集与他关系亲密人员的信息，如父母、配偶、孩子等。将这些收集到的信息加上其他一些常用的字母、数字进行一定的排列组合组成一系列的密码，可构建一个"密码字典"。信息获取得越准确、越多，生成的密码字典中出现真实密码的可能性就越大。

密码字典构建好后，即可利用解密软件一个一个地从密码字典里读取可能的密码，一个一个地去试，直到找到正确的密码。

密码字典里包括许多人们习惯性设置的密码，这样可以提高解密软件的密码破解命中率，缩短解密时间。例如，美国密码管理应用程序提供商"飞溅数据"（SplashData）公司通过分析黑客张贴在网上的数百万个被盗用户名和密码，得出 2011 年度糟糕密码榜单，前 25 个糟糕的密码依次为 password、123456、12345678、qwerty、abc123、monkey、1234567、letmein、trustno1、dragon、baseball、111111、iloveyou、master、sunshine、ashley、bailey、passw0rd、shadow、123123、654321、superman、qazwsx、michael、football。

2011 年 11 月 22 日，国内网络安全厂商 360 安全中心根据国内流行的密码破解字典软件破解列表，整理结出我国网民常用的 25 个"弱密码"，如图 7-3 所示。

图 7-3　我国网民常用的 25 个"弱密码"

当然，如果一个人密码设置得没有规律或很复杂，未包含在密码字典里，这个字典就没有用。针对我国网民密码使用习惯，360 安全中心发布了密码安全指南，建议从以下 4 个方面增加密码强度，保护账户安全：

第一，尽量使用"字母+数字+特殊符号"形式的高强度密码；

第二，网银、网上支付、常用邮箱、聊天账号单独设置密码，切忌"一套密码到处用"；

第三，按照账号重要程度对密码进行分级管理，重要账号定期更换密码；

第四，避免以生日、姓名拼音、手机号码等与身份隐私相关的信息作为密码，因为黑客针对特定目标破解密码时，往往首先试探此类信息。

【知识拓展】
更多关于密码安全指南的内容，请扫描二维码阅读。

5. 利用社会工程手段入侵系统

黑客们在无法获取主机系统漏洞实施入侵时，往往采用一些社会工程方法达到入侵的目的。常用的社会工程入侵方法有邮件欺骗、消息欺骗、窗口欺骗。

（1）邮件欺骗

邮件欺骗是指攻击者通过发送垃圾邮件说服目标相信某一事件或引诱目标访问某一地址，或者将邮件中的附件替换为木马程序，或者直接把木马程序捆绑到附件中，诱使目标运行，以达到某种不可告人的目的的方法。利用应用程序漏洞捆绑木马程序进行邮件欺骗攻击，隐蔽性强、成功率高、危害性大。

（2）消息欺骗

消息欺骗是指攻击者利用网络消息发送工具，向目标发送欺骗信息的方法，典型的就是利用一些聊天工具，如 QQ、微信等。用户接收到陌生人的消息可能会不予理睬，但如果接收到好友发来的信息，其可信度就会大幅提升。特别地，当用户正在使用聊天工具时，如果攻击者在某句话后"加入"或"补充"与当前内容相关的消息，用户看到信息与自己密切相关，无形中放松了警惕，攻击者会以发送文件、文字推荐等多种方式诱使用户访问网站或执行木马程序，以达到攻击的目的。

若遇到一般不联系的同学或朋友突然找你聊天，向你借钱或说他现在不方便，让你帮忙充话费、一会儿还你之类的情况，可能就是典型的消息欺骗。一般是好友的号码被盗或手机丢失之后，骗子群发的欺骗消息，这时应该提高警惕，认真核实对方身份后再行动。

（3）窗口欺骗

窗口欺骗主要是指网页弹出窗口欺骗。攻击者往往利用用户"贪婪"的心理，给出一个天上掉下来的"馅饼"，诱使用户按照攻击者预先指定的方式访问网页或进行相关操作，达到攻击者预定的攻击目的。比如，使用浏览器搜索资料时偶尔会有欺骗窗口、与骚扰广告相关的弹出窗口诱导用户点击某些按钮，进而执行一些恶意代码，将用户个人数据传送到未知服务器，数据就可能会被恶意使用。

7.2　社会工程概述

7.2.1　什么是社会工程

社会工程（social engineering，又被翻译为社会工程学或社交工程学）不是一门科学，而是"艺术"和"窍门"的综合应用。社会工程是利用人性的弱点，以顺从人的意愿、满足人的欲望的方式，让人上当的一些方法或技巧。说它不是科学，因为它不是总能重复和成功，而且在信息充分多的情况下，会自动失效。

维基百科对社会工程的定义是："操纵他人采取特定行动或者泄露机密信息的行为。它与骗局或欺骗类似，故该词常用于指代欺诈或诈骗，以达到收集信息、欺诈和访问计算机系统的目的，大部分情况下攻击者与受害者不会有面对面的接触。"

美国学者海德纳吉（Hadnagy）认为社会工程是一种操纵他人采取特定行动的行为，该行动不一定符合"目标人"的最佳利益，其结果包括获取信息、取得访问权限或让目标采取特定的行动。

举例来说，医生、心理学家及临床医学家通常使用社会工程的一些因素"操纵"病人，使其采取对病人有益的行动。相反，骗子使用社会工程的某些因素说服目标，以便其采取给目标自身带来损失的行动。虽然两者的最终结果迥异，但其中的方法却很类似。心理学家使用一系列精心设计的问题，帮助病人接受医生给出的诊疗方案。类似地，骗子使用精心构造的问题将目标置于危险的境地。

从以上两个社会工程的例子分析来看，二者具有完全不同的目标和结果。因此，社会工程不能仅仅定义为欺骗、撒谎或角色扮演。也就是说，社会工程可以用于生活的很多方面，但是并非所有的应用都是带有恶意或者会带来伤害性结果的。

很多时候，社会工程可以激励一个人采取对自身有益的行动。比如，在现实生活中，王小姐身材比较臃肿，给自己生活带来了一些不便，需要通过减肥来改善。但是，她身边的朋友也都处于超重状态，甚至觉得超重挺好，并且经常开玩笑说："不用为体型操心，太棒了！"

从某个方面来说，这就是一种社会工程，体现为社会认可和共识。由于王小姐的好友都觉得超重没什么，通过这些好友的认可，王小姐也获得自我认可，于是，就接受了现实。

相反，在这些人当中，如果有一个人减肥成功，并且还乐于帮助和引导王小姐，那么王小姐对体重的看法可能会发生变化，开始认为减肥是可行的，而且还不错。

本质上来说，以上这些例子都是社会工程在社会和日常生活中的应用。而在网络空间安全领域，随着网络安全防护技术及安全防护产品越来越成熟，很多常规的黑客入侵手段越来越难以起作用。在这种情况下，越来越多的黑客开始采用社会工程的攻击手法，其攻击手段也日趋成熟，技术含量也越来越高。

7.2.2　社会工程攻击

黑客凯文·米特尼克（Kevin Mitnick）在《欺骗的艺术》中曾提到，人为因素才是安全的软肋。很多组织在网络空间安全方面投入了大量的资金，最终导致数据泄露的原因，往往发生在人本身。

显然，社会工程攻击就是定位在网络空间安全工作链路的一个最脆弱的环节上。我们经常讲：最安全的计算机就是"物理隔离"，即拔去插头（网络接口）。事实上，你可以说服某人（使用者）把这台非正常工作状态下的、容易受到攻击的（有漏洞的）计算机接上插头（即连上网络）并启动，进入工作状态，提供日常的服务。

由此，可以看出，"人"在整个安全体系中是非常重要的。人不像地球上的计算机系统，不依赖他人手动干预，人有自己的主观思维。所以，可以这样讲，网络空间系统安全的脆弱性是普遍存在的，它不会因为系统平台、软件、网络又或者是设备的年限等因素不相同而有所差异。

无论是在物理上还是在虚拟的电子信息上，任何一个可以访问系统某个部分（即某种服务）的人都有可能构成潜在的安全风险与威胁。任何细微的信息都可能被社会工程攻击者当作"补给资料"来运用，使其得到其他的信息。这意味着没有把"人"（这里指的是使用者、管理人员等参与者）这个因素放进企业安全管理策略中，将会构成一个很大的安全"裂缝"。

大家可能永远都想象不到，通过一个用户名、一串数字、一串英文代码，黑客们就可以采用社会工程攻击手段，加以筛选、整理，把用户的个人情况信息、家庭状况、兴趣爱好、婚姻状况、在网上留下的一切痕迹等全部掌握得一清二楚。虽然这可能是最不起眼而且最麻烦的方法，但是它是十分有效的。

一种无须依托任何传统的黑客软件和技术，更注重研究人性弱点的黑客攻击方法，这就是社会工程攻击。

在网络空间安全领域中，社会工程攻击是指通过利用被攻击者心理弱点、本能反应、好奇心、信任、贪婪等心理，采取各种隐蔽手段，使其心理受到影响，做出某些动作或者是透露一些机密信息，达到对目标系统攻击的目的。例如，黑客在无法通过物理入侵的方式直接获取所需要的重要资料时，往往就会通过电子邮件、社交软件（如微信、QQ 等）或电话来骗取所需要的资料，再利用这些资料获取主机系统的访问权限以达到其攻击的目的。

黑客不仅能够利用系统的弱点进行入侵，还能通过人性的弱点进行入侵，当黑客攻击与社会工程攻击融为一体时，将根本不存在所谓安全的系统。

近年来，利用社会工程攻击手段，突破网络空间安全防御措施的事件，已经呈现出上升甚至泛滥的趋势。Gartner 集团信息安全与风险研究主任理查·莫古尔（Rich Mogull）认为：

"社会工程攻击是未来 10 年最大的安全风险，许多破坏力最大的行为是社会工程攻击而不是黑客或破坏行为造成的。"一些信息安全专家预言，社会工程将会是未来信息系统入侵与反入侵的重要对抗领域。

7.2.3　社会工程攻击的特点

社会工程攻击的特点就是利用目标人的贪婪、自私、好奇、轻信等弱点进行"攻击"，所以没有一个人能绝对防御社会工程攻击！

黑客每次在准备攻击目标人之前都会做充分准备，首先调查好目标人的信息，目标人的特点、缺点、爱好等，同时，制定针对目标人的社会工程攻击计划。黑客有时候需要扮演一些职业的从业人员，比如快递员、市场调查员等。黑客都会首先学习一些职业的术语，以让骗术天衣无缝。

通常每一个人都会有各自的人性弱点，或者说没有人永远都没有人性的弱点，每一个人都会有自身的"漏洞"，这些漏洞往往就是社会工程攻击的对象。因此，随着安全产品技术的不断完善，使用这些技术的人则成为整个系统的最脆弱的部分。

从某种意义上讲，无论系统有多安全，总有方法攻破它。承认系统有漏洞并且可能被攻破，是让系统更加安全的首要条件。相反，一直坚信系统坚不可摧的人就仿佛蒙着眼睛全速奔跑。

7.2.4　社会工程攻击的对象

黑客利用社会工程进行网络攻击，使得被攻击者在根本不知情的情况下就受到入侵，取得系统的控制权限，从而获得他们想要的资料，达到他们的攻击目的。常见的社会工程攻击的对象可以分成两类，即基于计算机或网络的攻击和基于人的攻击。

1. 基于计算机或网络的攻击

社会工程中基于计算机或网络的攻击主要依赖于"诱骗"技术，诱导被攻击的计算机或网络的个体提供支持信息或直接信息，而攻击者利用这些信息进一步获取访问该网络或计算机的信息。社会工程基于计算机或网络攻击对技术要求较高，往往以技术为主，借助获取的有用信息实施攻击。

有一种叫反社会工程的攻击方式尤为实用，它建立在已有场景之中，攻击者利用自己的技术创造某一种真实的环境，如网络故障、访问不了打印机等，需要网管人员或系统管理员或其他授权人员提供技术支持或解决方案，相关人员在解决过程中会掉入攻击者事先设好的"陷阱"，将用户账号和密码等信息泄露出来。攻击者事先进行了很多精心的准备，这种攻击方式极为隐蔽，很难察觉，入侵成功的概率极大，安全风险非常高。

2. 基于人的攻击

为规避安全风险，专家们会精心设计各种安全解决方案，但这些安全解决方案却很少重视和解决最大的安全漏洞——人为因素。无论是在现实世界还是在虚拟的网络空间，任何一个可以访问系统的人，都有可能成为潜在的安全风险与威胁因素。

因此，最简单也是最流行的攻击就是基于人的攻击，计算机和网络都不能脱离人的操作，在网络安全中，人是最薄弱的环节。社会工程中基于人的攻击主要是利用复杂的人际关系来进行欺骗，利用对人的奉承、威胁、权威等心理因素来获取信息。任何面对面、一对一的沟通方式都可能被利用。在这种攻击中，攻击者往往利用从一个地方获取的信息，再从另一个地方获取新的信息，而其中一些信息还用来验证，表明我是"真的"，从而获得被攻击者的信任，套取更多的信息。

7.3 常见的社会工程攻击方式

结合目前网络环境中常见的社会工程攻击方式和手段，可以将其划分为以下几种方式，即结合实际环境渗透，引诱、伪装欺骗、说服、恐吓、恭维被攻击者以及反向社会工程攻击。下面简要介绍这几种常见的社会工程攻击方式。

1. 结合实际环境渗透

对特定的环境进行渗透，是社会工程为了获得所需的情报或敏感信息经常采用的手段之一。社会工程攻击者通过观察目标对电子邮件的响应速度、重视程度及可能提供的相关资料，比如一个人的姓名、生日、电话号码、管理员的 IP 地址、邮箱等，通过这些信息来判断目标的网络构架或系统密码的大致内容，从而获取情报。

2. 引诱被攻击者

网上冲浪时会有中奖、免费赠送等内容的邮件或网页，引诱用户进入该页面下载运行程序，或要求填写账号和口令以便"验证"其身份，利用用户疏于防范的心理，使用户进入攻击者早已设好的圈套，利用这些圈套来达到他们的目的。

通过模仿合法站点的非法站点，利用欺骗性的电子邮件或者跨站攻击诱导用户前往伪装站点，截获受害者输入的个人信息（比如密码）。

3. 伪装欺骗被攻击者

伪装欺骗被攻击者也是社会工程攻击的主要方式之一。利用电子邮件攻击、网络钓鱼攻击等攻击手法均可以实现伪装欺骗被攻击者，比如新年贺卡、求职信病毒等都是利用电子邮件和伪造的 Web 站点来进行诈骗活动的。调查结果显示，在所有的网络伪装欺骗的用户中，有高达 5% 的人会对攻击者设好的骗局做出响应。

4. 说服被攻击者

说服是对互联网信息安全危害较大的一种社会工程攻击方式，它要求被攻击者与攻击者达成某种一致，进而为攻击者攻击过程提供各种便利条件。当被攻击者的利益与攻击者的利益没有冲突时，甚至与攻击者的利益一致时，该种手段就会非常有效。如果目标内部人员已经心存不满，那么只要他稍加配合就很容易达成攻击者的目的，他甚至会成为攻击者的助手，帮助攻击者获得意想不到的情报或数据。

攻击者在施行攻击时，经常会争取维修人员、技术支持人员、保洁人员等可信的第三方人员配合，这在一个大公司是不难实现的。

因为每个人不可能都认识公司中的所有人员，而身份标识是可以伪造的，这些角色中的大多数都具有一定的权力，让别人会不由自主地去"巴结"。某些雇员想讨好或顺从"领导"，所以他们会为那些有权力的人提供其所需要的信息。

5. 恐吓被攻击者

黑客在实施社会工程攻击过程中，常常会利用被攻击者对安全、漏洞、病毒、木马、黑客等内容的敏感性，以权威机构的身份出现，散布安全警告、系统风险之类的消息，使用危言耸听的伎俩恐吓、欺骗被攻击者，并声称不按照他们的方式去处理问题就会造成非常严重的后果，进而实现对被攻击者敏感信息的获取。

6. 恭维被攻击者

社会工程攻击手段高明的黑客需要精通心理学、人际关系学、行为学等知识和技能，善于利用人们的本能反应、好奇心、盲目信任、贪婪等人性弱点设置攻击陷阱，实施欺骗，并控制他人意志为己服务。他们通常看上去十分友善，讲究说话的艺术，知道如何借机去恭维他人，投其所好，使部分人友善地做出回应，乐意与他们继续合作。

7. 反向社会工程攻击

反向社会工程攻击是指攻击者通过技术或者非技术的手段给网络或计算机系统制造"故障"或"问题"，使被攻击者深信问题的存在，诱使工作人员或网络管理人员透露或泄露攻击者想要获取的信息。这种方法比较隐蔽，很难发现，危害极大且不易防范。

7.4 社会工程攻击的防范

通过前面的学习，可知社会工程攻击是一种非常危险的黑客攻击技术，其就像一双隐形的眼睛，时刻盯着我们并找准时机进行攻击。下面针对个人用户和企业用户的一些具体情况，提出一些防范社会工程攻击的方法和措施。

7.4.1 个人用户防范社会工程攻击

社会工程攻击的核心就是信息，尤其是个人信息。黑客无论出于什么目的，若要使用社会工程攻击手段，必须要首先了解目标对象的相关信息。对于个人用户来说，要从以下几个方面着手，确保个人信息不被窃取，避免受到社会工程攻击。

1. 多了解一些社会工程方面的相关知识

俗话说：知己知彼，百战不殆。可以通过参加网络安全方面的培训和学习，了解和掌握社会工程攻击的原理、手段、案例及危害，增强防范意识，避免受到社会工程攻击。

2. 注重保护个人隐私

在互联网中，很多博客、电子邮箱等都包含大量个人隐私信息。其中，对社会工程攻击有用的信息主要有生日、年龄、邮件地址、手机号码、家庭电话号码等敏感信息，攻击者可根据这些信息进行信息挖掘，进一步提高入侵成功的概率。

因此，在网络上注册时尽量不要使用真实的信息。例如，对于应用非常普及的社交平台，它无疑是无意识泄露信息最多的地方，也是黑客们最喜欢光顾的地方。

在网络上注册时，如果需要提供真实信息，就要查看这些网站是否提供了对个人隐私信息的保护，是否采取了一些安全措施；对于论坛等需要用户注册的公司，就要从保护个人隐私的角度出发，从程序上采取一些安全措施保护个人信息资料不被泄露。

3. 时刻提高警惕

在开放的网络环境中，利用社会工程进行攻击的手段复杂多变。比如，在收到邮件时，发件人地址是很容易伪造的；收到的手机短信，发短信的号码也可以伪造；通过盗取微信或QQ 等社交账号，伪装成攻击目标的亲戚、朋友、同学，向攻击目标发送各种诈骗信息；通过专门渠道购买购物网站的买家信息，再冒充网店客服，向买家发送各种诈骗信息等等。所以，需要时刻提高警惕，保持一颗怀疑的心，不要轻易相信所看到的信息。

此外，黑客可能会从公司的员工入手，花一些时间和小恩小惠，就能通过建立友谊，赢得朋友信任，这为后面从朋友口中获取公司的敏感信息打下基础。因此，在与朋友交往时，也要时刻保持警惕，秉承"朋友交流，不谈公事"的原则。

4. 保持理性思维

很多攻击者在利用社会工程进行攻击时，利用的方式大多数是人感性的弱点，进而施加影响。当用户在与陌生人沟通时，应尽量保持理性思维，不贪小利，不猎奇，不轻信，降低上当受骗的概率。

5. 不要随手丢弃废物

日常生活中，很多的废物里面都可能会包含用户的敏感信息，如发票、账单、取款机凭条、各种缴费凭证等，这些看似无用的废物可能会被有心的黑客利用，被用以实施社会工程攻击。因此在丢弃废物时，需小心谨慎，将其完全销毁后再丢弃到垃圾桶中，以防止因未完全销毁而被他人捡到造成个人信息的泄露。

6. 防身份窃取

身份窃取是指通过假装为另外一个人的身份而进行欺诈、窃取等，并获取非法利益的活动。社交网络的信息可透露一些颇有价值的内容，如受害者的姓名和出生日期。社会工程攻击者可以用这些信息猜测用户的口令或模仿这些用户，并最终窃取其身份。

因此，尽量不要回答社交网站提出的全部问题，或不要提供自己的真实的出生日期，不要告诉网站自己真实的教育背景、电话号码等，还要想方设法让攻击者得到错误的其他敏感信息。

7.4.2 企业用户防范社会工程攻击

"魔高一尺，道高一丈"，面对社会工程攻击带来的安全挑战，企业用户必须适应新的防御方法，主动采取相应措施进行防范。针对社会工程攻击，企业可以从网络安全培训和安全审核两个方面加以防范。

1. 网络安全培训

"人"是整个网络安全体系中最薄弱的一个环节，按照木桶原理，网络安全的水平和能力由最低的木块决定。我国从事专业安全的技术人员还不多，很多小型企业的网管都是"半路出家"，对安全方面的知识懂得不多，安全意识淡薄。同时，安全教育及安全防范措施都需要投入一定的成本。所以，对于一些小企业来讲，往往注重技术技能的培训，而轻视或忽视网络安全方面的培训。只有在受到严重的损失之后，才会意识到网络安全的重要性。

网络安全的重要意义就在于积极防御，将风险降到最低。网络安全重在意识，只有具备良好的安全意识，才能铸就安全的"铜墙铁壁"。对于企业用户来讲，可以从以下两个方面开展安全培训。

（1）网络安全意识的培训

在进行安全培训时，要注重社会工程攻击及反社会工程攻击防范的培训。无论是老员工还是新员工，都要进行网络安全意识的培训，培养员工的保密意识，增强其责任感。在进行培训时，结合一些身边的案例进行，如 QQ 账号被盗、支付宝或微信账户资金被盗等，让企业员工意识到一些简单社会工程攻击不但会给自己造成损失，而且还会影响公司利益。

（2）网络安全技术的培训

尽管目前网络入侵的技术手段有很多，但对于有着良好安全防范意识的企业用户来说，入侵成功的概率很小。网络安全技术培训主要从系统漏洞补丁、应用程序漏洞补丁、杀毒软件、防火墙、运行可执行应用程序等方面入手，让员工主动进行网络安全的防护。

只有加强网络安全技术的培训，提高整体的防范意识和水平，才能最大限度地降低网络安全风险。

2. 安全审核

安全审核作为网络系统整体安全策略的一部分，企业可用来测试和评估网络系统整体安全状况。安全审核重在执行，发现问题立即处理。安全审核一般有以下几个方面。

（1）身份审核

身份审核是指在需要进出的关口核查身份，判断是否应该放行。身份审核要认真仔细，层层把关，只有在核实身份并进行相关登记之后才能放行。在某些重要安全部门，还应根据实际情况需要，采取指纹识别、人脸识别等方式进行身份核定，以确保网络的安全运行。

（2）操作流程审核

操作流程审核要求在操作流程的各个环节进行认真审查，杜绝违反操作规程的行为。一般情况下，遵守操作流程规范，进行安全操作，能够确保信息安全。但是，如果个别人员违规操作，就有可能泄露敏感信息，危及企业网络安全。

（3）安全审核列表

公司应该针对自身的实际情况，做一个安全列表检查单（checklist），定期对公司计算机及网络硬件进行安全检查。这些安全检查主要包括计算机及网络设备的物理安全检查、计算机及网络设备的操作系统安全检查、应用系统安全检查。

例如，操作系统安全审核列表至少要考虑杀毒软件定期升级、操作系统漏洞补丁及时升级、安装防火墙、U盘杀毒、不运行不明程序和禁止打开来历不明的附件等方面。

（4）建立完善的安全响应措施

企业应当建立完善的安全响应措施。当员工受到社会工程攻击或其他攻击，或者怀疑受到社会工程攻击和反社会工程攻击时，应当及时报告，相关人员按照安全响应措施进行相应的处理，以降低安全风险。

表面上，社会工程只是简单的欺骗，但是在网络安全中，其攻击效果往往是非常显著的。主要原因是它包含极其复杂的心理学因素，比其他攻击的危害性更大，且更加难以防范。只要我们时刻提醒自己攻击随时有可能在身边发生，全面了解社会工程攻击的方法或手段，具备一定的安全防范知识和防范措施，在面对社会工程攻击的时候就能识别其真面目，处于主动地位，将攻击的风险降至最低。

7.5 思考题

1. 什么是社会工程以及社会工程攻击？
2. 如何理解社会工程攻击的基本原理？
3. 为什么说"人"是网络安全最薄弱的环节？
4. 常见的社会工程攻击手段有哪些？
5. 从个人和企业的角度，应如何防范社会工程攻击？

第 8 章

网络空间安全管理与教育

现实生活中，暴露出来的很多安全问题都与网络空间中的人有关。例如：某公司员工将一组敏感文件复制到 U 盘中，然后 U 盘被盗；某研究所工作人员收到一封可疑电子邮件，并打开其附件，被感染木马病毒，导致计算机内的敏感资料泄露等等。由此可见，安全事件和安全隐患不是一个纯粹靠技术就能够解决的问题，更重要的是人的问题，是管理的问题。

网络空间中的安全是一个动态的过程，需要人员、技术、操作三者紧密结合。要实现网络空间的安全目标，必须依靠强有力的安全管理措施和策略，同时加强网络空间安全教育和安全意识的培养。因此，本章重点讨论网络空间安全管理的对策、安全机构和人员管理、技术管理以及安全教育管理。

8.1 网络空间安全管理

8.1.1 安全管理的内容

网络空间安全管理的原则首先体现在国家法律和法规上。明确的法律和法规是安全的"靠山"。国家制定严格的法律、法规，使非法分子不敢轻举妄动。

这样，通过法律法规对网络空间中的行为进行约束管理，可规范系统用户以及 IT 从业人员的行为，杜绝人为的安全事故和隐患，避免触犯法律。关于网络空间安全方面的法律法规是第 9 章讨论的内容。

此外，网络空间安全管理的方法还体现在机构和部门制定的规范制度上，通过规范制度来对网络空间中的行为进行约束管理。具体包括设置专门的安全管理机构、配备专门的安全管理人员、建立逐步完善的安全管理制度、部署逐步提高的安全技术设施等。同时，安全管理还涉及人事管理、设备管理、场地管理、存储媒体管理、软件管理、网络管理、密码和密钥管理、审计管理 8 个方面。

这些管理的内容均可体现"从要素到活动"的综合管理思想，安全管理需要的"机构""制度""人员"三要素缺一不可，同时应对系统的建设整改过程和运行维护过程中重要活动实施控制和管理，对级别较高的活动构建完备的安全管理体系。

8.1.2 安全管理的原则

虽然任何人都不可能设计出绝对安全的网络应用系统，但是，如果在设计之初以及在维护使用过程中就遵循一些合理的原则，那么相应网络应用系统的安全性就更加有保障。从网络空间安全管理角度出发，在系统设计、开发、使用和维护过程中，应遵循以下具体原则。

1. 职责分离原则

职责分离原则也称为分权制衡原则。在信息系统及网络访问中，对所有权限应该进行适当的划分，使每个授权主体只能拥有一部分权限，并相互制约、相互监督，以共同保证信息系统的安全。

如果授权主体被分配的权限过大、无人监督和制约，就隐含"滥用权力""一言九鼎"的安全隐患。

2. 最小权限原则

很多系统中都有一个系统超级用户或系统管理员，拥有对系统全部资源的存取和分配权，所以它的安全至关重要，如果不加以限制，有可能由于其恶意行为、口令泄密、偶然破坏等而对系统造成不可估量的损失和破坏。因此有必要对系统超级用户和系统管理员的权限加以限制，实现最小权限原则。

最小权限原则是指应限定网络应用中每个主体所必需的最小权限，确保可能的事故、错误、网络部件的篡改等原因造成的损失最小。

3. 安全隔离原则

安全隔离原则也称为失效保护原则。隔离和控制是实现网络空间安全的基本方法，而隔离是进行控制的基础。当网络空间中的系统或网络出现故障或受到攻击时，能够通过隔离手段，避免故障或攻击的受害面扩大。

4. 标准化和规范化原则

安全技术和设施的实验要求遵从有关登记标准，履行相应的报批手续。系统的规划、设计、建设和运行（经营）、维护要有安全规范要求，需要根据组织或机构的安全要求制定相应的安全策略。

5. 选用成熟的先进技术原则

成熟技术往往可靠、稳定，采用新技术时要重视其成熟程度。如果新技术势在必行，则应采用局部试点，逐步推广，减少或避免可能的损失。

6. 领导负责制与全员参与原则

网络空间安全涉及全局，需要领导负责和全员参与。只有最高领导作为第一责任人，高度重视，组织有效队伍，调动必要的资源，协调落实各部门的工作，才能将网络空间安全管理工作落到实处，共同保证网络空间安全。

7. 保护资源和效率原则

处理好网络空间安全与网络空间系统性能平衡关系的指导原则，不宜盲目追求一时难以实现或投资过大的安全目标，应使投入与安全需求相适应，注重实效，保护资源。

8.2 安全管理机构和人员管理

网络空间安全政策以及网络空间安全防范措施都需要借助行政手段，通过人员去落实和实施。因此，建立并逐步健全一套自上而下的安全管理机构，配备相应的管理人员和技术人员是非常关键的。

8.2.1 安全管理机构

为了保证信息系统的安全，各网络空间系统使用单位应建立相应的安全管理机构。安全管理机构大小、性质和定位在很大程度上取决于它的使用单位（或它所服务的组织或机构）的性质、文化、定位和大小。例如，政府部门的网络空间系统安全管理机构可能与机要、保密单位在一起，企业的网络空间系统安全管理机构可能在信息技术单位，也可能与治安、保密单位在一起，成为独立的部门。

1. 典型的网络空间系统安全管理机构和责任人

一般地，网络空间系统应设置下列专职或兼职机构，配置专职或兼职安全管理人员。

① 管理监督委员会：监督信息安全管理单位的高级管理层的执行部门。

② 信息安全管理单位：信息安全政策、标准和指导的主要提供者。

③ 计算机或数据安全单位：开发和维持计算机及网络安全的技术人员的单位。

④ 信息安全协调员：单位内部在信息安全单位管理层以下的全职或兼职管理员和顾问。

⑤ 网络、系统和平台的管理员及经理：商业单位的当地计算机和通信服务提供者。

⑥ 信息和应用程序的拥有者、提供者、监护人及用户：单位内对组织和机构的信息负责的人。

如果可能，还可组织"打虎队"，在管理监督委员会和/或信息安全管理单位的授权和领导下，检查本单位信息系统的安全薄弱环节和漏洞，防患于未然。

2. 网络空间系统使用单位的安全管理机构的建立原则

按从上至下的垂直管理原则，上一级机关网络空间系统的安全管理机构指导下一级机关网络空间系统安全管理机构的工作。下一级机关网络空间系统的安全管理机构接受并且执行上一级机关网络空间系统安全管理机构的安全策略。

各级网络空间系统的安全管理机构，不隶属于同级网络空间系统管理和业务机构。

各级网络空间系统安全管理机构由系统管理、系统分析、软件硬件、安全保卫、系统稽核、人事和通信等有关方面的人员组成。

网络空间系统安全管理机构常设一个办事机构，负责网络空间安全方面的日常事务工作。

3. 网络空间系统使用单位的安全管理机构的职能

各级网络空间系统安全管理机构，负责与网络空间安全有关的规划、建设、投资、人事、安全政策、资源利用和事故处理等方面的决策和实施。

各级网络空间系统安全管理机构应该根据国家网络空间系统安全的有关法律、法规、制度和规范，结合本单位安全需求建立各自网络空间系统的安全策略、安全目标和实施细则，并且负责贯彻实施。

负责与各级国家网络空间安全主管机关、技术保卫机构建立日常工作关系。建立和健全本系统的系统安全操作规程和制度。

确定网络空间安全各岗位人员的职责和权限，建立岗位责任制。

审议并且通过安全规划，年度安全报告，有关安全的宣传、教育和培训计划。

执行网络空间安全事件报告制度，定期向当地公安机关网络空间安全监察部门，报告本单位网络空间安全保护管理情况，及时报告重大安全事件；遇到违法犯罪事件，应当妥善保护案发现场，协助公安机关调查和取证。对证实的重大的安全违规、违纪事件及泄密事件，及时进行处理。

安全审计、跟踪分析和安全检查，及时发现安全隐患和犯罪嫌疑，防患于未然，将可能的攻击拒之门外。

负责向所属组织或机构的领导层（或管理层）汇报工作，积极争取领导层对网络空间安全的完全支持。领导层对网络空间安全的支持是成功的安全系统中极为重要的因素。

8.2.2　网络空间安全负责人职能

网络空间安全负责人全面负责本单位的网络空间系统安全工作，并履行下述职责。

① 指定专人，负责建立、修改和管理系统授权表及系统授权口令。

② 负责审阅违章报告、控制台安全报告、系统日志、系统报警记录、系统活动统计、警卫报告以及其他与安全有关的材料。

③ 负责组织制定安全教育、培训计划。负责协调和管理对下级安全管理人员、系统管理人员和操作人员的定期和不定期的安全教育和训练。

④ 负责管理、监督、检查和分析系统运行日志以及系统安全监督文档，定期对系统进行安全评价，对违反系统安全规定的行为进行处罚。

⑤ 负责制定、管理和定期分发系统及用户的身份识别号码、密钥和口令。安全负责人根据国家和上级机关有关保密的规定，审查对外发布的信息，防止泄密事件的发生。

⑥ 负责采取切实可行的措施，防止系统操作人员对系统信息和数据的篡改、泄露和破坏，防止未经许可使用系统资源。

⑦ 负责监督、管理外部系统维护人员对系统设备的检修与维护，并且建立相应的批准手续。

⑧ 采取切实可行的措施，防止信息系统设备受到损害、更换和盗用。

8.2.3　安全人员管理

网络空间系统依靠各级机构的工作人员具体负责设计、开发、运行和维护。他们既是网络空间系统安全的主体，也是系统安全管理的对象。管理是否落实则取决于人的因素——人的安全意识，包括对安全管理重视的程度，对管理原则理解的深度和执行的力度。

若要确保网络空间系统的安全，首先应该加强人事安全管理。一般来讲，安全人员包括安全管理员、系统管理员、安全分析员、办公自动化操作人员、安全设备操作员、软硬件维修人员和警卫人员等。

1. 安全人员管理原则

（1）从不单独原则

在人员允许的情况下，由最高领导指定两个或更多个可靠且能胜任工作的专业人员，共同参与每项与安全有关的活动，并且通过签字、记录和注册等方式证明。

（2）限制使用期限原则

任何人都不能在一个与安全有关的岗位上工作时间太长。为了安全起见，工作人员应经常轮换工作位置。这种轮换依赖于全体人员和他们的诚实，工作人员的不诚实会对系统产生威胁。

（3）责任分散原则

在工作人员数量和素质允许的情况下，不集中于一个人实施全部与安全有关的措施。责任分散主要采取建立物理屏障和制定规则两种措施实现。

物理屏障包括：系统媒体库必须选择安全的位置，一般应靠近计算机房但又与计算机房隔开；数据准备必须在靠近计算机房但又与计算机房隔开的安全区域进行；安全办公室必须是一个对全体人员（直接与安全有关的人员除外）受限制的区域；计算机房本身必须是对在严格管理下工作的实际负责的操作者或其他授权人（如维修技术员）受限制的安全区域；等待销毁的敏感材料必须放在计算机房以外的安全区域。

大型网络空间系统中，实现责任分散的管理原则。应用程序开发人员和操作人员工作分离。开发人员一般不参加日常操作，操作人员不参与开发。安全特性的运行和维护（如修改操作系统或升级，提高系统安全性）应当单独进行。

（4）最小权限原则

所有人员的工作、活动范围和访问权限应当限制在能完成其任务的最小范围内。

2. 人员审查

人员审查必须根据网络空间系统所规定的安全等级，确定审查标准。人员应具有政治可靠、思想先进、作风正派、技术合格、具有职业道德等基本素质。

对新职工需要按其申请表中的个人历史逐一审查，必要时要亲自会见证明人，对以前的经历和人品进行确认。对在职人员也要定期审查。当某工作人员被怀疑违反安全规则或对其可靠性产生怀疑时，都要重新审查。

3. 岗位人选

网络空间系统的关键岗位人选，如安全负责人、安全管理员、系统管理员、安全分析员、安全设备操作员、保密员等，必须经过严格的审查且要考核其业务能力。关键的岗位人员不得兼职。所有人员应明确其在安全系统中的职责和权限。

4. 人员培训

应该定期对从事操作和维护信息系统的工作人员进行培训，包括计算机操作维护培训、应用软件操作培训和网络空间系统安全培训等，保证只有经过培训的人员才能上岗。

对于涉及安全设备操作和管理的人员，除进行上述培训外，还应由相应部门进行安全保密专门培训。

对于安全负责人要进行高级安全培训，并且取得"上岗证书"后方可任职。

人员上岗后仍需不定期接受安全教育和培训，包括听讲座、观看影片、看录像资料、学习信息安全材料等，以此提高员工的信息安全防护意识。

5. 人员考核

人事部门定期组织对网络空间系统所有的工作人员从政治思想、业务水平、工作表现、遵守安全规程等方面进行考核。对于考核合格者应予表扬和奖励，不合格者应教育、批评或处罚。对于考核发现违反安全法规行为的人员或发现不适于接触网络空间系统的人员要及时调离岗位，不让其再接触系统。

6. 签订保密合同

进入网络空间系统工作的人员，应签订保密合同，承诺其对系统应尽的安全保密义务，保证在岗工作期间和离岗后，均不得违反保密合同、泄露系统秘密。对违反保密合同的应有惩处条款，对接触机密信息的人员应规定在离岗后的相应时间内不得离境。

7. 人员调离

对于调离人员，特别是因不适合安全管理要求被调离的人员，必须严格办理调离手续，进行调离谈话，使其履行调离后的保密义务，交回所有钥匙及证件，退还全部技术手册、软件及有关资料。系统必须及时更换系统口令和机要锁，撤销其用过的所有账户。

重要机房或岗位的工作人员一旦辞职或调离，应当立即取消其出入安全区域、接触保密信息的授权。

8.3 技术安全管理

技术安全管理包括软件管理、设备管理、介质管理、技术文档管理等。其中，设备管理和介质管理也属于物理安全的范畴，前面已经介绍。本节重点介绍软件管理和技术文档管理。

8.3.1 软件管理

软件管理的范围包括对操作系统、应用软件、数据库、安全软件和工具软件的采购、安装、测试、登记和保管、使用、维护和防病毒的管理等。

1. 软件的采购、安装和测试

网络空间系统所使用的操作系统、应用软件、数据库、安全软件和工具软件等必须是正式版本，严禁使用测试版和盗版软件。

重要的操作系统和主要应用软件必须在安全管理员的监督之下安装。软件安装后，须用可靠检测软件或手段进行安全性测试，了解其脆弱性，并且根据脆弱性程度采取措施，使风险降至最小。

2. 软件的登记和保管

软件安装后，原件（盘）应进行登记造册，且由专人保管。软件更新后，软件的新旧版本均应登记造册，且由专人保管，旧版本的销毁应受严格控制。

3. 软件的使用和维护

操作系统和数据库管理系统及安全软件应由专人负责。系统及系统安全管理员应由政治素质可靠、工作责任心强及业务能力强的人担任，负责对系统的管理和维护，必须对系统运行情况进行严格的工作记录，系统工作异常或发生与安全有关的事件时，在采取相应措施的同时必须报主管安全部门备案。

安全管理员不得兼做应用系统管理员和业务员。

定期对操作系统、数据库管理系统及其他相关软件进行稽核审计，分析与安全有关的事件，堵塞安全漏洞。

软件更新后，必须重新审查系统安全状态，必要时对安全策略进行调整。

4. 软件的开发管理

系统应用软件的开发必须根据信息密级和安全等级，同步进行相应的安全设计，并且制定各阶段安全目标，按目标进行管理和实施。

系统应用软件的开发必须有安全管理专业的技术人员参加。其主要任务是对系统方案与开发进行安全审查和监督,负责系统安全设计和实施。

开发环境和现场必须与办公环境和工作现场分开。软件设计方案、数据结构、安全管理、操作监控手段、数据加密形式和源代码等,只能在有关开发人员及有关管理机构中流动,严禁散失或外泄。

应用软件开发必须符合相关规范(如 GB/T 30999—2014、GB/T 19668.5—2018)。应用软件开发人员不得参与应用软件的运行管理和操作。

5. 软件的防病毒管理

计算机必须安装经国家认可的防、杀病毒软件产品。内部维修部门定期组织计算机系统的杀灭病毒的工作。

不得使用未经批准和检测的外来软件或磁盘、光盘,不允许在计算机上玩游戏。

发现病毒后立即使用杀灭病毒工具进行检测和杀毒,如果不能完全消灭病毒,立即上报并且暂停工作。对于染毒次数、杀毒次数、杀毒后果进行详细记录,不得隐瞒不报。

8.3.2 技术文档管理

1. 技术文档的作用

技术文档是指对系统设计研制、开发、运行和维护中所有技术问题的文字描述。它反映系统的构造原理,表示系统的实现方法,为系统维护、修改和进一步维护升级提供依据。

技术文档记录系统各阶段的技术文字资料。技术文档是管理人员、开发人员、操作人员、维护人员和用户进行技术交流的依据。

2. 技术文档的密级管理

技术文档的密级主要分为绝密级、机密级、秘密级和一般级,在实际中,应遵循不同密级管理制度对系统的技术文档进行管理。

绝密级文档是指处理国家绝密级信息的技术文档。机密级文档是指处理国家机密级信息的技术文档。秘密级文档是指国家秘密级信息的技术文档。一般级文档是指办公自动化系统的使用说明书及相关技术文档和规则制度等。

3. 技术文档的使用管理

借阅、复制技术文档需要履行相应的手续,包括申请、审批、登记和归档等必要环节,并且明确各环节当事人的责任和义务。

对秘密级以上的重要技术文档,应当考虑双份以上的备份,并且存放于异地。对报废的技术文档,要有严格的销毁和监视销毁的措施。

各级安全管理机构应制定技术文档的管理制度,明确执行管理制度的责任人。

8.4 网络空间安全教育

为了保证网络空间安全,防范计算机犯罪,需要从技术、法律、管理和教育等几个方面着手,缺一不可。网络空间安全教育是网络空间安全的重要组成部分,是国家安全体系不可缺少的一项工作。关于技术手段和管理手段前面已经讨论。本节讨论网络空间安全教育问题。

8.4.1 动机

个人操作合规是保证网络空间中计算机系统和信息资产安全的一个重要方面。已有的一些安全事件调查表明，包括恶意和无意在内的个人操作，都会造成计算机系统与信息资产的损失和安全威胁。应通过网络空间安全教育，以各种方式宣传法律法规和安全方面的知识，增强系统操作人员、管理人员以及开发人员的安全意识，确保网络空间安全。

8.4.2 安全意识

所谓安全意识，就是人们头脑中建立起来的生产必须安全的观念，也可以看作人们在生产活动中对各种各样有可能对自己或他人造成伤害的外在环境条件的戒备和警觉的心理状态。

而对于网络空间来讲，安全意识是用户用来提升对网络空间安全隐患的认识，向用户传达网络空间安全所要遵循的策略和程序，通过解释什么是安全的和什么不是安全的，以及哪些是允许传送的和哪些是不允许传送的，来告知用户哪些是会影响他们公司（或部门）和个人网络环境的安全威胁和漏洞，让用户对于网络空间安全隐患有一定的防范措施。

同时，安全意识被用来解释使用网络空间中的应用系统和信息的行为规则，为制裁和惩罚违规行为提供基础。

安全意识显然是所有人员应具备的。而那些与 IT 系统有关的人员则要求具备更多的安全基础知识和素养。特别是随着移动互联网应用逐步普及，几乎所有的人员都需要具备一定的法律法规、安全基础知识和素养，这也是网络空间安全教育的主要内容。

8.4.3 网络空间安全教育的主要内容

凡是与信息系统安全有关的人员，都是网络空间系统安全教育的对象。工作岗位的多样化，决定了网络空间系统安全教育对象的多样化，主要是领导与管理人员、计算机工程人员（包括研究开发人员和维护应用人员）、计算机厂商、一般用户（包括计算机安全管理部门的工作人员）、法律工作人员以及其他有关人员。

网络空间系统安全教育的内容比较多，主要包括法规教育、安全基础知识教育和职业道德教育。其中，安全基础知识教育又包括网络安全教育、运行安全教育、实体安全教育、安全技术基础知识等。

1. 法规教育

为加强对网络空间安全保护，国家制定了一系列网络安全法律、法规，建立了计算机安全管理、监察和审计机构。

在我国，拥有计算机和计算机网络系统的单位愈来愈多，计算机在国民经济、科学文化、国家安全和社会生活的各个领域中，正在得到日益广泛的应用。计算机社会化道路是我们已经开始步入且将持续发展的道路。世界计算机应用发展历史表明，人们应当客观地看待计算机，既要看到它是推动社会发展的强大工具，又要看到它的脆弱性、危险性；既要重视发展它的应用技术，又要重视发展它的安全技术，保证计算机安全与计算机应用同步发展。

法规教育是信息系统安全教育的核心。不管是计算机工作人员，还是国家公务员，都应接受信息系统安全法规教育并且熟知有关章节的要点。因为法规是保证信息系统安全的准则。法规教育是遵守法规的必由之路。所以，各单位与部门都要从宣传、教育和培训着手，抓好计算机信息系统安全工作。

2. 安全基础知识教育

安全基础知识是正确使用计算机系统完成本职岗位工作的必备基本技术素质，它包括网络安全使用技术、网络安全基础知识等。

此外，网络空间安全是技术更新迭代最快的行业之一，安全从业人员需要不断更新知识储备，学习掌握新的技能，跟进前沿网络安全态势。加强网络安全人才队伍建设，需要学历教育、职业培训、用人单位内部培训等多种方式共同发力。

3. 职业道德教育

职业道德是社会主义道德建设的重要组成部分，是社会道德在职业活动中的具体表现，是一种更为具体化、职业化、个性化的社会道德。它是从业人员处理职业活动中各种关系、矛盾行为的准则，是从业人员在职业活动中必须遵守的道德规范。

法律是道德的底线，每一位计算机从业人员必须牢记：严格遵守相关法律法规正是计算机从业人员职业道德的最基本要求。

根据 IEEE 和 ACM 软件工程师道德规范和职业实践联合工作组制定的软件工程职业道德规范和实践要求，软件工程师（计算机从业人员）应履行其实践承诺，使软件的需求分析、规格说明、设计、开发、测试和维护成为有益和受人尊敬的职业。为实现他们对公众健康、安全和利益的承诺目标，软件工程师应当坚持以下 8 项原则。

① 公众：软件工程师应当以公众利益为目标。

② 客户和雇主：在保持与公众利益一致的原则下，软件工程师应注意满足客户和雇主的最高利益。

③ 产品：软件工程师应当确保他们的产品和相关的改进符合最高的专业标准。

④ 判断：软件工程师应当维护他们职业判断的完整性和独立性。

⑤ 管理：软件工程的经理和领导人员应赞成和促进对软件开发和维护合乎道德规范的管理。

⑥ 专业：在与公众利益一致的原则下，软件工程师应当推进其专业的完整性和声誉。

⑦ 同行：软件工程师对其同行应持平等、互助和支持的态度。

⑧ 自我：软件工程师应当参与终生职业实践的学习，并促进合乎道德的职业实践方法。

除了以上基础要求和 8 项原则外，作为一名计算机从业人员还有一些其他的职业道德规范应当遵守，比如：按照有关法律、法规和有关机关团体内的内部规定建立计算机信息系统；以合法的用户身份进入计算机信息系统；在工作中尊重各类著作权人的合法权利；在收集、发布信息时尊重相关人员的名誉、隐私等合法权益。

由此可见，软件工程师作为一种独立的职业拥有与众不同的职业特点、工作条件，其职业道德也与其他行业的有所区别。针对计算机从业人员，开展职业道德规范教育，对保障网络空间系统的安全具有重要的作用。

【知识拓展】

更多关于软件工程职业道德规范和实践要求的内容，请扫描二维码阅读。

知识拓展

8.4.4　安全教育的基本方法

安全教育的基本方法主要包括以下几种。

① 尽可能地给受教育者输入多种"刺激"，如讲课、参观、展览、讨论、示范、演练、实例等，使受教育者"见多""博闻"，增强感性认识，以求达到"广识"与"强记"。

② 使受教育者形成安全意识，经过一次、两次、多次、反复的"刺激"，促使受教育者形成正确的安全意识。

③ 使受教育者做出有利安全生产的判断与行动。判断是大脑对新输入的信息与原有意识进行比较、分析、取向的过程。行动是实践判断指令的行为。安全生产教育就是要强化原有安全意识，培养辨别是非、安危、福祸的能力，坚定安全生产行为。

④ 因人而异采取不同的教学方法。对于各级领导，宜采用研讨法和发现法等；对于企业职工，宜采用讲授法、谈话法、访问法、练习法和复习法等；对于安全专职人员，则应采用讲授法、研讨法、读书指导法等。

⑤ 采取普法教育、短期培训、基础教育和网上教育相结合的多种教学形式。

普法教育是一个常规性工作，一般一次为 3～7 天。主要以法律学习为主，安全技术基础知识学习为辅。培训对象主要是计算机信息系统的操作人员、国家公务员。这部分人数量多、范围广，每年都有新的人员需要培训。

短期培训的主要内容是网络空间安全基础知识，培训时间一般在 1 个月左右。培训的主要内容是计算机信息系统安全培训教材的全部内容。培训的主要对象是计算机安全监察人员和计算机管理人员、计算机厂商人员、管理计算机等级与水平考试的人员和市场销售人员。这部分人有一定的技术能力或管理能力，有的在单位担任领导工作。这部分人也是经常变动的，从全社会看总人数还是不少的。所以此项培训也是一项常规性工作。

基础教育主要是指在大中专院校的计算机通识课中增加网络空间安全基础知识的内容。在计算机知识相关的课程中，应当设置计算机安全知识的课程，一般不少于 20 学时。

网上教育是指基于网络的教育，其数量、体制不受时间、空间和地域的限制，在实现全新的教育体制与教学模式方面具有其他技术手段无可比拟的优越性，能够较好地满足信息时代和 21 世纪对教育的要求。

在信息安全教育中，可以充分利用网上教育这一手段。可将放在网络上的安全教育材料、资料分成 3 类，分别放置在 Internet、Extranet 和 Intranet 上。特别是利用多媒体技术的丰富多彩的表现能力，以达到最佳的教育效果。

8.4.5　重视对未成年人的安全教育

随着网络的不断普及，人们在面对铺天盖地的网络信息时，普遍存在盲从现象，随之而来的是网络安全问题，尤其是未成年人网络安全问题。因为未成年人存在道德自律意识不强、缺乏选择和辨别能力等方面的问题。为了未成年人的健康成长，社会、学校、家庭要形成合力，共同开展好未成年人的网络安全教育。

对青少年的教育，除前述的法规教育、安全基础知识教育和职业道德教育外，还应根据青少年的特点，采取以下措施，加强网络安全文明教育，积极为未成年人的成长营造文明的环境。

① 切实加强对学生的网络安全知识教育，积极开设计算机网络课程，让学生掌握必要的计算机网络知识。学校网络教室要尽可能延长开放时间，满足学生的上网要求。同时要结合学生年龄特点，采用灵活多样的形式，教给学生必要的网络安全知识，增强其安全防范意识和能力。

② 进一步深入开展《全国青少年网络文明公约》学习宣传活动。教育学生要善于网上学习，不浏览不良信息。

《全国青少年网络文明公约》主要内容：要善于网上学习，不浏览不良信息；要诚实友好交流，不侮辱欺诈他人；要增强自护意识，不随意约会网友；要维护网络安全，不破坏网络秩序；要有益身心健康，不沉溺虚拟时空。

③ 加强电子阅览室、多媒体教室、计算机房等学生上网场所的管理，防止反动、色情、暴力等不健康的内容危害学生，引导学生正确对待网络，文明上网。

④ 加强网络文明、网络安全建设和管理。采取各种有效措施，提高青少年学生分辨是非的能力、网络道德水平和自律意识，以及在网络环境下防范伤害、自我保护的能力。注重在校园网络建设过程中，建立网络安全措施，提供多层次安全控制手段，建立安全管理体系。

⑤ 加强校园网络文明宣传教育。注意研究防止网络对青少年的不良影响，积极引导青少年健康上网。加强教师队伍建设，使每一位教育工作者都了解网络知识，遵守网络道德，学习网络法规，通过课堂教学和课外校外活动，有针对性地对学生进行网络道德与网络安全教育。

⑥ 加大与国家网络安全相关部门交流与合作，加强对校园周边互联网上网服务营业场所的治理力度。积极主动联合公安、消防、文化、工商、城管等部门，开展学校内部及学校周边互联网上网服务营业场所监控和管理，杜绝学生沉迷于网吧。

8.5　思考题

1. 为什么说网络空间安全问题不是一个纯粹靠技术就能够解决的问题，而更重要的是管理问题？

2. 在网络空间安全管理过程中应遵循哪些原则？

3. 为什么说网络空间安全教育是网络空间安全的重要组成部分？网络空间安全教育包括哪些内容？

4. 网络安全管理的内容主要包括哪些？

5. 如何理解技术安全管理对网络空间安全的影响？

6. 如何理解 IT 从业人员职业道德规范对网络空间安全的影响和作用？

第 9 章

网 络 空 间 安 全 法 律 法 规 与 标 准

前面各章从技术和管理的角度全面、详细讨论了网络空间安全所覆盖的一些知识点。但是，仅仅依赖于技术和管理，网络空间安全仍然难以得到保障，还必须依靠完备的法律法规以及技术标准加以约束和指导。因此，本章将介绍网络空间安全的相关法律法规和技术标准。

9.1 法律法规基本常识

在讨论网络安全法律、法规之前，首先有必要了解法律方面的一些基础知识。法律是由一定社会物质生活条件所决定的，由国家制定和认可的，并由国家强制力保证实施的具有普遍约束力的行为规范的总和。制定法律的目的在于维护、巩固和发展一定的社会关系和社会秩序。德国学者鲁道夫·冯·耶林（Rudolp hvon Jhering）将法律目的比喻为在茫茫大海上指引航船方向的"导引之星"。

因此，维护网络安全，就需要充分发挥法律的强制性规范作用。参与网络安全工作，就需要了解法律的意义和作用，掌握网络空间安全的相关法律。

9.1.1 法律在现实生活中的案例分析

法律是神圣的，是一个国家维护国家利益和公民利益的最重要的工具之一。它能够有效地维护社会的稳定发展，也是普通民众保护个人权益的有力武器。法律与人们的生活息息相关，下面从若干实例出发，说明掌握法律常识在生活中的巨大作用。

（1）小梅下班途中发生交通事故

小梅在下班途中顺道去买菜，路上发生交通事故，小梅在下班时间受到的伤害是否属于工伤？

根据《中华人民共和国劳动法》，小梅有权向公司申请工伤赔偿，因为满足在合理的时间内往返于工作地与住所地、经常居住地、单位宿舍的合理路线的上下班途中。因此，属于工伤。

（2）江苏常熟市大货车闯红灯后将摩托车车主撞倒致其死亡

2020 年 11 月 22 日，甲某驾驶无号牌二轮摩托车在 346 国道南侧非机动车道内，由东往西逆向行驶至某十字路口时，摩托车左侧与违反交通信号灯通行的重型半挂牵引车车头相撞，事故造成甲某死亡，两车不同程度受损。

经调查，警方认为，乙某驾驶机动车行驶至设有交通信号灯的路口时，对路口内车辆情况疏于观察，遇情况措施明显不当，且闯红灯通行，违反了《道路交通安全法》第四十四条，是造成该事故的主要原因。违反了《道路交通安全法》第二十六条；甲某未戴头盔，未持有机动车驾驶证，违反了《道路交通安全法》第九十九条；驾驶事故后经检测制动性不符合要求的无号牌摩托车，违反了《道路交通安全法》第二十一条和第九十五条；在非机动车道内逆向行驶至事故地过路口时，对路口内车辆情况疏于观察，也是造成该事故的一个原因。因此，常熟交警认定乙某负主要责任，甲某负次要责任。

（3）宿迁某数据中心不履行网络安全保护义务案

2020 年 1 月，网警工作发现，宿迁某科技公司经营的互联网数据中心未落实网络安全等级保护制度，存在未落实安全技术防护措施、未建立安全保护管理制度、未按规定保留网络日志等问题。同时，该公司还向部分未提供真实身份的客户，提供互联网接入服务。

宿迁警方依据《中华人民共和国网络安全法》第 21 条、第 24 条、第 59 条、第 61 条规定，对该公司予以警告，责令限期整改。

（4）黄某为从事危害网络安全活动提供帮助案

2020 年 1 月，网警工作发现，违法嫌疑人黄某（男，31 岁，山东临沂人）通过互联网多次向他人兜售黑客工具。该嫌疑人提供的"淘宝检存""PC 微 HOOK""微信机器人"等软件，均具有避开或突破计算机信息系统安全保护措施，不经授权或超越授权获取系统数据的功能。

泰州警方依据《中华人民共和国网络安全法》第 27 条、第 63 条规定，对黄某予以行政拘留 5 日并没收违法所得的处罚。

从以上发生在身边的案例来看，我们生活在一个法治社会里，只有知法、懂法，才能守法、用法。

9.1.2 法律法规的意义和作用

1. 法律的意义

具体来说，法律的意义体现在以下几个方面。

（1）法律的秩序意义

法律在构建社会秩序中起着主要作用，法律保证着人类的生存，保证着社会的发展。

（2）法律的自由意义

法律提供给个人选择的机会，法律明确行为模式，让人选择有利于自己的模式。另外，法律将个人自由赋予法律的形式，成为法律权利，使自由得到国家强制力的保护。法律通过划定自由的界限，为普遍自由的实现提供前提。法律即使限制自由也是为了每个人更好地实现自由。

（3）法律的正义意义

正义是法律的理想或价值目标，法律通过分配权利义务，惩罚违法犯罪以保障正义，补偿受害者以恢复正义。

（4）法律的效率意义

在当代，法律对生活的渗透无所不在，这使得法律的效率意义更加重要。在提倡兼顾平等与效率的同时，法律最大限度地保障效率的实现。

（5）法律的利益意义

法律确认利益，通过平衡冲突进行社会控制，解决社会纠纷，平息社会矛盾，恢复社会常态，促进社会发展。

2. 法律的作用

法律的作用是指法律对人与人之间所形成的社会关系所发生的一种影响，它表明国家权力的运行和国家意志的实现。

法律的作用可以分为规范作用和社会作用。规范作用是从法律调整人们行为的社会规范这一角度提出来的，而社会作用是从法律在社会生活中要实现一种目的的角度来认识的，两者之间的关系为：规范作用是手段，社会作用是目的。

（1）法律的规范作用

法律的规范作用包括以下 5 个方面。

① 指引作用，指法律作为一种行为规范，为人们提供某种行为模式，指引人们可以怎样行为、必须怎样行为或不得怎样行为，从而对行为者的行为产生影响。

例如，我们在学习《中华人民共和国道路交通安全法》之后，就知道要遵守交规，安全驾驶。我们在学习《中华人民共和国网络安全法》之后，就知道不能从事入侵他人网络、干扰他人网络正常功能、窃取网络数据等危害网络安全的活动。

② 评价作用，指法律作为一种社会规范，具有判断、衡量他人行为是否合法或有效的作用。

法律的评价可分为两大类，即专门的评价和一般的评价。前者是指经法律专门授权的国家机关、组织及其成员对他人的行为所进行的评价。其特点是代表国家，具有国家强制力，产生法律约束力，因此又称效力性评价。后者是指普通主体以舆论的形式对他人行为所进行的评价，其特点是没有国家强制力和约束力，是人们自发的行为，因此又称为舆论性评价。例如，行政机关对企业某种违法行为的处罚，就是专门的评价；张某对小明不抚养他年老的父亲的行为进行批评，说他这是违法行为，就是一般的评价。

③ 教育作用，指通过法律的实施，法律规范对人们今后的行为发生直接或间接的诱导影响。

法律的教育作用主要体现在两个方面。一方面，通过对违法行为的制裁，既可以教育违法者本人，又对那些企图违法的人起到威慑和警示作用，使其引以为戒。例如，对犯罪分子的定罪处罚，除了作为惩罚之外，也会对他进行守法的教育，威慑社会潜在犯罪分子，教育社会成员知法、守法。另一方面，通过对合法行为及其法律后果的确认和保护，对人们的行为起着示范与鼓励的作用。例如，法律对正当防卫、紧急避险行为的保护，能教育社会成员，在面对危险时勇于保护自己和社会的利益。

④ 预测作用，根据法律的规定，事先估计到当事人双方将如何行为及行为的法律后果，从而进行合理的行为安排。

例如，某个人打架斗殴，酿成了命案，他就知道可能判死刑，如果自首的话可以从轻，这就是预测作用。也就是说，通过法律，公民能预知在什么情况下，司法机关会做什么处理，引起的法律后果和责任是什么。

⑤ 强制作用，这是指法律为保障自己得以充分实现，运用国家强制力制裁、惩罚违法行为。法的强制作用是法律的其他作用的保证。没有强制作用，法律的指引作用就会降低，预测作用就会被怀疑，评价作用就会在很大程度上失去意义，教育作用的效力也会受到严重影响。

（2）法律的社会作用

① 从法律的本质和法律发生作用的社会目的来看，法律是社会统治阶级确认、维护和发展一定社会关系的调整器，通过法律的规范作用的实现，法律能够对一定社会关系的发展产生广泛而深刻的影响。

② 法律的社会作用反映了法律的社会政治内容，在这方面，法律和国家权力的作用、职能是一致的。对法律的社会作用可以从两方面来考察，即法律实行阶级统治的阶级统治职能

或作用，法律执行一般公共事务过程中所呈现的社会公共职能或作用。

尽管法律在社会生活中具有重要作用，但是法律不是万能的。法律是以社会为基础的，因此，法律不可能超出社会发展需要"创造"社会。法律作为社会规范之一，必然受到其他社会规范及社会条件和环境的制约。

法律还有着自身条件的制约，如语言表达力的局限。因此，认识法律的作用必须注意"两点论"：对法律的作用既不能夸大，也不能忽视；既认识到法律不是无用的，又要认识到法律不是万能的；既要反对"法律无用论"，又要防止"法律万能论"。

9.1.3 法律层次

《中华人民共和国立法法》在 2000 年 3 月由第九届全国人大第三次会议审议通过，于当年 7 月 1 日起实施。2015 年 3 月 15 日，第十二届全国人大第三次会议上表决通过了修改后的《中华人民共和国立法法》。

一切立法活动都必须以《中华人民共和国立法法》为依据，遵守其有关规定。在此之前，我国规范立法活动的规范主要是宪法、有关法律和行政性法规。这些规范不统一、不完善和过分原则化，不仅造成了操作上的困难，而且导致了大量无权立法、越权立法、借法扩权、立法侵权等立法异常现象。

《中华人民共和国立法法》确立了法律优先原则，即在多层次立法的情况下，除宪法外，由国家立法机关所制定的法律处于最高位阶、最优地位，其他任何形式的法律都必须与之保持一致，不得抵触。

我国各地方经济、社会发展存在不平衡。与这一国情相适应，在最高国家权力机关集中行使立法权的前提下，为了使我们的法律既能通行全国，又能适应各地方千差万别的不同情况的需要，在实践中能行得通，《中华人民共和国宪法》和《中华人民共和国立法法》根据宪法确定的"在中央的统一领导下，充分发挥地方的主动性、积极性"的原则，确立了我国统一而又分层次的立法体制。

我们法律法规分 5 个层次：宪法、法律、行政法规、地方法规、规章。

第一层次：宪法，具有最高法律效力。

第二层次：法律，全国人民代表大会及其常委会制定的基本法律。

第三层次：行政法规，国务院制定的行政法规的法律效力层次为第三层次。

第四层次：地方法规，包括一般性地方法规和自治地方法规、特别行政区地方法规。

第五层次：规章，主要是企事业单位等制定的适合自身管理需要的规定，效力最低。

9.2 网络安全法及其法律体系

《中华人民共和国网络安全法》（以下简称《网络安全法》）于 2017 年 6 月 1 日正式实施。《网络安全法》作为我国网络空间安全管理的基本法律，框架性地构建了许多法律制度和要求，重点包括网络信息内容管理制度、网络安全等级保护制度、关键信息基础设施安全保护制度、网络安全审查制度、个人信息和重要数据保护制度、数据出境安全评估制度、网络关键设备和网络安全专用产品安全管理制度、网络安全事件应对制度等。

为保障《网络安全法》的有效实施，一方面，以国家互联网信息办公室（以下简称网信办）为主的监管部门制定了多项配套法规，进一步细化和明确了各项制度的具体要求、相关主体的职责以及监管部门的监管方式；另一方面，全国信息安全标准化技术委员会（以下简称信安标委）同时制定并公开了一系列以信息安全技术为主的重要标准的征求意见稿，为网络运营者提供了非常具有操作性的合规指引。具体来说包括以下几个方面。

① 在互联网信息内容管理制度方面，网信办颁布了《互联网信息内容管理行政执法程序规定》，并已经针对互联网新闻信息服务、互联网论坛社区服务、公众账户信息服务、群组信息服务、跟帖评论服务等制定了专门的管理规定或规范性文件，以期全方位、多层次地保障互联网信息内容的安全和可控性。

② 在网络安全等级保护制度方面，信安标委在原有的信息系统安全等级保护制度的基础之上，发布了《信息安全技术　网络安全等级保护实施指南》《信息安全技术　网络安全等级保护基本要求》等多项标准文件的征求意见稿。考虑到现行的《信息安全等级保护管理办法》已不适应《网络安全法》的要求，新的《网络安全等级保护管理办法》也正在制定中。

③ 在关键信息基础设施安全保护制度方面，随着《关键信息基础设施安全保护条例》《信息安全技术　关键信息基础设施安全检查评估指南》等征求意见稿的公布，关键信息基础设施运营者的安全保护义务得以进一步明确。但是关键信息基础设施的范围依旧有待正在制定的《关键信息基础设施确定指南》进一步明确。

④ 在个人信息和重要数据保护制度方面，其核心内容主要包括个人信息收集和使用过程中的安全规范以及个人信息和重要数据出境时的安全评估制度。其中，个人信息权作为一项民事权利，除网络安全法以外，在《民法典》和《刑法》中同样也建立了相应的保护机制，各行业的特别法律法规对某些特殊的个人信息也提出了特殊的法律要求。

⑤ 在网络产品和服务的管理制度方面，以安全可控性为基本要求，网信办建立了全新的网络安全审查制度和网络关键设备和网络安全专用产品目录管理制度。实践中，企业在进行网络产品和服务的合规管理时，还应当考虑密码产品管理制度和公安部的计算机信息系统安全专用产品管理制度。

⑥ 网络安全事件管理制度本身是网络安全等级保护制度中的一部分，为了加强对重点领域的管理，网信办、信安标委和行业主管部门等制定了更加具有针对性的管理要求和指引。

【知识拓展】

更多关于《中华人民共和国网络安全法》的详细内容，请扫描二维码阅读。

知识拓展

9.3　标准基础

新一代信息技术的创新发展催生了新技术、新产品、新业态、新模式，从云计算、大数据、物联网到区块链、信息物理系统、工业互联网等，新技术、新理念不断涌现，涵盖技术多、应用范围广。其发展不仅需要国家政策的大力支持，更需要科学的标准体系的支撑，才能保障产业健康、有序、快速地发展。标准化已成为推动信息技术产业创新发展的关键抓手。

为了更好地让读者了解和学习信息技术领域的相关标准，本节将在介绍标准的相关知识基础上，重点讨论我国网络安全方面的标准化工作成果。

9.3.1 标准及标准化

标准和标准化是一个比较抽象的概念，其外延很广，要把握其内涵本质，给予完善而稳定的定义，尚有较大的难度。迄今为止，因为世界各国社会制度不同，经济发展水平不一，对标准和标准化的理解和要达到的目的也有差异，所以对标准和标准化的定义还不完全一致。

国际标准化组织（ISO）和国际电工委员会（IEC）自 20 世纪 70 年代以来对标准和标准化的定义加强了研究，并在 1996 年以 ISO/IEC 第 2 号指南予以确定。我国等同采用了该指南，其标准号是 GB/T 20000.1—2002。现将"标准"和"标准化"这两个术语的定义介绍如下。

1. 标准

标准（standard）是指为在一定的范围内获得最佳秩序，经协商一致制定并由公认机构批准，共同使用的和重复使用的一种规范性文件。

它以科学、技术和经验的综合成果为基础，以促进最佳的共同效益为目的，经有关方面协调一致，由主管机构批准，以特定的形式发布，作为共同遵守的准则和依据。

2. 标准化

标准化（standardization）是指为在一定的范围内获得最佳秩序，对现实问题或潜在问题制定共同使用和重复使用的条款的活动。上述活动主要包括编制、发布和实施标准的过程。

标准化的主要作用在于为了其预期目的改进产品、过程或服务的适用性，防止贸易壁垒，并促进技术合作。标准化主要有 6 个实现形式。

（1）简化

简化是在一定范围内缩减对象的类型数目，使之在一定时间内足以满足一般需要的标准化形式。简化只是控制不合理的多样性，而不是一概排斥多样性。通过简化消除多余的低功能的品种，使产品系列的构成更精练、合理，从而提高系列的总体功能。

（2）统一化

统一化将两种以上同类事物的表现形态归为一种或限定在一定范围内的标准化形式。统一化是消除由于不必要的多样化而造成的混乱，为人类的正常活动建立共同遵守的秩序。

（3）系列化

系列化通常是在简化的基础上进行的，是简化的延伸。系列化是为防止盲目的品种泛滥而预先进行的科学安排。

（4）通用化

通用化是在互换性的基础上，尽可能地扩大同一对象的使用范围的一种形式。通用化的对象有两大类：一是物，如标准件或自制通用件；二是事，如检验方法，检定规程。通用化的目的是最大限度地减少零部件设计制造过程中的重复劳动，以缩短生产周期，降低生产成本。

（5）组合化

组合化是按照标准化的原则，设计并制造出一系列通用性很强且能多次重复应用的单元，根据需要拼合成不同用途的产品的一种标准化形式。当通用件的通用性达到一定程度的时候，就可以把那些通用性很强的零部件从具体的产品中分化出来，变成独立的、标准的组合单元。

（6）模块化

模块通常是由元器件或子模块组合而成的，具有独立功能的、可成系列单独制造的标准化单元，通过不同形式的接口与其他单元组成产品，且可分、可合、可互换。模块化是以模块为基础，综合通用化、组合化、系列化的特点，解决复杂系统类型多样化、功能多变的一种标准化形式。

3. 标准化管理

标准是一个准则，标准化是一个过程。标准化管理是一种管理手段或方法，即以标准化原理为指导，将标准化贯穿于管理全过程，以增进系统整体效能为宗旨、提高工作质量与工作效率为根本目的的一种科学管理方法。其基本特征包括如下两个方面。

① 一切活动依据标准：标准一经颁布，就应成为对重复性的同类工作和事物规定统一的质量要求。

② 一切评价以事实为准绳：依据管理标准来衡量，要以事实为准绳，要依据标准中的一系列指标数据和要求对照事实全面评价。

9.3.2 标准的层次和类别

1988 年 12 月 29 日，全国人大常委会通过的《中华人民共和国标准化法》，标志着我国标准化法制进入了一个新的阶段，它确立了标准的法律地位，明确了标准的管理体制，规定了标准的范围和制定的原则，强调了违反标准应承担的法律责任。

2017 年 11 月，全国人大常委会审议通过新修订的《中华人民共和国标准化法》，2018年 1 月 1 日起实施。该法将标准划分为 5 个层次，即国家标准、行业标准、地方标准、团体标准、企业标准。各层次之间有一定的依从关系和内在联系，形成一个覆盖全国、层次分明的标准体系。

而根据标准的法律效力，又可将标准划分为强制性标准和推荐性标准，但企业若采用了推荐性标准，该标准就将成为产品的强制性标准。强制性标准是法制建设和制度体系的组成部分，推荐性标准是促进社会和谐和社会进步的基石，团体标准是形成产业联盟和产业发展的核心，企业标准是产品质量和规范管理的灵魂，地方标准是发展区域产业和特色经济的基础。

1. 标准分级

（1）国家标准

对需要在全国范围内统一的技术要求，应当制定国家标准。国家标准由国家标准化管理委员会编制计划、审批、编号、发布。国家标准在全国范围内适用，其他各级标准不得与之相抵触。国家标准是五级标准体系中的主体。

国家标准的编号由国家标准的代号、国家标准发布的顺序号和国家标准发布的年号（发布年份）等构成。国家标准分为强制性国家标准（GB）、国家职业卫生技术标准（GBZ）、推荐性国家标准（GB/T）。国家标准的年限一般为 5 年，过了年限后，国家标准就要被修订或重新制定。

（2）行业标准

对没有国家标准又需要在全国某个行业范围内统一的技术要求，可以制定行业标准。行业标准是专业性、技术性较强的标准。作为国家标准的补充，当相应的国家标准实施后，该行业标准应自行废止。

行业标准由行业标准归口部门编制计划、审批、编号、发布、管理。行业标准的归口部门及其所管理的行业标准范围，由国务院行政主管部门审定。

（3）地方标准

对没有国家标准和行业标准而又需要在省、自治区、直辖市范围内统一要求的，可以制定地方标准。地方标准的制定范围有工业产品的安全、卫生要求；药品、兽药、食品卫生、环境保护、节约能源、种子等法律、法规的要求；其他法律、法规规定的要求。

地方标准由省、自治区、直辖市标准化行政主管部门统一编制计划、组织制定、审批、编号、发布。地方标准代码为 DB。地方标准在本行政区域内适用，不得与国家标准和行业标准相抵触。国家标准、行业标准公布实施后，相应的地方标准自行废止。

（4）团体标准

依法成立的社会团体可以制定团体标准，供社会自愿采用。这是新增的一类标准。在标准制定主体上，鼓励具备相应能力的学会、协会、商会、联合会等社会组织和产业技术联盟协调相关市场主体，共同制定满足市场和创新需要的标准，供市场自愿选用，增加标准的有效供给。

在标准管理上，对团体标准不设行政许可，由社会组织和产业技术联盟自主制定发布，通过市场竞争优胜劣汰。

（5）企业标准

企业标准是对企业范围内需要协调、统一的技术要求、管理要求和工作要求所制定的标准。企业产品标准要求不得低于相应的国家标准或行业标准的要求。企业标准由企业制定，企业标准是企业组织生产、经营活动的依据，由企业法人代表或法人代表授权的主管领导批准、发布，在该企业内部适用。企业标准代码为 Q/。企业产品标准应在发布后 30 日内向政府备案。

2. 技术标准分类

技术标准的种类分为基础标准，产品标准，方法标准，安全、卫生与环境保护标准等 4 类。

（1）基础标准

基础标准是指在一定范围内作为其他标准的基础并具有广泛指导意义的标准，包括标准化工作导则，如 GB/T 20001.4—2001《标准编写规则第 4 部分：化学分析方法》；通用技术语言标准；量和单位标准；数值与数据标准，如 GB/T 8170—2008《数值修约规则与极限数值的表示和判定》等。

（2）产品标准

产品标准是指对产品结构、规格、质量和检验方法所进行的技术规定。

（3）方法标准

方法标准是指产品性能、质量方面的检测、试验方法为对象而制定的标准。其内容包括检测或试验的类别、检测规则、抽样、取样测定、操作、精度要求等方面的规定，还包括所用仪器、设备、检测和试验条件、方法，步骤、数据分析、结果计算、评定、合格标准、复验规则等。

（4）安全、卫生与环境保护标准

这类标准是以保护人和物的安全、保护人类的健康、保护环境为目的而制定的标准。这类标准一般都要强制贯彻执行。

3. 标准的性质

国家标准、行业标准和地方标准的性质分为两类：一类是强制性标准，其代号为"GB"；

另一类是推荐性国家标准,其代号为"GB/T"。对于强制性标准,国家要求"必须执行";对于推荐性标准,"国家鼓励企业自愿采用"。

9.4 国家网络安全标准化工作

网络安全标准化是国家网络安全保障体系建设的重要组成部分,在构建安全的网络空间、推动网络治理体系变革方面发挥着基础性、规范性、引领性作用。我国政府高度重视网络安全标准化工作,对推进网络安全标准化工作做出了明确部署,专门成立了网络安全标准化工作组织机构,专门发布了推进网络安全标准化工作的文件,标准化工作取得了明显成果。

9.4.1 网络安全标准化工作机构

经国家标准化管理委员会批准,全国信息安全标准化技术委员会(简称信安标委,TC260)于 2002 年 4 月 15 日在北京正式成立,由国家标准化管理委员会直接领导,对口 ISO/IEC JTC1 SC27。其英文名称是"National Information Security Standardization Technical Committee"。

信安标委是在信息安全技术专业领域内,从事信息安全标准化工作的技术工作组织,同时,负责组织开展国内信息安全有关的标准化技术工作,主要工作范围包括安全技术、安全机制、安全服务、安全管理、安全评估等领域的标准化技术工作。

信安标委以专家为主体组成,设委员若干名,其中主任委员一人,副主任委员若干人,秘书长一人,副秘书长若干人。秘书处是信安标委的常设机构,负责处理日常工作,设在中国电子技术标准化研究院。信安标委共设 7 个工作组和 1 个特别工作组,其组织机设置如图 9-1 所示。

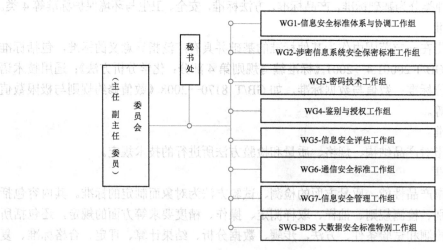

图 9-1　信标委组织机构

WG1-信息安全标准体系与协调工作组,主要工作任务是研究信息安全标准体系,跟踪国际信息安全标准发展动态,研究、分析国内信息安全标准的应用需求,研究并提出新工作项目及工作建议。

WG2-涉密信息系统安全保密标准工作组,主要工作任务是研究提出涉密信息系统安全保密标准体系，制定和修订涉密信息系统安全保密标准，以保证我国涉密信息系统的安全。

WG3-密码技术工作组，主要工作任务是密码算法、密码模块、密钥管理标准的研究与制定。

WG4-鉴别与授权工作组，主要任务是分析、研究和制定国内外 PKI/PMI 标准。

WG5-信息安全评估工作组，主要任务是调研国内外测评标准现状与发展趋势，研究提出测评标准项目和制定计划。

WG6-通信安全标准工作组，主要任务是调研通信安全标准现状与发展趋势，研究提出通信安全标准体系，制定和修订通信安全标准。

WG7-信息安全管理工作组，主要任务是信息安全管理标准体系的研究、信息安全管理标准的制定工作。

SWG-BDS 大数据安全标准特别工作组，主要任务是负责大数据和云计算相关的安全标准化研制工作。具体职责包括调研急需标准化需求，研究提出标准研制路线图，明确年度标准研制方向，及时组织开展关键标准研制工作。

除全国信息安全标准化技术委员会负责网络安全国家标准的技术管理外，我国国家保密局负责管理、发布，并强制执行国家保密标准。国家保密标准适用于指导全国各行各业、各个单位国家秘密的保护工作，具有全国性指导作用，是国家网络安全标准的重要组成部分。国家保密标准与国家保密法规共同构成我国保密管理的重要基础，是保密防范和保密检查的依据、为保护国家秘密的安全发挥了非常重要的作用。

9.4.2 网络安全标准化工作成果

为了加强网络安全标准化工作的管理和为行业单位提供全方位服务，信安标委建设了国家网络安全标准管理与服务平台，实现对网络安全标准制定全生命周期过程的公开、透明化管理，创建了国内外网络安全标准资源库。同时，信安标委还高度重视网络安全标准化顶层设计与战略规划研究，并配合国家网络安全政策及各部门工作急需，及时研制了网络安全配套标准。

在国际标准制定活动中，信安标委积极开展国际网络安全标准化交流工作，坚持跟踪研究国际动态，实质性参与国际标准化活动，提出多项国际标准提案及多份国际标准贡献物。

我国网络安全标准体系的建立，为我国各项网络安全保障工作，如云计算服务网络安全管理、政府信息系统安全检查、信息系统安全等级保护、网络安全产品检测与认证及市场准入、网络安全风险评估、涉密信息系统安全分级保护和保密安全检查等，提供了强有力的技术支撑和重要依据。

信安标委成立以来，坚持以制定国家网络安全保障体系建设急需的、关键的标准为重点，采用国际标准与自主研制并重的工作思路，有计划、有步骤地开展国家网络安全标准研制和修订工作。截至 2020 年 12 月 21 日，发布的网络安全国家标准已达 320 项。

9.5 网络安全等级保护

为了配合《中华人民共和国网络安全法》的实施，同时适应云计算、移动互联网、物联网、工业控制和大数据等新技术、新应用情况下网络安全等级保护工作的开展，在国家标准 GB/T 22239—2008（等保 1.0）基础上，针对共性安全保护需求提出安全通用要求，针对云计算、移动互联网、物联网、工业控制和大数据等新技术、新应用领域的个性安全保护需求提出安全扩展要求，形成了新的网络安全等级保护基本要求标准 GB/T 22239—2019，即"等保 2.0"。

本标准是网络安全等级保护相关系列标准之一。

与本标准相关的标准包括：

GB/T 25058—2020《信息安全技术 网络安全等级保护实施指南》

GB/T 22240—2020《信息安全技术 网络安全等级保护定级指南》

GB/T 22239—2019《信息安全技术 网络安全等级保护基本要求》

GB/T 25070—2019《信息安全技术 网络安全等级保护安全设计技术要求》

GB/T 28448—2019《信息安全技术 网络安全等级保护测评要求》

GB/T 28449—2018《信息安全技术 网络安全等级保护测评过程指南》

根据 2017 年 6 月 1 日起施行的《中华人民共和国网络安全法》的规定，等级保护是我国信息安全保障的基本制度。

《中华人民共和国网络安全法》第二十一条规定，国家实行网络安全等级保护制度。网络运营者应当按照网络安全等级保护制度的要求，履行下列全保护义务，保障网络免受干扰、破坏或者未经授权的访问，防止网络数据泄露或者被窃取、篡改：

（一）制定内部安全管理制度和操作规程，确定网络安全负责人，落实网络安全保护责任；

（二）采取防范计算机病毒和网络攻击、网络侵入等危害网络安全行为的技术措施；

（三）采取监测、记录网络运行状态、网络安全事件的技术措施，并按照规定留存相关的网络日志不少于六个月；

（四）采取数据分类、重要数据备份和加密等措施；

（五）法律、行政法规规定的其他义务。

9.5.1 网络安全等级保护内涵

网络安全等级保护是指对国家秘密信息、法人和其他组织及公民的专有信息及公开信息和存储、传输、处理这些信息的信息系统分等级实行安全保护，对信息系统中使用的信息安全产品实行按等级管理，对信息系统中发生的信息安全事件分等级响应、处置。

1. 网络安全等级保护对象及其分级

网络安全等级保护对象主要包括通信网络设施、信息系统和数据资源等，其中，信息系统包括传统信息系统、工业控制系统、云计算平台、物联网、采用移动互联网技术的系统，如图 9-2 所示。根据其在国家安全、经济建设、社会生活中的重要程度，遭到破坏后对国家安全、社会秩序、公共利益及公民、法人和其他组织的合法权益的危害程度等，由低到高划分为五级。

第一级：等级保护对象受到破坏后，会对公民、法人和其他组织的合法权益造成损害，但不损害国家安全、社会秩序和公共利益。

第二级：等级保护对象受到破坏后，会对公民、法人和其他组织的合法权益产生严重损害，或者对社会秩序和公共利益造成损害，但不损害国家安全。

第三级：等级保护对象受到破坏后，会对社会秩序和公共利益造成严重损害，或者对国家安全造成损害。

图 9-2 等级保护对象

第四级：等级保护对象受到破坏后，会对社会秩序和公共利益造成特别严重损害，或者对国家安全造成严重损害。

第五级：等级保护对象受到破坏后，会对国家安全造成特别严重损害。

2. 不同级别的安全保护能力

第三级及以上的等级保护对象是国家的核心系统，是国家政治安全、疆土安全和经济安全之所系。等级保护对象应依据其安全保护等级保证它们具有相应等级的安全保护能力，不同安全保护等级的保护对象要求具有不同的安全保护能力。显然，安全等级越高，其安全保护能力要求也就越高。不同等级的保护对象应具备的基本安全保护能力如下。

（1）第一级安全保护能力

第一级安全保护能力应能够防护免受来自个人的、拥有很少资源的威胁源发起的恶意攻击、一般的自然灾难，以及其他相当危害程度的威胁所造成的关键资源损害，在自身遭到损害后，能够恢复部分功能。

（2）第二级安全保护能力

第二级安全保护能力应能够防护免受来自外部小型组织的、拥有少量资源的威胁源发起的恶意攻击、一般的自然灾难，以及其他相当危害程度的威胁所造成的重要资源损害，能够发现重要的安全漏洞和安全事件，在自身遭到损害后，能够在一段时间内恢复部分功能。

（3）第三级安全保护能力

第三级安全保护能力应能够在统一安全策略下防护免受来自外部有组织的团体、拥有较为丰富资源的威胁源发起的恶意攻击、较为严重的自然灾难，以及其他相当危害程度的威胁所造成的主要资源损害，能够发现安全漏洞和安全事件，在自身遭到损害后，能够较快恢复绝大部分功能。

（4）第四级安全保护能力

第四级安全保护能力应能够在统一安全策略下防护免受来自国家级别的、敌对组织的、拥有丰富资源的威胁源发起的恶意攻击、严重的自然灾难，以及其他相当危害程度的威胁所造成的资源损害，能够发现安全漏洞和安全事件，在自身遭到损害后，能够迅速恢复所有功能。

（5）第五级安全保护能力

第五级等级保护对象是非常重要的监督管理对象，对其有特殊的管理模式和安全要求，所以不在本标准中进行描述。

3. 安全通用要求和安全扩展要求

由于业务目标的不同、使用技术的不同、应用场景的不同等因素，不同的等级保护对象会以不同的形态出现，表现形式可能称之为基础信息网络、信息系统（包含采用移动互联网等技术的系统）、云计算平台/系统、大数据平台/系统、物联网、工业控制系统等，形态不同的等级保护对象面临的威胁有所不同，安全保护需求也会有所差异。为了便于实现对不同级别的和不同形态的等级保护对象的共性化和个性化保护，等级保护要求分为安全通用要求和安全扩展要求。

安全通用要求针对共性化保护需求提出，等级保护对象无论以何种形式出现，应根据安全保护等级实现相应级别的安全通用要求；安全扩展要求针对个性化保护需求提出，需要根据安全保护等级和使用的特定技术或特定的应用场景选择性实现安全扩展要求。安全通用要求和安全扩展要求共同构成对等级保护对象的安全要求。安全要求的选择和整体安全保护能力的要求可以查阅 GB/T 22239—2019 标准文本。

针对云计算、移动互联网、物联网、工业控制系统提出了安全扩展要求。对于采用其他特殊技术或处于特殊应用场景的等级保护对象，应在安全风险评估的基础上，针对安全风险采取特殊的安全措施作为补充。

9.5.2 网络安全等级保护工作流程

网络安全等级保护工作包括定级、备案、建设整改、等级测评、监督检查 5 个阶段。

1. 定级

等级保护对象的运营、使用单位根据《信息安全技术 网络安全等级保护定级指南》，拟定其网络的安全保护等级。

系统定级是等级保护工作的第一步。首先由等级保护对象的运营、使用单位根据《信息安全技术 网络安全等级保护定级指南》确定定级对象，初步拟定等级，组织召开专家评审会，对初步定级结果的合理性进行评审，出具专家评审意见，将初步定级结果上报行业主管部门进行审核。"等保 2.0"实施之后，系统定级必须经过专家评审和主管部门审核，才能到公安机关备案。

2. 备案

系统级别确定之后，由运营、使用单位按照相关管理规定报送本地区公安机关备案。公安机关对定级准确、符合要求的网络发放备案证明。备案证明信息包括单位名称、系统名称、系统级别等。拿到"备案证明"便确定了系统的级别。

3. 建设整改

备案成功后，对已有的等级保护对象，其运营、使用单位根据已经确定的安全保护等级，按照等级保护的管理规范和技术标准，采购和使用相应等级的信息安全产品，落实安全技术措施和管理措施，完成系统整改。对新建、改建、扩建的等级保护对象应当按照等级保护的管理规范和技术标准进行规划设计、建设施工。

4. 等级测评

建设整改后，测评机构依据国家网络安全等级保护制度的规定，按照有关管理规范和技术标准，对被测评系统进行测试、评估，验证系统是否符合等级保护安全要求，并出具等级测评报告。

（1）测评方法

第一级以访谈为主，第二级以核查为主，第三级和第四级在核查的基础上进行测试验证。

（2）测评对象范围

第一级和第二级为关键设备，第三级为主要设备，第四级为所有设备。

（3）测评实施

第一级和第二级以核查安全机制为主，第三级和第四级先核查安全机制，再检查策略有效性。

（4）测评方法使用

安全技术方面的测评以配置核查和测试验证为主，安全管理方面可以使用访谈方式进行测评。

（5）测评结论

等级测评结论分为符合、基本符合、不符合。符合性判别依据如下。

① 定级对象的测评结论中是否存在高风险，如果有，一票否决。

② 定级对象的测评结论中没有高风险，且测评项综合得分为 75 分以上为基本符合。

5. 监督检查

公安机关按照等级保护的管理规范和技术标准的要求，重点对第三级、第四级等级保护对象的安全保护等级状况进行监督检查。发现确定的安全保护等级不符合等级保护的管理规范和技术标准的，要通知信息系统的主管部门和运营、使用单位进行整改；发现存在的安全隐患或未达到等级保护对安全等级保护的管理规范和技术标准要求的，要限期整改，使等级保护对象的安全保护措施更加完普。

9.5.3 等级保护标准体系

为推动我国网络安全等级保护工作，全国信息安全标准化技术委员会和公安部第三研究所组织制定了信息安全等级保护工作需要的一系列标准，为开展等级保护工作提供了标准保障。这些标准可以分为基础类、应用类、产品类和其他类，这些标准与等级保护工作之间的关系如图 9-3 所示。

《计算机信息系统 安全保护等级划分准则》（GB 17859—1999）是强制性国家标准，是其他各标准制定的基础。

《信息安全技术 网络安全等级保护基本要求》（以下简称《基本要求》）是在《计算机信息系统 安全保护等级划分准则》及各技术类标准、管理类标准和产品类标准基础上制定的，从技术和管理两个方面给出了各级等级保护对象应当具备的安全防护能力，是等级保护对象进行建设整改的安全需求。《基本要求》是由多个部分组成的系列标准，目前主要有 6 个部分：安全通用要求、云计算安全扩展要求、移动互联网安全扩展要求、物联网安全扩展要求、工业控制安全扩展要求、大数据安全扩展要求。

《信息安全技术 网络安全等级保护定级指南》规定了等级保护定级的对象、依据、流程、方法及等级变更等内容，同各行业发布的定级实施细则共同用于指导开展等级保护定级工作。

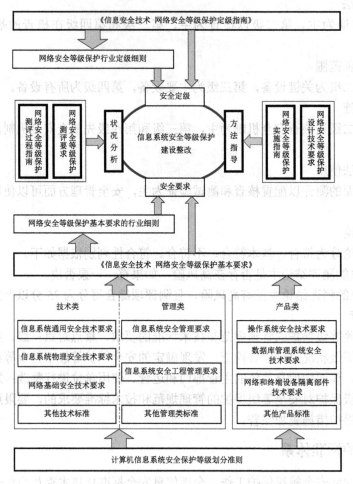

图 9-3　等级保护相关标准与等级保护各工作环节的关系

《信息安全技术　网络安全等级保护实施指南》和《信息安全技术　网络安全等级保护安全设计技术要求》（以下简称《设计要求》）构成了指导等级保护对象安全建设整改的方法指导类标准。前者阐述了在系统建设、运维和废止等各个生命周期阶段中如何按照网络安全等级保护政策、标准要求实施等级保护工作；后者提出了网络安全等级保护安全设计的技术要求，包括安全计算环境、安全区域边界、安全通信网络、安全管理中心等各方面的要求。《设计要求》是由多个部分组成的系列标准，目前主要有 5 个部分：通用设计要求、云计算安全要求、移动互联网安全要求、物联网安全要求、工业控制安全要求。

《信息安全技术　网络安全等级保护测评要求》和《信息安全技术　网络安全等级保护测评过程指南》构成了指导开展等级测评的标准规范。前者阐述了等级测评的原则、测评内容、测评强度、单元测评、整体测评、测评结论的产生方法等内容；后者阐述了信息系统等级测评的过程，包括测评准备、方案编制、现场测评、分析与报告编制等各个活动的工作任务、分析方法和工作结果等。

以上各标准构成了开展等级保护工作的管理、技术等各个方面的标准体系。

9.5.4 等级保护定级

等级保护对象定级工作的一般流程由确定定级对象、初步确定定级、专家评审、主管部门核准和备案审核几个环节组成，如图 9-4 所示。

安全保护等级初步确定为第二级及以上的等级保护对象，其网络运营者依据本标准组织专家评审，主管部门核准和备案审核，最终确定其安全保护等级。

安全保护等级初步确定为第一级的等级保护对象，其网络运营者可依据本标准自行确定最终安全保护等级，可不进行专家评审，主管部门核准和备案审核。

1. 确定定级对象

图 9-4 等级保护对象定级工作一般流程

对等级保护而言，定级对象可以分为信息系统、通信网络设施、数据资源 3 类。作为等级保护对象的信息系统应具有如下基本特征：具有确定的主要安全责任主体；承载相对独立的业务应用；包含相互关联的多个资源。

其中，主要安全责任主体包括但不限于企业、机关和事业单位等法人，以及不具备法人资格的社会团体等其他组织。避免将某个单一的系统组件，如服务器、终端或网络设备作为定级对象。

在确定定级对象时，云计算平台/系统、物联网、工业控制系统以及采用移动互联技术的系统在满足以上基本特征的基础上，还需分别遵循以下的相关要求。

① 云计算平台/系统。在云计算环境中，云服务客户侧的等级保护对象和云服务商侧的云计算平台/系统需分别作为单独的定级对象定级，并根据不同服务模式将云计算平台/系统划分为不同的定级对象。

对于大型云计算平台，宜将云计算基础设施和有关辅助服务系统划分为不同的定级对象。

② 物联网。物联网主要包括感知、网络传输和处理应用等特征要素，需将以上要素作为一个整体对象定级，各要素不单独定级。

③ 工业控制系统。工业控制系统主要包括现场采集/执行、现场控制、过程控制和生产管理等特征要素。其中，现场采集/执行、现场控制和过程控制等要素需作为一个整体对象定级，各要素不单独定级；生产管理要素宜单独定级。

对于大型工业控制系统，可根据系统功能、责任主体、控制对象和生产厂商等因素划分为多个定级对象。

④ 采用移动互联技术的系统。采用移动互联技术的系统主要包括移动终端，移动应用和无线网络等特征要素，可作为一个整体独立定级或与相关联业务系统一起定级，各要素不单独定级。

对于等级保护对象的电信网、广播电视传输网等通信网络设施，宜根据安全责任主体、服务类型或服务地域等因素将其划分为不同的定级对象。跨省的行业或单位的专用通信网可作为一个整体对象定级或分区域划分为若干个定级对象。

对于等级保护对象的数据资源可独立定级。当安全责任主体相同时，大数据、大数据平台/系统宜作为一个整体对象定级；当安全责任主体不同时，大数据应独立定级。

2. 确定定级要素

定级对象安全保护等级从业务信息安全保护等级和业务服务安全保护等级两个角度确定。无论是业务信息还是业务服务等级都由两个要素决定：等级保护对象的定级要素包括受侵害的客体和对客体造成侵害的程度。

（1）受侵害的客体

等级保护对象受到破坏时所侵害的客体包括以下 3 个方面：

① 公民、法人和其他组织的合法权益；

② 社会秩序、公共利益；

③ 国家安全。

影响公民、法人和其他组织的合法权益是指由法律确认的并受到法律保护的公民、法人和组织所享有的社会权利和利益。

确定作为定级对象的信息系统受到破坏后所侵害的客体时，应首先判断是否侵害国家安全，然后判断是否侵害社会秩序或公众利益，最后判断是否侵害公民、法人和其他组织的合法权益。

（2）对客体的侵害程度

对客体的侵害程度由客观方面的不同外在表现综合决定。由于对客体的侵害是通过对等级保护对象的破坏实现的，因此，对客体的侵害外在表现为对等级保护对象的破坏，通过危害方式、危害后果和危害程度加以描述。等级保护对象受到破坏后，对客体造成侵害的程度归结为以下 3 种。

① 一般损害。工作职能受到局部影响，业务能力有所降低，但不影响主要功能的执行，出现较轻的法律问题、较低的财产损失、有限的社会不良影响，对其他组织和个人造成较低损害。

② 严重损害。工作职能受到严重影响，业务能力显著下降，且严重影响主要功能执行，出现较严重的法律问题、较高的财产损失、较大范围的社会不良影响，对其他组织和个人造成较严重损害。

③ 特别严重损害。工作职能受到特别严重影响或丧失行使能力，业务能力严重下降或功能无法执行，出现极其严重的法律问题、极高的财产损失、大范围的社会不良影响，对其他组织和个人造成非常严重损害。

在针对不同的受侵害客体进行侵害程度的判断时，应参照以下不同的判别基准。

① 如果受侵害客体是公民、法人或其他组织的合法权益，则以本人或本单位的总体利益作为判断侵害程度的基准。

② 如果受侵害客体是社会秩序、公共利益或国家安全，则应以整个行业或国家的总体利益作为判断侵害程度的基准。

（3）定级要素与等级保护的关系

定级要素与安全保护等级的关系如表 9-1 所示。

表 9-1 定级要素与安全保护等级的关系

受侵害的客体	对客体的侵害程度		
	一般损害	严重损害	特别严重损害
公民、法人或其他组织的合法权益	第一级	第二级	第三级
社会秩序、公共利益	第二级	第三级	第四级
国家安全	第三级	第四级	第五级

3. 定级方法流程

定级对象的安全包括业务信息安全和系统服务安全，与之相关的受侵害客体和对客体的侵害程度可能不同，因此，安全保护等级由业务信息安全和系统服务安全两方面确定。从业务信息安全角度反映的定级对象安全保护等级称业务信息安全保护等级；从系统服务安全角度反映的定级对象安全保护等级称系统服务安全保护等级。

在确定定级对象安全保护等级时，首先确定受到破坏时所侵害的客体，然后确定对客体的侵害程度，最后确定其安全保护等级，如图 9-5 所示，具体流程如下。

（1）确定受到破坏时所侵害的客体

① 确定业务信息安全受到破坏时所侵害的客体;

② 确定系统服务安全受到侵害时所侵害的客体。

（2）确定对客体的侵害程度

① 根据不同的受侵害客体，分别评定业务信息安全被破坏对客体的侵害程度;

② 根据不同的受侵害客体，分别评定系统服务安全被破坏对客体的侵害程度。

（3）确定安全保护等级

① 依据表 9-2，确定业务信息安全保护等级;

② 依据表 9-3，确定系统服务安全保护等级;

③ 将业务信息安全保护等级和系统服务安全保护等级的较高者确定为定级对象的安全保护等级。

表 9-2 业务信息安全保护等级矩阵表

业务信息安全被破坏时所侵害的客体	对相应客体的侵害程度		
	一般损害	严重损害	特别严重损害
公民、法人或其他组织的合法权益	第一级	第二级	第三级
社会秩序、公共利益	第二级	第三级	第四级
国家安全	第三级	第四级	第五级

表 9-3 系统服务安全保护等级矩阵表

系统服务安全被破坏时所侵害的客体	对相应客体的侵害程度		
	一般损害	严重损害	特别严重损害
公民、法人或其他组织的合法权益	第一级	第二级	第三级
社会秩序、公共利益	第二级	第三级	第四级
国家安全	第三级	第四级	第五级

上述定级流程如图 9-5 所示。

图 9-5 定级流程

9.5.5 等级测试

等级测评是测评机构依据《信息安全技术 网络安全等级保护基本要求》GB/T 22239 以及《信息安全技术 网络安全等级保护测评要求》GB/T 28448 等技术标准，检测评估定级对象安全等级保护状况是否符合相应等级基本要求的过程，是落实网络安全等级保护制度的重要环节。

在定级对象建设、整改时，定级对象运营、使用单位通过等级测评进行现状分析，确定系统的安全保护现状和存在的安全问题，并在此基础上确定系统的整改安全需求。

在定级对象运维过程中，定级对象运营、使用单位定期对定级对象安全等级保护状况进行自查或委托测评机构开展等级测评，对信息安全管控能力进行考察和评价，从而判定定级对象是否具备 GB/T 22239 中相应等级要求的安全保护能力。因此，等级测评活动所形成的等级测评报告是定级对象开展整改加固的重要依据，也是第三级以上定级对象备案的重要附件材料。等级测评结论为不符合或基本符合的定级对象，其运营、使用单位应当根据等级测评报告，制定方案进行整改。

1. 等级测评方法

等级测评实施的基本方法是针对特定的测评对象，采用相关的测评手段，遵从一定的测评规程，获取需要的证据数据，给出是否达到特定级别安全保护能力的评判。

针对每一个要求项的测评构成一个单项测评，针对某个要求项的所有具体测评内容构成测评实施。单项测评中的每一个具体测评实施要求项（以下简称"测评要求项"）是与安全控制点下面所包括的要求项（测评指标）相对应的。在对每一要求项进行测评时，可能用到访谈、核查和测试三种测评方法，也可能用到其中一种或两种。测评实施的内容完全覆盖了 GB/T 22239—2019 及 GB/T 25070—2019 中所有要求项的测评要求，使用时应当从单项测评的测评实施中抽取出对于 GB/T 22239—2019 中每一个要求项的测评要求，并按照这些测评要求开发测评指导书，以规范和指导等级测评活动。

根据调研结果，分析等级保护对象的业务流程和数据流，确定测评工作的范围。结合等级保护对象的安全级别，综合分析系统中各个设备和组件的功能和特性，从等级保护对象构成组件的重要性、安全性、共享性、全面性和恰当性等几方面属性确定技术层面的测评对象，并将与其相关的人员及管理文档确定为管理层面的测评对象。测评对象可以根据类别加以描述，包括机房、业务应用软件、主机操作系统、数据库管理系统、网络互联设备、安全设备、访谈人员及安全管理文档等。

等级测评活动中涉及测评力度，包括测评广度（覆盖面）和测评深度（强弱度）。安全保护等级较高的测评实施应选择覆盖面更广的测评对象和更强的测评手段，可以获得可信度更高的测评证据，测评力度的具体描述参见 GB/T 28448—2019 附录 A。

每个级别测评要求都包括安全测评通用要求、云计算安全测评扩展要求、移动互联安全测评扩展要求、物联网安全测评扩展要求和工业控制系统安全测评扩展要求 5 个部分。

2. 单项测评和整体测评

等级测评包括单项测评和整体测评。

单项测评是针对各安全要求项的测评，支持测评结果的可重复性和可再现性。单项测评由测评指标、测评对象、测评实施和单元判定结果构成。为方便使用针对每个测评单元进行编号。

整体测评是在单项测评基础上，对等级保护对象整体安全保护能力的判断。整体安全保护能力从纵深防护和措施互补两个角度评判。

3. 等级测评过程

测评工作过程及任务基于受委托测评机构对定级对象的初次等级测评给出。运营、使用单位的自查或受委托测评机构已经实施过一次以上等级测评的，测评机构和测评人员根据实际情况调整部分工作任务。开展等级测评的测评机构应严格按照等级测评工作要求开展相关工作。

等级测评过程包括 4 个基本测评活动：测评准备活动、方案编制活动、现场测评活动、报告编制活动。而测评相关方之间的沟通与洽谈应贯穿整个等级测评过程。每一测评活动有一组确定的工作任务。具体如表 9-4 所示。

标准 GB/T 28449 对其中每项活动均给出相应的工作流程、主要任务、输出文档及活动中相关方的职责的规定，每项工作任务均有相应的输入、任务描述和输出产品。

表 9-4   等级测评过程

测评活动	主要工作任务
测评准备活动	工作启动
	信息收集和分析
	工具和表单准备
方案编制活动	测评对象确定
	测评指标确定
	测评内容确定
方案编制活动	工具测试方法确定
	测评指导书开发
	测评方案编制
现场测评活动	现场测评准备
	现场测评和结果记录
	结果确认和资料归还
报告编制活动	单项测评结果判定
	单元测评结果判定
	整体测评

续表

测评活动	主要工作任务
报告编制活动	系统安全保障评估
	安全问题风险分析
	等级测评结论形成
	测评报告编制

【知识拓展】

更多关于《信息安全技术 网络安全等级保护定级指南》和《信息安全技术 网络安全等级保护测评过程指南》的详细内容，请扫描二维码阅读。

知识拓展

9.6 思考题

1. 什么是法律？法律的作用和意义是什么？
2. 什么是网络安全法？它有何作用？
3. 请简要分析我国网络空间安全立法存在的局限性。
4. 什么是标准和标准化？它们分别有何作用？
5. 我国标准分哪几个层次？主要有哪几类标准？
6. 请调查分析我国网络空间安全标准建设情况。
7. 网络安全等级保护有何作用？作为一个单位的信息主管，如何开展等级保护工作？
8. 如何确定等级保护对象？

第 10 章

新环境安全

随着云计算、物联网、大数据、人工智能和 5G 等新技术的出现，万物互联、万物皆是数据源的时代已经逐渐开启，各种应用软件已经渗透到社会的每一个角落，给人们的日常生活和工作带来便利的同时，安全问题日益突出。本章重点讨论云计算、物联网、大数据等新环境下的安全问题。

10.1 云计算安全

本节在介绍云计算相关概念的基础上，分析云计算面临的安全威胁，讨论云计算安全涉及的一些关键技术。

10.1.1 云计算概述

1. 云计算基本概念

云计算（cloud computing）是分布式计算的一种，指的是通过网络"云"将巨大的数据处理程序分解成无数个小程序，然后，通过多部服务器组成的系统处理和分析这些小程序得到的结果并返回给用户。

早期的云计算就是简单的分布式计算，主要用于解决任务分发，并进行计算结果的合并。因而，云计算又称为网格计算。通过这项技术，可以在很短的时间内完成对数以万计的数据的处理，从而提供强大的网络服务。

现阶段所说的云服务已经不单单是一种分布式计算，而是分布式计算、效用计算、负载均衡、并行计算、网络存储、热备份冗杂和虚拟化等计算机技术混合演进并跃升的结果。

云实质上就是网络。从狭义上讲，云计算就是一种提供资源的网络，使用者可以随时获取云上的资源，按需求量使用，并且可以将之看成是能无限扩展的，只要按使用量付费就可以。云就像自来水厂一样，我们可以随时接水，并且不限量，按照自己家的用水量，付费给自来水厂就可以。

从广义上说，云计算是与信息技术、软件、互联网相关的一种服务，这种计算资源共享池叫作云。云计算把许多计算资源集合起来，通过软件实现自动化管理，只需要很少的人参与，就能让资源被快速提供。也就是说，计算能力作为一种商品，可以在互联网上流通，就像水、电、煤气一样，可以方便地取用，且价格较为低廉。

总之，云计算不是一种全新的网络技术，而是一种全新的网络应用概念，云计算的核心概念就是以互联网为中心，在网站上提供快速且安全的云计算服务与数据存储，让每一个使用互联网的人都可以使用网络上的庞大计算资源与数据中心。

云计算具有高扩展性和高可靠性，可以提高服务，为用户提供了一种全新的体验。云计算的核心是可以将很多的计算机资源协调在一起，因此能使用户通过网络就可以获取到无限的资源，同时获取的资源基本不受时间和空间的限制。

按照美国国家标准与技术研究院的定义，云计算是一种利用互联网实现随时随地、按需、便捷地访问共享资源池（如计算设施、存储设备、应用程序等）的计算模式。

2. 云计算的基本特征

参照美国国家标准与技术研究院的定义，云计算具有 5 个基本特征。

① 按需自助服务。用户可对计算资源进行单边部署以自动化地满足需求，并且无须服务提供商的人工配合。

② 泛在网络连接。云计算资源可以通过网络获取和通过标准机制访问，这些访问机制能够方便用户通过异构的客户平台来使用云计算。

③ 与地理位置无关的资源池。云计算服务商采用多用户模式，根据用户需求动态地分配和再分配物理资源和虚拟资源，用户通常不必知道这些资源具体所在的位置，资源包括存储器、处理器、内存、网络及虚拟机等。

④ 快速灵活地部署资源。云计算供应商可快速灵活地部署云计算资源，快速地放大和缩小，对于用户，云计算资源通常可以被认为是无限的，即可以在任何时间购买任何数量的资源。

⑤ 服务计费。通过对不同类型的服务进行计费，云计算系统能自动控制和优化资源利用情况。可以监测、控制资源利用情况，为云计算提供商和用户就所使用的服务提供透明性。

3. 云计算部署模型

云计算部署模型主要有私有云、社区云、公共云和混合云 4 种。

（1）私有云

云端资源只给一个单位内的用户使用。云端的所有权、日常管理和操作的主体可能属于本单位，也可能属于第三方机构，还可能同时属于二者。云端可能部署在本单位内部，也可能托管在其他地方。

（2）社区云

云端资源给固定几个单位内的用户使用，各个单位对云端具有相同诉求（如安全要求、云端使命、规章制度、合规性要求等）。云端的所有权、日常管理和操作的主体可能属于几个单位内的一个或几个，也可能属于第三方机构，还可能属于几者联合。云端可能部署在某个单位内部，也可能托管在其他地方。

（3）公共云

云端资源开放给公众使用。云端的所有权、日常管理和操作的主体可能属于一个商业组织、学术机构、政府部门或其中几个的联合。云端可能部署在某个单位内部，也可能托管在其他地方。

（4）混合云

混合云是两种以上类型的云组成的，它们相互独立，但是用标准或专有的技术将它们组合起来，这些技术能实现云之间的数据和应用程序的平滑流转。其中，私有云和公共云组成的混合云是目前十分流行的一种模型。

4. 云计算的服务模式

云计算可以提供 3 种服务模式，即基础设施即服务、平台即服务、软件即服务。

（1）基础设施即服务（Infrastructure as a Service，IaaS）

云服务提供商把系统的基础设施层作为服务出租，提供给使用者的功能是配置处理、存储、网络和其他基础计算资源，以便使用者能够部署和运行包括操作系统和应用程序在内的任意软件。

使用者并不管理或控制底层云物理基础结构，但拥有对操作系统、存储和已部署应用程序的控制权，还可能拥有对选择网络组件的有限控制权。

（2）平台即服务（Platform as a Service，PaaS）

云服务提供商把系统的平台软件层作为服务出租，提供给使用者的功能是将使用者自己开发的或获得的应用程序部署到云基础结构中，这些应用程序是使用提供商支持的编程语言和工具开发的。

使用者并不管理或控制底层云基础结构，这包括网络、服务器、操作系统或存储，但拥有对已部署应用程序的控制权，还可能拥有应用程序宿主环境配置控制权。

（3）软件即服务（Software as a Service，SaaS）

云服务提供商把系统的应用软件层作为服务出租，使用者不用自己安装应用程序，只要接入网络并通过浏览器，直接使用应用程序即可。

使用者并不管理或控制底层云基础结构，这包括网络、服务器、操作系统、存储，甚至包括个别应用程序功能，但可能不包括提供商定义的特定于用户的应用程序配置设置。

10.1.2　云计算安全威胁

云计算可改变组织使用、存储和共享数据、应用程序和工作负载的方式，同时也会带来一系列新的安全威胁和挑战。随着大量的数据进入云端，特别是进入公共云服务，这些资源成为网络攻击者的主要目标。

根据云安全联盟（Cloud Security Alliance，CSA）2019 年发布的"云计算安全的 12 个顶级威胁"的行业洞察报告来看，云计算面临的安全威胁主要体现在以下几个方面。

1. 数据泄露

数据泄露可能是有针对性攻击，也可能只是人为错误、应用程序漏洞或糟糕的安全实践的结果。它可能涉及任何非公开信息，包括个人健康信息、财务信息、个人身份信息、商业秘密和知识产权等。数据泄露的风险并非云计算所独有，但它始终是云计算用户最关心的问题。

例如，发生于 2012 年某公司的用户密码泄露事件。网络攻击者能够窃取公司密码数据库的 1.67 亿个密码，因为该公司并没有进行加密。应对这种漏洞的关键点是，企业应始终对包含用户凭据的数据库进行哈希加密处理，并实施适当的日志记录和行为异常分析。

2. 验证授权存在缺陷

黑客伪装成合法用户、运营商或开发人员进行读取、修改、删除数据，获取发布平台的管理功能、窥探传输中的数据或发布源于合法来源的恶意软件。因此，验证授权存在缺陷会导致对数据的未经授权访问，并可能对组织或最终用户造成灾难性损害。

例如，MongoDB 数据库的不受保护的默认安装。这种默认实现使端口始终处于开放状态，允许访问而无须身份验证。

3. 不安全的接口和可编程 SDK

云服务商提供了一些软件管理或者 API 管理接口与云服务交互。通过供应、管理和监控接口来完成自动化操作，云服务的安全性和可用性均取决于 API 的安全性。它们需要设计一些防止意外和恶意的绕过策略。

4. 系统漏洞

系统漏洞是黑客可用来渗透系统窃取数据，控制系统或中断服务操作的程序中可利用的漏洞。

系统漏洞（system vulnerabilities）是指操作系统软件在逻辑设计上的缺陷或错误，被不法者利用，通过网络植入木马、病毒等方式来攻击或控制整个电脑，窃取电脑中的重要资料和信息，甚至破坏系统。

操作系统组件中的漏洞使得所有服务和数据的安全性都面临重大风险。随着云计算中多租户的出现，来自不同公司的系统互相寄生于宿主机，并且允许访问共享内存和资源，从而创建新的攻击面。

5. 账户劫持

账户劫持或者服务劫持并不是新的漏洞，但云计算服务给环境带来了新的威胁。如果黑客可以访问用户的验证数据，他们可以窃听操作和交易、操纵数据、返回伪造的信息，并将客户端重定向到非法的站点。账户或者服务实例可能成为黑客的新跳板。由于授权数据被盗，黑客可以访问云计算服务的关键区域，从而危及这些服务的机密性、完整性和可用性。

6. 恶意内部人士（俗称内鬼）

企业的安全威胁，很大一部分在于来自内部的威胁。系统管理员这样的角色可以访问数据库的数据或者潜在的敏感信息，并且可以访问重要的系统。仅依靠云服务提供商的系统，将面临的更大的挑战。

7. 高级持续性威胁

高级持续性威胁（Advanced Persistent Threat，APT）是一种寄生形式的网络攻击方式。它可以渗透到目标公司 IT 基础设施中建立立足点，步步为营，渗透更多系统，窃取敏感数据。APT 在很长一段时间内暗地追寻目标，通常会适应和抵御目标的安全措施。

8. 数据丢失

存储在云中的数据可能因恶意攻击以外的原因而丢失。云服务提供商的意外删除或者火灾、地震等物理灾难可能导致客户数据永久丢失，除非云服务提供商或者云客户采取适当措施来备份数据，否则无法实现灾难恢复。

9. 技术调研不足

当公司高层制定业务战略时，必须考虑云计算技术和服务提供商。在评估技术和提供商时，制定一个良好的路线图和技术调研清单对于获得较大的成功机会至关重要。急于采用云计算并选择提供商而没有执行深入的技术调研，可能会面临诸多的技术风险。

10. 滥用云服务

云服务部署考虑不周全，免费的云服务试用或者测试数据没有删除，暴露在黑客攻击范围内。黑客可能会利用云计算资源来定位用户、公司或者其他云提供商。滥用云端资源且不加以保护，将极易被攻击。

11. 拒绝服务

拒绝服务（Denial of Service，DoS）攻击旨在阻止用户访问数据或者应用程序。通过强制消耗云服务的有限系统资源，如处理器能力、内存、磁盘空间或网络带宽，攻击者可能会导致系统速度下降，并使合法的服务用户无法正常使用。

12. 共享技术漏洞

云服务提供商通过共享基础设施、平台或应用程序来实现其服务的可扩展性。有时会以牺牲安全为代价。构成支持云服务部署的底层组件可能并未为多租户架构或者多客户应用程序提供强大的安全隔离。这可能会产生技术漏洞，从而被黑客利用。

10.1.3　云计算安全技术

云计算安全的关键技术有可信访问控制、密文检索与处理、数据存在与可使用性证明、数据隐私保护、虚拟安全技术、云资源访问控制、可信云计算 7 个方面。

1. 可信访问控制

因为无法信赖服务商忠实实施用户定义的访问控制策略，所以在云计算模式下，研究者关心的是如何通过非传统访问控制类手段实施数据对象的访问控制。其中得到关注最多的是基于密码学方法实现访问控制，包括：基于层次密钥生成与分配策略实施访问控制的方法；利用基于属性的加密算法，如密钥规则的基于属性加密方案（KP-ABE），或密文规则的基于属性加密方案（CP-ABE）；基于代理重加密的方法；在用户密钥或密文中嵌入访问控制树的方法等。

2. 密文检索与处理

数据变成密文时丧失了许多其他特性，导致大多数数据分析方法失效。密文检索有两种典型的方法：一是基于安全索引的方法，通过为密文关键词建立安全索引，检索索引查询关键词是否存在；二是基于密文扫描的方法，对密文中每个单词进行比对，确认关键词是否存在，以及统计其出现的次数。由于某些场景（如发送加密邮件）需要支持非属主用户的检索，波内（Boneh）等人提出支持其他用户公开检索的方案。密文处理研究主要集中在秘密同态加密算法设计上。

早在 20 世纪 80 年代，就有人提出多种加法同态或乘法同态算法。但是由于被证明安全性存在缺陷，后续工作基本处于停顿状态。而近期，IEM 研究员金特里（Gentry）利用"理想格"的数学对象构造隐私同态算法，或称全同态加密，使人们可以充分地操作加密状态的数据，在理论上取得了一定突破，使相关研究重新得到研究者的关注，但目前与实用化仍有很长的距离。

3. 数据存在与可使用性证明

由于大规模数据所导致的巨大通信代价，用户不可能将数据下载后再验证其正确性。因此，云用户需在取回很少数据的情况下，通过某种知识证明协议或概率分析手段，以高置信概率判断远端数据是否完整。典型的工作包括：面向用户单独验证的数据可恢复证明（POR）方法；公开可验证的数据持有证明（PDP）方法；NEC 实验室提出的 PDI 方法，改进并提高了 POR 方法的处理速度以及验证对象规模，且能够支持公开验证。

4. 数据隐私保护

云中数据隐私保护涉及数据生命周期的每一个阶段。罗伊（Roy）等人将集中信息流控制和差分隐私保护技术融入云中的数据生成与计算阶段，提出了一种隐私保护系统 Airavat，防止 MapReduce 计算过程中非授权的隐私数据泄露，并支持对计算结果的自动除密。

在数据存储和使用阶段，莫布雷（Mowbray）等人提出了一种基于客户端的隐私管理工具，提供以用户为中心的信任模型，帮助用户控制自己的敏感信息在云端的存储和使用。穆勒罗（Mulero）等人讨论了现有的隐私处理技术，包括 K 匿名、图匿名以及数据预处理等，作用于大规模待发布数据。然科娃（Rankova）等人则提出一种匿名数据搜索引擎，可以使交互双方搜索对方的数据，获取自己所需要的部分，同时保证搜索询问的内容不被对方所知，搜索时与请求不相关的内容不会被获取。

5. 虚拟安全技术

虚拟技术是实现云计算的关键核心技术，使用虚拟技术的云计算平台上的云架构提供者必须向其客户提供安全性和隔离保证。桑塔南（Santhanam）等人提出了基于虚拟机技术实现的网格（grid）环境下的隔离执行机。拉杰（Raj）等人提出了通过缓存层次可感知的核心分配方法。另有研究者关注了虚拟机映像文件的安全问题，每一个映像文件对应一个客户端应用，它们必须具有高完整性，且具有可以安全共享的机制。

6. 云资源访问控制

在云计算环境中，各个云应用属于不同的安全管理域，每个安全管理域都管理着本地的资源和用户。当用户跨域访问资源时，需在域边界设置认证服务，对访问共享资源的用户进行统一的身份认证管理。在跨多个域的资源访问中，各域有自己的访问控制策略，在进行资源共享和保护时必须对共享资源制定一个公共的、双方都认同的访问控制策略，因此，需要支持策略的合成。麦克莱恩（Mclean）提出了一个强制访问控制策略的合成框架，将两个安全格合成一个新的格结构。策略合成的同时还要保证新策略的安全性，新的合成策略必须不能违背各个域原来的访问控制策略。

博纳蒂（Bonatti）提出了一个访问控制策略合成代数，基于集合论使用合成运算符来合成安全策略。维杰赛克拉（Wijesekera）等人提出了基于授权状态变化的策略合成代数框架。阿加瓦尔（Agarwal）构造了语义 Web 服务的策略合成方案。沙菲克（Shafiq）提出了一个多信任域 RBAC 策略合成策略，侧重于解决合成的策略与各域原有策略的一致性问题。

7. 可信云计算

将可信计算技术融入云计算环境，以可信赖方式提供云服务已成为云安全研究领域的一大热点。桑托斯（Santos）等人提出一种可信云计算平台 TCCP，基于此平台，IaaS 服务商可以向其用户提供一个密闭的箱式执行环境，保证客户虚拟机运行的机密性。另外，该平台允许用户在启动虚拟机前检验 Iaas 服务商的服务是否安全。萨德吉（Sadeghi）等人认为，可信云计算技术提供了可信的软件和硬件以及证明自身行为可信的机制，可以被用来解决外包数据的机密性和完整性问题。同时设计了一种可信软件令牌，将其与一个安全功能验证模块相互绑定，以求在不泄露任何信息的前提条件下，对外包的敏感（加密）数据执行各种功能操作。

【知识拓展】

关于《信息安全技术 云计算安全参考架构》的详细内容，请扫描二维码阅读。

10.2 物联网安全

随着"互联网+"时代的到来，物联网发展迅猛，正在逐渐渗透生活的各个领域，物联网设备规模呈现爆发性增长趋势。物联网在给我们带来便利的同时，物联网的设备、网络、应用等也在面临着严峻的安全威胁，例如"水滴直播""海康威视"事件中的摄像头遭到入侵等。种种安全威胁事件的出现，也在不断地提醒着我们：万物互联，安全先行。

10.2.1　物联网概述

1．物联网基本概念

物联网是新一代信息技术的重要组成部分。顾名思义，物联网就是"物物相连的互联网"，其目标是将所有物体联系起来形成一个庞大的物物相连的互联网络。

起初美国麻省理工学院的 Auto-ID 研究中心提出的物联网含义是指通过电子产品编码（Electronic Product Code，EPC）对全球每一个物品进行唯一标识，并借助网络实现互通互联，在这个网络中，物品能够彼此进行"交流"，而无须人的干预。

随着物联网技术的不断应用和发展，关于物联网定义和界限也发生了较大的变化。国家传感网络标准工作组定义的物联网就是指在物理世界的实体中部署具有一定感知能力、计算能力的各种信息传感设备，通过网络设施实现信息获取、传输和处理，从而实现广域或大范围的人与人、人与物、物与物之间信息交换需求的互联。

国际电信联盟认为，物联网是通过二维码识别设备、射频识别（RFID）装置、红外感应器、全球定位系统和激光扫描器等信息传感设备，按约定的协议，把任何物品与互联网相连接，进行信息交换和通信，以实现智能化识别、定位、跟踪、监控和管理的一种网络。

被称为"物联网之父"的凯文·艾什顿（Kevin Ashton）在 2016 年京东方全球创新伙伴大会上的演讲中指出，物联网是一种自动化获取全世界信息和数据的方式。在传感网络当中发现改变、提供数据、做出决策、改变世界，然后再次循环。这就是我们讲的物联网。

从以上定义中来看，物联网由物品编码标识系统、自动信息获取和感知系统、网络信息处理系统 3 部分组成。物品编码标识系统是物联网的基础，自动信息获取和感知系统解决信息的来源问题，而网络信息处理系统则是解决数据分析、智能决策以及行为交互的问题。

物联网逐渐演化成为一种融合传统网络、传感器、Ad Hoc 无线网络、普适计算和云计算等信息与通信技术的完整的信息产业链。它涉及感知技术、智能技术、嵌入式计算技术、软件技术、网络与通信技术、系统规划与设计技术、位置服务技术、信息安全技术等。

2．物联网安全的基本概念

物联网市场发展迅速，终端数量剧增，安全隐患大，物联网产业链中安全环节占比低。物联网业务深入多个行业，全方位影响人民生活，相应的安全问题也将带来严重威胁，甚至包括生命和财产安全。

物联网安全指物联网硬件、软件及其系统中的数据受到保护，不受偶然的或者恶意的原因而遭到破坏、更改、泄露，物联网系统可连续、可靠、正常地运行，物联网服务不中断。物联网安全的主要内容包括数据的安全、网络的安全、节点的安全。

物联网安全技术包括一切解决或缓解物联网技术应用过程中存在的安全威胁的技术手段或管理手段。

3．物联网安全属性

从物联网安全的主要内容来看，其安全属性体现在机密性、完整性、可用性、可认证性、可控性、不可抵赖性。

（1）机密性

机密性包括数据机密性和隐私性两个概念。数据机密性是指确保隐私或机密信息不能由非授权个人利用或不能披露给非授权个人。隐私性是指确保个人能够控制个人信息的收集和存储，也能够控制这些信息可以由谁披露或向谁披露。

（2）完整性

完整性包括数据完整性和系统完整性两个概念。数据完整性是指确保信息和程序只能在指定的和授权的方式下才能够被改变。系统完整性是指确保系统在未受损的方式下执行预期的功能，避免对系统进行有意或无意的非授权操作。

（3）可用性

可用性是指确保系统能够迅速地进行工作，并且不能拒绝对授权用户的服务。

（4）可认证性

可认证性包括对等实体认证和数据源认证。对等实体认证为连接中的对等实体提供身份确认。

对等实体是指当两个实体在不同系统中实现相同协议时，就说这两个实体是对等的。对等实体主要指用户应用实体。对等实体认证是指网络通信必须保证双方或多方之间的身份认证。对等实体身份的相互确认，是网络间有效通信的前提。对等实体认证用在连接的建立阶段或者数据传输阶段。它试图提供以下保证：该实体没有进行假冒或对前面的连接进行非授权重放。

数据源认证是为数据单元的来源提供确认，但它不提供对数据单元复制或者修改的保护。数据源认证应用于高安全级别的网络通信，以阻止各种可能的恶意攻击行为。

（5）可控性

可控性，也称可靠性，特指数据的可控性，它是指可以控制授权范围内的信息流向及行为方式。

系统需要能够控制谁能够访问系统或网络上的数据，以及如何访问，即对数据具有只读或是修改权限。

即使是拥有合法的授权，系统仍需要对网络上的用户进行验证。系统还要将用户的所有网络活动记录在案，为系统进行事故原因查询、定位、事故发生前的预测、报警以及事故发生后的实时处理提供详细可靠的依据或支持。

（6）不可抵赖性

不可抵赖性，也称不可否认性或可核查性，是指用户不能抵赖自己曾做出的行为，也不能否认曾经接到对方的信息。

10.2.2　物联网面临的安全问题

物联网的安全问题是多方面的，包括传统的网络安全问题、计算系统的安全问题和物联网感知过程中的特殊安全问题等。下面简要介绍物联网系统中一些特殊的安全问题。

1. 物联网标签扫描引起信息泄露

物联网的运行靠的是标签扫描，而物联网设备的标签中包含着有关身份验证的相关信息和密钥等非常重要的信息，在扫描过程中标签能够自动回应阅读器，但是查询的结果不会告知所有者。这样，物联网标签扫描时可以向附近的阅读器发布信息，并且射频信号不受建筑物和金属物体阻碍，一些与物品连在一起的标签内的私密信息就有可能被泄露。

在标签扫描时发生的个人隐私泄露可能会对个人造成伤害，严重的甚至会危害社会的稳定和国家的安全。

2. 物联网射频标签受到恶意攻击

物联网能够得到广泛的应用在于其大部分应用不用依靠人来完成，这样不仅节省人力，还能提高效率。但是，这种无人化的操作给恶意攻击者提供了机会。恶意攻击者很可能会对射频扫描设备进行破坏，甚至可能在实验室里获取射频信号，对标签进行篡改、伪造等，这些都会威胁物联网的安全。

3. 标签用户可能被定位跟踪

射频识别标签只能对符合工作频率的信号予以回应，但是不能区分非法与合法的信号，这样，恶意的攻击者就可能利用非法的射频信号干扰正常的射频信号，还可能对标签所有者进行定位跟踪。这样不仅可能会给被定位和跟踪的相关人员造成生命财产安全隐患，还可能会造成国家机密的泄露，给国家带来安全危机。

4. 物联网的不安全因素可能通过互联网进行扩散

物联网建立在互联网基础之上，而互联网是一个复杂多元的平台，其本身就存在不安全的因素，如病毒、木马和各种漏洞等。以互联网为基础的物联网会受到这些安全隐患的干扰，恶意攻击者有可能利用互联网对物联网进行破坏。在物联网中已经存在的安全问题，也会通过互联网进行扩散，进而扩大不利影响。

5. 核心技术依靠国外存在安全隐患

我国的物联网技术和标准体系都还不够完备，相较于世界上的发达国家，水平还很低。我国尚未掌握物联网的核心技术，目前只能依靠国外。基于此，恶意攻击者有可能在技术方面设置障碍，破坏物联网系统，影响物联网安全。

6. 物联网加密机制有待健全

目前，网络传输加密使用的是逐跳加密，只对受保护的链进行加密，中间的任何节点都可解读，这可能会造成信息的泄露。在业务传输中使用的是端到端的加密方法，但不对源地址和目标地址进行保密，这也会造成安全隐患。加密机制的不健全不仅威胁物联网安全，甚至可能威胁国家安全。

7. 物联网的安全隐患会加剧工业控制网络的安全威胁

物联网的应用面向社会上的各行各业，有效地解决了远程监测、控制和传输问题。但物联网在感知、传输和处理阶段的安全隐患，可能会延展到实际的工业网络中。这些安全隐患长期在物联网终端、物联网感知节点、物联网传输通路潜伏，伺机实施攻击，破坏工业系统安全，甚至威胁国家安全。

10.2.3 物联网的安全特征

物联网是一个多层次的网络体系，当其作为一个应用整体时，各个层次的独立安全措施简单相加不足以提供可靠的安全保障。物联网的安全特征体现在以下 3 个方面。

1. 安全体系结构复杂

物联网海量的感知终端，使其面临复杂的信任接入问题；物联网传输介质和方法的多样性，使其通信安全问题更加复杂；物联网感知的海量数据需要存储和保存，这与物联网终端资源的有限性矛盾，这使数据安全存储变得十分关键。因此，构建适合全面、可靠传输和智能处理环节的物联网安全体系结构是物联网发展的一项重要工作。

2. 安全领域涵盖广泛

首先，物联网所对应的传感网的数量和智能终端的规模巨大，是单个无线传感网无法相比的，需要引入复杂的访问控制问题。

其次，物联网所连接的终端设备或元器件的处理能力有很大差异，它们会相互作用，信任关系复杂，需要考虑差异化系统的安全问题。

最后，物联网所处理的数据量将比现在的互联网和移动网大得多，需要考虑复杂的数据安全问题。

所以，物联网的安全领域涵盖广泛。

3. 有别于传统的信息安全

即使分别保证了物联网各个层次的安全，也不能保证物联网的安全。这是因为物联网是融合多个层次于一体的大系统，许多安全问题来源于系统整合。例如，物联网的数据共享对安全性提出了更高的要求，物联网的应用需求对安全提出了新挑战，物联网的用户终端对隐私保护的要求也日益复杂。

鉴于此，物联网的安全体系需要在现有信息安全体系之上，制定可持续发展的安全架构，使物联网在发展和应用过程中，其安全防护措施能够不断完善。

10.2.4 物联网安全技术

由于物联网安全的挑战不断加大，因此需要技术和生产同时来解决这些问题。下面列举了 8 种提升物联网安全性的关键技术。

1. 网络安全

物联网网络现在以无线网络为主。在 2015 年，无线网络的流量已经超过全球有线网络的流量。新生的射频通信（radio frequency，RF）、无线通信协议和标准的出现，使得物联网设备面临着比传统有线网络更具挑战性的安全问题。

2. 身份授权

物联网设备必须由所有合法用户进行身份验证。实现这种认证的方法包括静态口令、双因素身份认证、生物认证和数字证书。物联网的独特之处在于设备（例如嵌入式传感器）需要验证其他设备。

3. 加密

加密主要用于防止对数据和设备的未经授权访问。这一点估计有点困难，因为物联网设备以及硬件配置是各种各样的。一个完整的安全管理过程必须包括加密。

4. 安全侧信道攻击

即使有足够的加密和认证，物联网设备也可能面临另一个威胁，即侧信道攻击。这种攻击的重点不在于信息的传输过程，而在于信息的呈现方式。侧信道攻击（side channel attack，SCA）会搜集设备的一些可操作性特性，例如执行时间、电源消耗、恢复密钥时的电磁辐射等，以进一步获取其他的价值。

5. 安全分析和威胁预测

除了监视和控制与安全有关的数据，还必须预测未来的威胁。必须对传统的方法进行改进，寻找在既定策略之外的其他方案。可采用人工智能的新算法来预测和分析非传统攻击策略。

6. 接口保护

大多数硬件和软件设计人员通过应用程序接口来访问设备,这些接口需要对交换数据(希望加密)的设备进行验证和授权的能力。只有经过授权,开发者和应用程序才能在这些设备之间进行通信。

7. 交付机制

需要对设备持续进行更新、打补丁,以应对不断变化的网络攻击。这涉及一些修复漏洞的专业知识,尤其是修复关键软件漏洞的知识。

8. 系统开发

物联网安全需要在网络设计中采用端到端的方法。此外,安全应该自始至终贯穿在整个产品的开发生命周期中,但是如果产品只是传感器,这就会变得略为困难。对于大多数设计者而言,安全只是一个事后的想法,是在产品实现(而不是设计)完成后的一个想法。事实上,硬件和软件设计都需要将安全考虑在整个系统当中。

由于物联网设备数量的快速增长以及这些设备之间的无线连接所带来的挑战,产品设计者必须重视网络安全问题。上面介绍的 8 个关键的物联网安全技术是传统方法与最新方法的结合,是与工具的结合,最终目标是确保物联网的真正安全。

10.3 大数据安全

当今社会进入大数据时代,数据的高度共享与充分利用是实现大数据价值、提升大数据效能的核心目标。然而,存在关键信息基础设施缺乏保护、敏感数据泄露严重、智能终端危险化、信息访问权限混乱、个人敏感信息滥用等问题,急需通过加强网络空间安全保障、做好关键信息基础设施保护、强化数据加密、加固智能终端、保护个人敏感信息等手段,保障大数据背景下的数据安全。

10.3.1 大数据基本概念

1. 大数据(big data)的概念

对于大数据的概念,业界尚未给出统一的定义。根据 Gartner 的定义,大数据是需要新处理模式才能具有更强的决策力、洞察发现力和流程优化能力的海量、高增长率和多样化的信息资产。

美国国家标准与技术研究院的大数据工作组认为,大数据是指传统数据架构无法有效处理的新数据集。针对这些数据集,需要采用新的架构来高效率地完成数据处理。

目前国内普遍将大数据解释为具有数量巨大、来源多样、生成极快且多变等特征并且难以用传统数据体系结构有效处理的包含大量数据集的数据。

从上述定义可以看出,大数据并不仅仅是数据本身,还包括大数据技术以及应用。从数据本身的角度出发,大数据是指大小、形态超出常规数据管理系统采集、存储、管理和分析能力的规模较大的数据集,同时这些数据间存在着直接或间接的关联,使用者通过大数据技术可以实现数据隐藏信息的挖掘和展示。根据来源的不同,大数据大致可分为以下 3 类。

① 来源于人。人们在互联网以及移动互联网活动中所产生的文字、图片、音频、视频等数据。

② 来源于计算机。以文件、数据库、多媒体等形式存在的计算机信息系统产生的数据。

③ 来源于物联网智能终端。随着物联网智能终端的快速部署，各类物联网智能终端所采集的数据，包括智能摄像头采集的视频、车联网产生的各种实时交通数据、各种可穿戴设备收集的人体的各种健康指数监控数据等。

大数据技术包括数据采集、预处理、存储、处理、分析和可视化，是将数据中的信息挖掘并展示的一系列技术和手段。

大数据应用则是对特定的大数据集，使用大数据技术和手段，实现有效信息的获取过程。大数据技术研究的最终目标就是从规模庞大的数据集中发现新的模式与知识，从而挖掘数据隐藏的有价值的信息。

从技术上看，大数据与云计算的关系就像一枚硬币的正反面一样密不可分。大数据必然无法用单台的计算机进行处理，必须采用分布式架构。它的特色在于对海量数据进行分布式数据挖掘。但它必须依托云计算的分布式处理、分布式数据库和云存储、虚拟化技术等。

2. 大数据特征

国际数据公司（IDC）从大数据的四大特征来对大数据进行定义，即海量的数据规模（volume）、快速的数据流转和动态的数据体系（velocity）、多样的数据类型（variety）以及巨大的数据价值（value）。业界将这四大特征归纳为"4V"。

① 海量的数据规模。近些年全球的数据量急剧增加，社交网络、电子商务、物联网等将人们带入一个以 PB 为单位的新时代。

② 快速的数据流转和动态的数据体系。这是大数据区别于传统数据挖掘的最显著特征。信息通常具有时效性，所以，必须从各种类型的数据中快速获取信息，才能最大化地挖掘并利用有价值的信息。

③ 多样的数据类型。相比以往便于存储的以文本为主的结构化数据，非结构化数据越来越多，包括日志、音频、视频、点击流量、图片、地理位置等。此外，还有一些半结构化数据，如电子邮件、办公处理文档等。

④ 巨大的数据价值。从大量的数据中挖掘并发现具有高价值的信息，如天气预测这一特征体现了大数据获取数据价值的本质。

此外，有学者在传统"4V"特征的基础上，提出了大数据体系架构的"5V"特征。相比"4V"特征，其增加了真实性特征。真实性特性包括可信性、真伪性、来源和信誉、有效性和可审计性等子特性。

10.3.2 大数据技术面临的安全挑战

大数据安全风险伴随着大数据应用。人们在享受大数据福祉的同时，也面临着前所未有的安全挑战。主要体现在以下几个方面。

1. 大数据安全技术和平台安全挑战

伴随着大数据的飞速发展，各种大数据技术层出不穷，新的技术架构、支撑平台和大数据软件不断涌现，大数据安全技术和平台发展也面临着新的挑战。

（1）传统安全措施难以适配

大数据的一个显著特点是数量巨大、数据种类和来源非常多，海量、多源、异构等大数据特征导致大数据安全与传统封闭环境下的数据应用安全有很大区别。

大数据应用一般采用底层复杂、开放的分布式计算和存储架构为其提供海量数据分布式存储和高效计算服务，这些新的技术和架构使得大数据应用的系统边界变得模糊，传统基于边界的安全保护措施变得不再有效。例如在大数据系统中，数据一般都是分布式存储的，数据可能动态分散在很多个不同的存储设备，甚至不同的物理地点，这样导致难以准确划定传统意义上的每个数据集的"边界"，传统的基于网关模式的防护手段也就失去了安全防护效果。

同时，在分布式计算环境下，计算涉及的软件和硬件较多，任何一点遭受故障或攻击，都可能导致整体安全出现问题。攻击者也可以从防护能力最弱的节点着手进行突破，通过破坏计算节点、篡改传输数据和渗透攻击，最终达到破坏或控制整个分布式系统的目的。传统基于单点的认证鉴别、访问控制和安全审计的手段将面临巨大的挑战。

此外，传统的安全检测技术能够将大量的日志数据集中到一起，进行整体性的安全分析，试图从中发现安全事件。然而，这些安全检测技术往往存在误报过多的问题，随着大数据系统建设，日志数据规模增大，数据的种类将更加丰富。过多的误判会造成安全检测系统失效，降低安全检测能力。因此，在大数据环境下，大数据安全审计检测方面也面临着巨大的挑战。

（2）平台安全机制严重不足

现有大数据应用中多采用开源的大数据管理平台和技术，如基于 Hadoop 生态架构的 HBase/Hive、Cassandra/Spark、MongoDB 等。这些平台和技术在设计之初，大部分考虑是在可信的内部网络中使用，对大数据应用用户的身份鉴别、授权访问以及安全审计等安全功能需求考虑较少。近年来，随着技术的更新发展，这些软件通过调用外部安全组件、修补安全补丁的方式逐步增加了一些安全措施，如调用外部 Kerberos 身份鉴别组件、扩展访问控制管理能力、允许使用存储加密以及增加安全审计功能等。即便如此，大部分大数据软件仍然是围绕大容量、高速率的数据处理功能开发，而缺乏原生的安全特性，在整体安全规划方面考虑不足，甚至没有良好的安全实现。

同时，大数据系统建设过程中，现有的基础软件和应用多采用第三方开源组件。这些开源系统本身功能复杂、模块众多、复杂性很高，因此对使用人员的技术要求较高，稍有不慎，可能导致系统崩溃或数据丢失。在开源软件开发和维护过程中，由于软件管理松散、开发人员混杂，软件在发布前几乎都没有经过权威和严格的安全测试，因此这些软件大都缺乏有效的漏洞管理和恶意后门防范能力。

（3）应用访问控制愈加困难

大数据应用的特点之一是数据类型复杂、应用范围广泛，它通常要为来自不同组织或部门、不同身份与目的的用户提供服务。因而随着大数据应用的发展，其在应用访问控制方面也面临着巨大的挑战。

首先是用户身份鉴别。大数据只有经过开放和流动，才能创造出更大的价值。目前，政府部门、大型企业及其他重要单位的数据正在逐步开放，或开放给组织内部不同部门使用，或开放给不同政府部门和上级监管部门使用，或者开放给定向企业和社会公众使用。数据的开放共享意味着会有更多的用户可以访问数据。大量的用户以及复杂的共享应用环境，导致大数据系统需要更准确地识别和鉴别用户身份，传统基于集中数据存储的用户身份鉴别难以满足安全需求。

其次是用户访问控制。目前常见的用户访问控制是基于用户身份或角色进行的。而在大数据应用场景中，由于存在大量未知的用户和数据，预先设置角色及权限十分困难。即使可以事先对用户权限分类，但由于用户角色众多，难以精细化和细粒度地控制每个角色的实际权限，因此无法准确为每个用户指定其可以访问的数据范围。

最后是用户数据安全审计和追踪溯源。针对大数据量时的细粒度数据审计能力不足，用户访问控制策略需要创新。当前常见的操作系统审计、网络审计、日志审计等软件在审计粒度上较粗，不能完全满足复杂大数据应用场景下审计多种数据源日志的需求，尚难以达到良好的溯源效果。

（4）基础密码技术亟待突破

随着大数据的发展，数据的处理环境、相关角色和传统的数据处理有了很大的不同。在这种情况下，数据可能被云服务提供商或其他非数据所有者访问和处理，他们甚至能够删除和篡改数据，这对数据的保密性和完整性保护方面带来了极大的安全风险。

密码技术作为信息安全技术的基石，也是实现大数据安全保护与共享的基础。面对日益发展的云计算和大数据应用，现有密码算法在适用场景、计算效率以及密钥管理等方面存在明显不足。为此，近年来提出了大量的用于大数据安全保护的密码技术，包括同态加密算法、完整性校验、密文搜索和密文数据去重等，以及相关算法和机制的高效实现技术。但是，这些基础密码技术离大规模实用还有一定距离，亟待得到突破性创新发展和突破。

2. 数据安全和个人信息保护挑战

大数据包含大量的数据，而其中又蕴含着巨大的价值。数据安全和个人信息保护是大数据应用和发展中必须面临的重大挑战。

（1）数据安全保护难度加大

大数据拥有大量的数据，使得其更容易成为网络攻击的目标。在开放的网络化社会，蕴含着海量数据和潜在价值的大数据更受黑客青睐，近年来也频繁爆发邮箱账号、社保信息、银行卡号等数据大量被窃的安全事件。分布式的系统部署、开放的网络环境、复杂的数据应用和众多的用户访问，都使得大数据在保密性、完整性、可用性等方面面临更大的挑战。

（2）个人信息泄露风险加剧

由于大数据系统中普遍存在大量的个人信息，因此发生数据滥用、内部偷窃、网络攻击等安全事件时，常常伴随着个人信息泄露。此外，数据挖掘、机器学习、人工智能等技术的研究和应用，使得大数据分析的能力越来越强大，在对大数据进行综合分析时，分析人员更容易通过关联分析挖掘出更多的、潜在的个人信息，从而进一步加剧个人信息泄露的风险。

在大数据时代，不能禁止外部人员挖掘公开、半公开信息，即使想限制数据共享对象、合作伙伴挖掘共享的信息也很难做到。目前，各社交网站均有不同程度地开放其所产生的实时数据，其中既可能包括商务、业务数据，也可能包括个人信息。市场上已经出现了许多监测数据的数据分析机构。这些机构通过对数据的挖掘分析以及和历史数据对比分析，和通过其他手段得到的公开、私有数据进行综合挖掘分析，可能得到非常多的新信息，如分析某个地区经济趋势、某种流行病的医学分析，甚至直接分析出某个人的具体个人信息。

个人信息泄露产生的后果将远比一般数据泄露严重，2016 年 8 月，犯罪团伙利用非法获取得到的数万条高考考生信息实施诈骗，山东女孩徐某因学费被骗出现心脏骤停，最终不幸去世。近几年来，个人信息泄露的事件时有发生，如在 2015 年 5 月，美国国税局宣布其系统遭受攻击，约 71 万人的纳税记录被泄露，同时约 39 万个纳税人账户被冒名访问。

即使经过"清洗""脱敏"的数据也不能说肯定是安全的。例如 2006 年，为了学术研究，美国在线（AOL）将 65 万条用户数据匿名处理后，公开发布。而《纽约时报》通过综合推断，竟然分析出数据集中某个匿名用户的真实姓名和地址等个人信息。因此，在大数据环境下，对个人信息的保护将面临极大的挑战。

（3）数据真实性保障更困难

在当前的万物互联时代，数据的来源非常广泛，各种非结构化数据、半结构化数据与结构化数据混杂在一起。数据采集者将不得不接受的现实是：要收集的信息太多，甚至很多数据不是来自第一手收集，而是经过多次转手之后收集到的。

从来源上看，大数据系统中的数据来源可能来源于各种传感器、主动上传者以及公开网站。除了可信的数据来源外，也存在大量不可信的数据来源。甚至有些攻击者会故意伪造数据，企图误导数据分析结果。因此，对数据的真实性确认、来源验证等需求非常迫切，数据真实性保障面临的挑战更加严峻。

事实上，由于采集终端性能限制、鉴别技术不足、信息量有限、来源种类繁杂等原因，对所有数据进行真实性验证存在很大的困难。收集者无法验证到手的数据是否是原始数据，甚至无法确认数据是否被篡改、伪造。那么产生的一个问题是，依赖于大数据进行的应用，很可能得到错误的结果。

例如在 2008 年，一款流感趋势产品被发布，该产品的基本思路是：搜索流感相关主题的人数与实际患有流感症状的人数之间存在着密切的关系，用大数据分析网络上用户的搜索词有助于了解流感疫情。该产品在 2008 年大获成功，基于用户的搜索数据，比美国疾病预防控制中心提前两个星期预测到流感的爆发。但是，消息公布后，众多的网民都对这个预测很感兴趣，于是网络中出现了大量的类似搜索记录，从而导致很多"虚假"的数据记录到搜索数据中。所以后来该产品的预测结果就不准确了，尤其是到了 2012 年，偏差最大甚至高出了标准值一倍多。因此，在大数据环境下，数据真实性保障面临巨大的挑战。

（4）数据所有者权益难保障

数据脱离数据所有者控制将损害数据所有者的权益。大数据应用过程中，数据的生命周期包括采集、传输、存储、处理、交换、销毁等各个阶段，在每个阶段中可能会被不同角色的用户所接触，会从一个控制者流向另一个控制者。因此，在大数据应用流通过程中，会出现数据拥有者与管理者不同、数据所有权和使用权分离的情况，即数据会脱离数据所有者的控制而存在。从而，数据的实际控制者可以不受数据所有者的约束而自由地使用、分享、交换、转移、删除这些数据，也就是在大数据应用中容易存在数据滥用、权属不明确、安全监管责任不清晰等安全风险，而这将严重损害数据所有者的权益。

数据产权归属分歧严重。数据的开放、流通和共享是大数据产业发展的关键，而数据的产权清晰是大数据共享交换、交易流通的基础。但是，当前的大数据应用场景中，存在数据产权不清晰的情况。例如下面两种应用场景。

① 大数据挖掘分析者经过对原始数据集处理后，会分析出新的数据，这些数据的所有权到底属于原始数据所有方，还是属于挖掘分析者，目前在很多应用场景中还没有明确的说法。

② 在一些提供交通出行、位置服务的应用中，服务提供商在为客户提供导航、交通工具等服务时，同时记录了客户端运动轨迹信息，对于此类运动轨迹信息的权属到底属于谁，以及是否属于客户端个人信息，到目前为止，分歧仍然比较大。

对于这类数据权属不清的数据，首要解决的是数据归谁所有、谁能授权等问题，才能明确数据能用来干什么、不能用来干什么，以及采用什么安全保护措施，尤其是当数据中含有重要数据或个人信息的时候。

3. 国家法规标准挑战

随着大数据的应用和发展，数据量越来越大、内容越来越丰富、交流领域越来越广、应用越来越重要，因此，要科学规范利用大数据应用并切实保障数据安全，在完善法规制度和标准体系方面也将面临不小的挑战。

一方面，大数据的发展可推动经济发展，但也会给监管和法律带来新的挑战。大数据应用给政治、经济、社会带来的深刻变革，终将需要法律规范的保障。《促进大数据发展行动纲要》指出，推进大数据健康发展，要加强政策、监管、法律的统筹协调，加快法规制度建设。要制定数据资源确权、开放、流通、交易相关法规，完善数据产权保护法规。通过积极研究数据开放、保护等方面的法规，有利于实现对数据资源的采集、传输、存储、处理、交换、销毁的规范管理，可以促进数据在风险可控原则下最大限度开放，明确市场主体大数据的权限及范围，界定数据资源的所有权及使用权，加强对数据滥用、侵犯个人信息安全等行为的管理和惩戒。

通过制定个人信息方面的法规制度细则，可以界定哪些数据属于个人信息，如非法使用则将受到相应的惩戒；通过制定跨境数据流动方面的法规制度细则，可以加速形成跨境数据安全流动框架，明确相应的部门职责、数据分类管理要求以及数据主体的权利和义务等。

另一方面，大数据的发展也给标准规范配套带来新的挑战。标准是法规制度的支撑，肩负着规范市场客体质量和技术要求的重要职能。因此，除了在立法层面要明确数据保护方面的法规外，还应制定相应的数据采集、存储、处理、推送和应用的标准规范。通过制定符合实际的大数据应用和安全标准，能有效促进大数据安全应用，从而既能引导、规范、促进大数据的发展，又能确保数据开放共享、个人信息保护需求和安全保障需求之间的平衡。

制定个人信息分类、责任原则、保护要求和安全评估方面的标准内容，有利于更好地规范实施个人信息的安全采集、存储和处理过程，防止个人信息被误用和滥用；制定数据确权、访问接口、服务安全要求等标准内容，有利于建立安全的大数据市场交易体系，促进大数据交易流通的发展。

10.3.3 大数据安全技术

当前，大数据安全研究仍处于初期，研究人员对大数据安全的核心认知和关键特征理解还存在差异，理论成果同实际应用要求之间还存在差距。从已有的研究成果分析来看，主要分为两大类：一类是基于大数据生命周期的不同阶段，提出相应的安全技术解决方案；另一类是基于大数据系统技术框架，提出相应的安全技术解决方案。两种方案的安全技术组织方式各有千秋。下面重点介绍基于大数据技术框架的安全技术解决方案。

2015 年，美国国家标准与技术研究院（National Institute of Standards and Technology，NIST）提出了一种大数据参考架构，将大数据系统参与者划分为数据提供者、数据消费者、大数据应用提供者和大数据框架提供者 4 种角色。其中，应用提供者执行数据的采集、预处理、分析、可视化和访问，框架提供者提供数据的处理、存储框架和基础设施。

NIST 大数据参考架构在国际国内都有较大的影响力，一些国际组织和国家在建立大数参考架构时都参考了 NIST 所提架构。许多学者关于大数据安全方面的研究也是参考该框架。从已有的研究成果分析来看，大数据安全技术大致可分为以下几个方面。

1. 大数据隐私保护与脱敏技术

隐私保护问题在大数据时代备受关注。采用隐私保护与数据脱敏技术，是促进数据安全流通与共享、确保大数据服务可信的重要手段。当前数据服务隐私保护与脱敏主要包括隐私保护数据发布、隐私保护数据挖掘和数据脱敏 3 个方面。

（1）隐私保护数据发布

隐私保护数据发布（Privacy Preserving Data Publishing，PPDP）的核心是在数据发布前对其进行处理，防止敏感信息泄露，同时确保数据能够用于分析挖掘（即可用性）。当前的 PPDP 技术主要包括数据匿名化发布与基于差分隐私的数据发布。

（2）隐私保护数据挖掘

隐私保护数据挖掘（Privacy Preserving Data Mining，PPDM）旨在挖掘有价值模式或规律的同时避免敏感数据泄露。当前 PPDM 技术主要分为两类：基于数据失真的技术和基于数据加密的技术。

基于数据失真的 PPDM 技术。数据失真技术是对原始数据进行扰动，使攻击者不能发现原始数据，同时确保失真的数据仍能用于数据挖掘。

基于数据加密的 PPDM 技术。基于数据加密的 PPDM 技术主要依赖于同态加密（homomorphic encryption）和安全多方计算（Secure Muti-Party Computation，简称 MPC、SMC 或 SMPC）。

（3）数据脱敏

数据脱敏（data masking）是对数据中包含的敏感信息进行标定和处理，以达到数据变形的效果，使得恶意攻击者无法从已脱敏数据中获得敏感信息。

数据脱敏与隐私保护并不完全一致，隐私是一种个人信息，强调数据与个体的关联，而敏感数据并不局限于个人、集体或其他特定对象，而是强调数据的敏感性，并且数据脱敏与隐私保护在应用场景和采用的技术等方面存在一定差异。例如数据脱敏经常需要对非结构化文档中的敏感字词进行脱敏处理，但这并不属于差分隐私等隐私保护方法的研究范畴。

2. 大数据平台安全技术

大数据平台安全技术包括大数据处理安全、大数据存储安全、基础设施安全和大数据访问控制 4 个方面。

（1）大数据处理安全

为满足从批量大规模数据处理到近实时（near real time）数据处理的广泛需求，大数据平台通常需要集成多种处理框架。NIST 从用户视角把大数据处理框架分为批处理、流处理和交互式处理 3 类。典型的大数据处理框架包括 MapReduce、Storm 和 Spark 等，这些框架在得到广泛应用的同时，由于其最初设计缺乏安全方面的考虑，面临非授权访问、信息泄露等诸多安全威胁。因此，如何在充分发挥大数据处理平台核心功能和效能的同时，保证处理任务调度与执行的安全、实现处理结果可信是大数据处理安全面临的主要问题。

（2）大数据存储安全

大数据存储安全是大数据平台安全的重中之重，主要目标是确保存储数据的机密性、完整性和可用性，具体实现机制包括数据加密、数据完整性证明和数据容灾备份等。

数据加密是确保大数据存储安全的核心技术。当前研究的热点包括同态加密、可搜索加密、属性加密和保留格式加密等。这些加密机制不仅能够提供数据机密性保护，还能为密态数据的统计、分析、搜索和访问控制等提供支持。其中属性加密主要用于基于属性的访问控制。

数据拥有者将数据上传至大数据平台，对数据的实际控制能力被大大削弱，需要在不取回完整数据的情况下，高效可靠地验证数据的完整性是否被破坏。按照是否能够恢复原始数据划分，当前的数据完整性验证机制可分为数据持有证明（Provable Data Possession，PDP）机制和数据可恢复证明（Proofs Of Retrievability，POR）机制。PDP机制主要通过数据块签名验证数据的完整性。POR机制除能验证数据的完整性外，还通过纠错码技术提供对损坏数据的恢复，实现难度更大。完整性验证机制通常需要满足没有验证次数限制、无须待验证数据的本地副本、无状态验证等条件。在大数据环境下，还应当支持动态操作、共享数据验证、公开验证等。

容灾备份是保证大数据平台高可用性的有效措施，按照对系统的保护程度，容灾系统分为数据容灾系统和应用容灾系统。其中，应用容灾是对整个应用系统的备份，实现复杂性极大。当前研究主要针对数据容灾，数据容灾的基本思路是"数据冗余+异地分布"，并通常以数据恢复点目标（Recovery Point Objective，RPO）和恢复时间目标（Recovery Time Objective，RTO）作为容灾系统的评价指标。其中，RPO指业务系统所能容忍的最大数据丢失量，RTO指灾难发生后所能容忍的最长恢复时间。

（3）大数据基础设施安全

大数据基础设施为大数据平台组件的运行提供所需的计算、存储和网络等资源，包括物理资源和虚拟化资源。由于信息系统软件的复杂性导致漏洞及脆弱性不可避免，大数据基础设施安全面临着极大挑战，其主要安全需求是应对资源共享与虚拟化带来的安全威胁，包括虚拟机和虚拟机监控器的安全、虚拟化网络SDN和NFV的安全等。

（4）大数据访问控制

访问控制是确保大数据分析、数据流转服务等过程中多元异构海量数据安全的重要机制。在大数据场景下，数据、应用和用户规模激增，用户的访问请求复杂多变，跨数据中心、跨安全域的数据共享越来越频繁，访问控制面临海量数据的细粒度访问控制和跨域访问控制的挑战。基于属性的访问控制模型和基于角色的访问控制模型是大数据环境下主要应用的访问控制模型。

3. 大数据安全监管

目前已有的大数据安全监管技术包括基于数据世系的数据安全监管和基于大数据技术的服务与平台安全监管。其中数据安全监管在方法、技术上和传统安全监管有着显著不同，基于数据世系的数据安全监管将成为未来的重要发展方向。服务与平台安全监管则面临海量异构的安全监管数据带来的诸多挑战，引入大数据技术实现安全态势准确掌控和威胁快速发现成为当前研究的热点问题。基于大数据技术实现平台及服务的安全监管，能够分析的数据深度和广度更大，时间跨度更长，而且能够检测未知的安全攻击或威胁，将成为大数据安全监管的一大趋势。

10.4 思考题

1. 什么是云计算？它面临哪些安全威胁？
2. 常见云计算安全技术有哪些？
3. 什么是物联网？物联网有何特点？
4. 物联网面临哪些安全问题？具有哪些安全特征？
5. 什么是大数据？大数据有何特点？
6. 大数据面临哪些安全威胁？

各级数据中心技术要求

项目	技术要求			备注
	A级	B级	C级	
选址				
距离停车场	不宜小于20m	不宜小于10m	—	包括自用和外部停车场
距离铁路或高速公路的距离	不宜小于800m	不宜小于100m	—	不包括各场所自身使用的数据中心
距离地铁的距离	不宜小于100m	不宜小于80m	—	不包括地铁公司自身使用的数据中心
在飞机航道范围内建设数据中心距离飞机场	不宜小于8000m	不宜小于1600m	—	不包括机场自身使用的数据中心
距离甲、乙类厂房和仓库、垃圾填埋场	不应小于2000m		—	不包括甲、乙类厂房和仓库自身使用的数据中心
距离火药炸药库	不应小于3000m		—	不包括火药炸药库自身使用的数据中心
距离核电站的危险区域	不应小于40000m		—	不包括核电站自身使用的数据中心
距离住宅	不宜小于100m			—
有可能发生洪水的地区	不应设置数据中心		不宜设置数据中心	—
地震断层附近或有滑坡危险区域	不应设置数据中心		不宜设置数据中心	—
从火车站、飞机场到达数据中心的交通道路	不应少于2条道路	—	—	—
环境要求				
冷通道或机柜进风区域的温度	18~27℃			
冷通道或机柜进风区域的相对湿度和露点温度	露点温度宜为5.5~15℃，同时相对湿度不宜大于60%			
主机房环境温度和相对湿度（停机时）	5~45℃，8%~80%，同时露点温度不宜大于27℃			
主机房和辅助区温度变化率	使用磁带驱动时，应小于5℃/h			不得结露
	使用磁盘驱动时，应小于20℃/h			
辅助区温度、相对湿度（开机时）	18~28℃，35%~75%			
辅助区温度、相对湿度（停机时）	5~35℃，20%~80%			
不间断电源系统电池室温度	20~30℃			
主机房空气粒子浓度	应少于17600000粒			每立方米空气中粒径大于或等于0.5μm的悬浮粒子数

续表

项目	技术要求			备注
	A 级	B 级	C 级	
建筑与结构				
抗震设防分类	不应低于丙类，新建不应低于乙类	不应低于丙类	不宜低于丙类	—
主机房活荷载标准值（kN/m²）	8～12　　组合值系数 ψ_c=0.9 频遇值系数 ψ_f=0.9 准永久值系数 ψ_q=0.8			根据机柜的摆放密度确定荷载值
主机房吊挂荷载（kN/m²）	不应小于 1.2			—
不间断电源系统室活荷载标准值（kN/m²）	宜为 8～10			—
电池室活荷载标准值（kN/m²）	蓄电池组 4 层摆放时，不应小于 16			—
总控中心活荷载标准值（kN/m²）	不应小于 6			—
钢瓶间活荷载标准值（kN/m²）	不应小于 8			—
电磁屏蔽室活荷载标准值（kN/m²）	宜为 8～12			—
主机房外墙设采光窗	不宜	—		—
防静电活动地板的高度	不宜小于 500mm			作为空调静压箱时
防静电活动地板的高度	不宜小于 250mm			仅作为电缆布线使用时
屋面的防水等级	I	I	II	—
空气调节				
主机房和辅助区设置空气调节系统	应		可	—
不间断电源系统电池室设置空调降温系统	宜		可	—
主机房保持正压	应		可	—
冷冻机组、冷冻水泵、冷却水泵、冷却塔	应 $N+X$ 冗余 （X=1～N）	宜 $N+1$ 冗余	应满足基本需要（N）	—
冷冻水供水温度	宜 7～21℃			—
冷冻水回水温度	宜为 12～27℃			—
机房专用空调	应 $N+X$ 冗余（X=1～N），主机房中每个区域冗余 X 台	宜 $N+1$ 冗余，主机房中每个区域冗余一台	应满足基本需要（N）	—
采用不间断电源系统供电的设备	空调末端风机、控制系统、末端冷冻水泵	控制系统	—	—
蓄冷装置供应冷冻水的时间	不应小于不间断电源设备的供电时间	—	—	—
双冷源	可	—		—
冷冻水供回水管网	应双供双回、环形布置	宜单一路径		—
冷却水补水储存装置	应设置	—		—
冷热通道隔离	宜设置			—

续表

项目	技术要求			备注
	A 级	B 级	C 级	
电气				
供电电源	应由双重电源供电	宜由双重电源供电	应由两回线路供电	—
供电网络中独立于正常电源的专用馈电线路	可作为备用电源	—	—	—
变压器	应满足容错要求，可采用 2N 系统	应满足冗余要求，宜 N+1 冗余	应满足基本需要 (N)	A 级也可采用其他避免单点故障的系统配置
后备柴油发电机系统	应 N+X 冗余 (X=1～N)	当供电电源只有一路时，需设置后备柴油发电机系统，宜 N+1 冗余	不间断电源系统的供电时间满足信息存储要求时，可不设置柴油发电机	—
后备柴油发电机的基本容量	应包括不间断电源系统的基本容量、空调和制冷设备的基本容量	—	—	—
柴油发电机燃料存储量	宜满足 12h 用油	—	—	1. 当外部供油时间有保障时，燃料存储量仅需大于外部供油时间。 2. 应防止柴油微生物滋生
不间断电源系统配置	宜 2N 或 M（N+1）（M=2,3,4,…）	宜 N+1 冗余	应满足基本需要 (N)	N≤4
	可采用一路 (N+1)UPS 和一路市电供电方式	—	—	满足标准中的第 3.2.2 条要求时
	可 2N，也可 N+1 冗余	—	—	满足标准中第 3.2.3 条要求时
不间断电源系统自动转换旁路	应设置	—	—	—
不间断电源系统手动维修旁路	应设置	—	—	—
屋面的防水等级	I 级	I 级	II 级	—
不间断电源系统电池最少备用时间	15min 柴油发电机作为后备电源时	7min 柴油发电机作为后备电源时	根据实际需要确定	—
空调系统配电	双路电源（其中至少一路为应急电源）末端切换。应采用放射式配电系统	双路电源，末端切换。宜采用放射式配电系统	宜采用放射式配电系统	—
变配电所物理隔离	容错配置的变配电设备应分别布置在不同的物理隔间内	—	—	—
电子信息设备交流供电电源质量要求				
稳态电压偏移范围（%）	+7～-10			交流供电时
稳态频率偏移范围（Hz）	±0.5			交流供电时
输入电压波形失真度（%）	≤5			电子信息设备正常工作时
允许断电持续时间（ms）	0～10			不同电源之间进行切换时

项目	技术要求			备注
	A 级	B 级	C 级	
环境和设备监控系统				
空气质量	应检测粒子浓度		—	离线定期检测
空气质量	应检测温度、露点、压差		宜检测温度、露点	在线检测或通过数据接口将参数接入机房环境和设备监控系统中
漏水检测报警	应装设漏水感应器			
强制排水设备	应检测设备的运行状态			
集中空调和新风系统、动力系统	应检测设备运行状态、滤网压差			
机房专用空调	应检测状态参数：开关、制冷、加热、加湿、除湿、水阀开度、水流量			
	应检测报警参数：温度、相对湿度、传感器故障、压缩机压力、加湿器水位、风量			
供配电系统	应检测开关状态、电流、电压、有功功率、功率因数、谐波含量、电子信息设备用电量、数据中心用电量、电能利用效率	宜根据需要选择		
不间断电源系统	应检测输入和输出功率、电压、频率、电流、功率因数、负荷率；电池输入电压、电流、容量；同步/不同步状态、不间断电源系统/旁路供电状态、市电故障、不间断电源系统故障	宜根据需要选择		
电池	应检测监控每个蓄电池的电压、内阻、故障和环境温度	应检测监控每一组蓄电池的电压、故障和环境温度	—	
柴油发电机系统	应检测油箱（罐）油位、柴油机转速、输出功率、频率、电压、功率因数		—	
主机集中控制和管理	应采用带外管理或 KVM 切换系统		—	—
安全防范系统				
发电机房、变配电室、电池室、动力站房	应设置出入控制（识读设备采用读卡器）和视频监视	应设置入侵探测器	应设置机械锁	—
安全出口	应设置推杆锁和视频监视；并应与总控中心连锁报警		应设置推杆锁	—
总控中心	应设置出入控制（识读设备采用读卡器）和视频监视		应设置机械锁	—
安防设备间	应设置出入控制（识读设备采用读卡器）	应设置入侵探测器	应设置机械锁	—
主机房出入口	应设置出入控制（识读设备采用读卡器）或人体生物特征识别、视频监视	应设置出入控制（识读设备采用读卡器）和视频监视	应设置机械锁和入侵探测器	—
主机房内	应设置视频监视		—	—
建筑物周围和停车场	应设置视频监视		—	适用于独立建筑的机房

项目	技术要求			备注
	A 级	B 级	C 级	
给水排水				
冷却水储水量	宜满足 12h 用水	—	—	1．当外部供水时间有保障时，水存储量仅需大于外部供水时间。 2．应保证水质满足使用要求
与主机房无关的给排水管道穿越主机房	不应		不宜	—
主机房地面设置排水系统	应			用于冷凝水排水、空调加湿器排水、消防喷洒排水、管道漏水
消防与安全				
主机房设置气体灭火系统	宜			—
变配电、不间断电源系统和电池室设置气体灭火系统	宜			—
主机房设置细水雾灭火系统	可			—
变配电、不间断电源系统和电池室设置细水雾灭火系统	可			—
主机房设置自动喷水灭火系统	可（当两个或两个以上数据中心互为备份时）	可		—
吸气式烟雾探测火灾报警系统	应设置视频监视	—		—
建筑物周围和停车场	宜		—	作为早期报警，灵敏度严于 0.01% obs/m

参考文献

[1] 张焕国，韩文报，来学嘉，等. 网络空间安全综述[J]. 中国科学：信息科学，2016，46：125-164.

[2] 蔡晶晶，李炜. 网络空间安全导论[M]. 北京：机械工业出版社，2017.

[3] 曹春杰. 网络空间安全概论[M]. 北京：电子工业出版社，2019.

[4] 方滨兴. 论网络空间主权[M]. 北京：科学出版社，2017.

[5] 沈昌祥. 网络空间安全导论[M]. 北京：电子工业出版社，2018.

[6] 方滨兴，邹鹏，朱诗兵. 网络空间主权研究[J].中国工程科学，2016，18(06)：1-7.

[7] 方滨兴. 从层次角度看网络空间安全技术的覆盖领域[J]. 网络与信息安全学报，2016，1：2-7.

[8] 李晖，张宁. 网络空间安全学科人才培养之思考[J]. 网络与信息安全学报，2016，1：18-23.

[9] 罗军舟，杨明，凌振，等. 网络空间安全体系与关键技术[J]. 中国科学：信息科学，2016，46（8）：939-968.

[10] 新阅文化. 黑客揭秘与反黑实战：人人都要懂社会工程[M]. 北京：人民邮电出版社，2018.

[11] KOENIG A. C 陷阱与缺陷[M]. 高巍，译. 北京：人民邮电出版社，2008.

[12] STALLINGS W，BROWN L. 计算机安全：原理与实践（原版第 4 版）[M]. 贾春福，高敏芬，译. 北京：机械工业出版社，2019.

[13] 陈波，于泠. 软件安全技术[M]. 北京：机械工业出版社，2018.

[14] 李剑. 信息安全概论　第 2 版[M]. 北京：机械工业出版社，2020.

[15] 付皓，戴国华，刘兆元，等. 移动终端安全问题分析与解决方案研究[J]. 移动通信，2012，36(09)：68-72.

[16] 黄伟. 移动智能终端操作系统安全策略研究[J]. 现代电信科技，2013，43(06)：31-34.

[17] 孙伟. Android 移动终端操作系统的安全分析[J]. 软件，2013，34(04)：105-108.

[18] 贾铁军. 网络安全技术及应用　第 3 版[M]. 北京：机械工业出版社，2017.

[19] HOWARD M, LIPNER S. 软件安全开发生命周期[M]. 李兆星，译. 北京：电子工业出版社，2008.

[20] WYSOPAL C，NELSON L，ZOVI D D. 软件安全测试艺术[M]. 程永敬，译. 北京：机械工业出版社，2007.

[21] TAATI A，MODIRI N. An approach for secure software development lifecycle based on ISO/IEC 27034[J]. International Journal of Computer and Information Technologies，2015，(2)：601-609.

[22] 高富平，张英，汤奇峰. 数据保护、利用与安全：大数据产业的制度需求和供给[M]. 北京：法律出版社，2020.

[23] Guise P. 数据保护权威指南[M]. 栾浩，王向宇，吕丽，译. 北京：清华大学出版社，2020.

[24] MESQUIDA A L, MAS A . Implementing information security best practices on software lifecycle processes: The ISO/IEC 15504 Security Extension [J]. Computers & Security，2015，48：19-34.

[25] OWASP. 安全编码规范快速参考指南 [R]. http://www.owasp.org.cn/owasp-project/secure-coding.

[26] OWASP. 轻量级应用安全开发生命周期项目（S-SOLC）[R]. http://www.owasp.org.cn/owasp-project/S-SDLC/.

[27] OWASP. OWASP Secure Software development lifecycle project[R]. https://wiki.owasp.org/index.php/OWASP_Secure_Software_Development_Lifecycle_ Project#tab=Main.

[28] SEACORD R C. C 和 C++安全编码（原书第 2 版）[M]. 卢涛，译. 北京：机械工业出版社，2014.

[29] SEACORD R C. C 安全编码标准：开发安全、可靠、稳固系统的 98 条规则（第 2 版）[M]. 姚军，译. 北京：机械工业出版社，2015.

[30] LONG F，MOHINDRA D，SEACORD R C. Java 安全编码标准[M]. 计文柯，杨晓春，译. 北京：机械工业出版社，2013.

[31] 陈性元，高元照，唐慧林，等.大数据安全技术研究进展[J].中国科学：信息科学，2020，50(01)：25-66.

[32] LEBLANC J，MESSERSCHMIDT T. Web 开发的身份和数据安全[M]. 安道，译. 北京：中国电力出版社，2018.

[33] 全国信息安全标准化技术委员会大数据安全标准特别工作组. 大数据安全标准化白皮书（2018 版）[S]. 2018 年 4 月.

[34] HADNAGY C.社会工程 ：安全体系中的人性漏洞[M]. 陆道宏，杜娟，邱璟，译. 北京：人民邮电出版社，2013.

[35] WIN T Y，TIANFIELD H，Mair Q. Big data based security analytics for protecting virtualized infrastructures in cloud computing. IEEE Trans Big Data，2018，4：11-25.

[36] ULLAH F，BABAR M A. Architectural tactics for big data cybersecurity analytics systems：a review. Journal of Systems and Software，2019，151：81-118.

[37] 中国互联网络信息中心. 第 46 次中国互联网络发展状况统计报告[R]. 2020.

[38] 邵必林，边根庆. 海量信息存储安全技术及其应用[M]. 西安：西北工业大学出版社，2014.

[39] 黄玉钏，冀建平. 网络空间安全导论[M]. 北京：清华大学出版社，2019.

[40] 雷敏，李小勇，李祺，等. 网络空间安全导论[M]. 北京：北京邮电大学出版社，2018.

[41] 袁礼，黄玉钏，冀建平. 网络空间安全导论[M]. 北京：清华大学出版社，2019.